ANALOG

BRAUN 1
BRAUN 2
pause
netz
links
aussteuerung
rechts
bandkontrolle
1
2
1+2
multiplay
rücklauf
stop

ANALOG
Zeitlose Technik

Deyan Sudjic

PRESTEL
MÜNCHEN · LONDON · NEW YORK

HASSELBLAD

Catalogue

500 C

SWC

VICTOR HASSELBLAD AKTIEBOLAG SWEDEN

Inhalt

Einführung | Die analoge Welt ist tatsächlich Vergangenheit. Erst jetzt erkennen wir ihr außerordentlich reiches Erbe. Wir sehen, wie anders das Leben bis vor Kurzem war, und schätzen die Kreativität, die in so viele aus dem heutigen Alltag verschwundene Objekte eingeflossen ist. Die analoge Technologie prägte die Welt bis in die ersten Jahre des 21. Jahrhunderts. Darin stecken der ganze Einfallsreichtum derer, die sie entwickelten, und die hohe schöpferische Kraft jener, die ihr eine äußere Form gaben. Die sozialen und kulturellen Begleiterscheinungen, von den Plattencovern der Beatles bis zu den Motiven alter Farbdias, sind ein Spiegelbild ihrer jeweiligen Zeit. Objekte wie diese waren ein Teil unseres Lebens.

Das bekannte amerikanische Science-Fiction-Magazin *Astounding* vollzog 1960 einen Namenswechsel; *Analog* klang wissenschaftlicher, mehr nach Zukunft. Dabei waren die ersten Anzeichen einer digitalen Revolution im analogen Zeitalter bereits sichtbar. Die Transistoren, die den Schrumpfungsprozess der Computer von raumfressenden Giganten zu universell einsetzbaren Desktop-Geräten einleiteten, kamen erstmals 1954 in Großrechnern zum Einsatz. In den 1960er-Jahren finanzierte das US-Verteidigungsministerium das ARPANET-Projekt in den USA und legte damit den Grundstein für das Internet. Doch die Auswirkungen dieses technologischen Wandels wurden nur langsam sichtbar, zumal noch viele analoge Innovationen folgen sollten, insbesondere bei der Aufzeichnung von Ton und bewegtem Bild.

Magnetbänder kamen seit den 1950er-Jahren für Videoaufzeichnungen zum Einsatz, aber erst in den 1980er-Jahren wurden Videorekorder auf breiter Basis verfügbar. Sony und andere japanische Unternehmen brachten eine Reihe attraktiver neuer Produkte auf den Markt, die auf der Miniaturisierung analoger Technologie basierten und die sich mehr an das Publikum als an professionelle Nutzer richteten.

Die Analogtechnik besaß nicht nur reichlich Potenzial, sie war bereits ein bewährtes Mittel, um die Welt zu begreifen, etwa bei der Darstellung oder Messung physikalischer Phänomene wie Raum, Zeit, Schall und Licht. Mindestens zwei Jahrtausende alte Sonnenuhren, Zollstöcke und Kompasse könnte man als Anfänge der Analogtechnik betrachten.

Vom 19. Jahrhundert an ermöglichten neue, teilweise unabhängig voneinander entstandene Technologien die Wiedergabe von Bildern und Klängen und sogar deren Übertragung. Daguerre begründete 1839 die moderne Fotografie; Faksimiles wurden in den 1840er-Jahren möglich; Telegrafen nutzten den Morsecode als analoge Form der Kommunikation; Sholes und Glidden stellten nach 1874 kommerziell erfolgreiche Schreibmaschinen her.

Wenn wir diese Epoche als analoges Mittelalter betrachten, dann setzte die analoge Neuzeit mit der Entwicklung der Elektronenröhre zu Beginn des 20. Jahrhunderts ein. Sie erlebte ab 1947 einen Schub durch den Transistor, der die massenhafte Vermarktung von tragbaren Fernsehern und Radios ermöglichte.

Die analoge Technologie wirkte auf der soziokulturellen wie der wirtschaftlich-industriellen Ebene. Die Fotografie – im 19. Jahrhundert von manchen noch als »Seelenraub« geschmäht – markierte auch den Beginn einer neuen Kunstform. Der Rundfunk veränderte die Politik in den 1930er-Jahren mehr, als die Zeitungen es in den 1830er-Jahren vermocht hatten. Die Langspielplatte mit bis zu sieben dreiminütigen Aufnahmen auf jeder Seite schuf ein neues Musikgenre, das Album, und zog eine weitere Kunstform nach sich: die aufwendig gestaltete Plattenhülle. Das Fernsehen führte die Werbeunterbrechung ein, schuf Stars und Berühmtheiten und nivellierte das kulturelle Niveau.

Die 1960er- und 1970er-Jahre markierten das Finale des analogen Zeitalters und brachten einige der genialsten je produzierten Konsumgüter hervor, darunter die Polaroid-Sofortbildkamera SX-70 (siehe Seite 139). Ein unmittelbar vorzeigbares Resultat ohne großen Aufwand – nie wieder kam analoge Technik den Vorzügen der digitalen Welt so nahe. Sony produzierte den Walkman (siehe Seite 95) und Dieter Rams entwarf mehrere Rundfunkgeräte für Braun, darunter das RT 20 (siehe Seite 54).

Der Wandel vollzog sich außerordentlich schnell. Das Telefon war eine analoge Technologie, die von Apparaten mit einem Mikrofon abhing, das die Stimme in ein analoges Signal umwandelte und es mittels Kupferdrähten über eine Vermittlungsstelle zum Empfänger übertrug. Als vorherrschende Form der Fernkommunikation wurde diese Technik in weniger als einem Jahrzehnt vom Markt verdrängt. Ende 1999 gab es weltweit 492 Millionen Mobilfunkteilnehmer – und ein großer Teil davon waren analoge Mobiltelefone der ersten Generation. Zehn Jahre später waren es schon fast fünf Milliarden Nutzer, durchwegs digital.

(1) Das tragbare Fernsehgerät Algol (siehe Seite 173), das von Marco Zanuso und Richard Sapper für Brionvega entworfen wurde und noch heute – mit modernstem elektronischem Innenleben – produziert wird.

1

Das erste Smartphone von Apple läutete 2007 ein Massensterben zahlreicher analoger Produkte ein, von Landkarten über Kameras und Musikabspielgeräte bis hin zu Radios und Weckern.

Die digitalen Technologien zeichnen dieselben physikalischen Phänomene auf wie die analogen, allerdings nicht durch die physische Nachbildung einer Schallwelle (wie bei analogen Aufnahmen, z. B. in Wachs), sondern durch numerische Abtastung und Speicherung der wesentlichen Informationen, die eine Wiedergabe als Sprache oder Musik ermöglichen.

Die letzten 15 Jahre machen das Ausmaß der Abkehr vom analogen Rundfunk deutlich. In den USA wurden 2009 die analogen Fernsehsignale abgeschaltet. Die britische BBC folgte drei Jahre später. Alle neuen Autoradios sind jetzt digital. Viele Länder bereiten sich darauf vor, analoge Funksignale abzuschalten, sofern sie dies nicht bereits getan haben. Damit wären Hunderte Millionen Radios (die mehrere Generationen technischer Innovationen repräsentieren) nicht nur veraltet, sondern auch unbrauchbar. Norwegen z. B. stellte 2017 alle UKW-Übertragungen ein, während die BBC diesen Schritt bis mindestens 2030 aufgeschoben hat.

Analog ist jedoch nicht völlig tot. Es gibt Geräte, die sowohl analoge als auch digitale Technologien nutzen. Moderne Kameras sind z. B. mit analogen Bildsensoren ausgestattet, deren Daten in digitale Signale umgewandelt werden. Bestimmte Alltagsgegenstände wie die mechanische Armbanduhr haben ihren weitaus billigeren, zuverlässigeren und genaueren digitalen Ersatz tatsächlich überlebt. Dank unserer Gewohnheit, unseren Status mithilfe von Gegenständen zu unterstreichen und diese an unsere Nachkommen weiterzugeben, bekam die Uhr den Charakter eines Schmuckstücks. Viele analoge Technologien erreichten das Ende ihrer Entwicklungsmöglichkeiten, nicht aber die Uhrwerke, die immer aufwendiger werden.

Die anhaltende Attraktivität der analogen Technik ist sowohl ästhetisch als auch emotional bedingt. So wie einige Musikschaffende analoge Reproduktionstechniken wegen der Klangqualität bevorzugen, so drehen manche Filmkünstler wie Wes Anderson und Quentin Tarantino ihre Filme häufig noch konventionell. Der Grund dafür ist die Wiedergabe des Lichts, der Farben und der Zwischentöne, im Gegensatz zur, wie sie es nennen, klinischen Qualität der Digitalkameras.

Die Vinyl-Schallplatte war beinahe ausgestorben, ist aber zurück. Diese Renaissance wird mit Qualitätserwägungen begründet, da Platten inzwischen als klangvoller gelten als Compact Discs. Bei Plattenspielern, Verstärkern und Lautsprechern ist es ähnlich wie bei Armbanduhren: Die Geräte werden immer teurer und aufwendiger, und in einigen Fällen wird sogar die Röhrentechnik wiederbelebt und in Verstärkern anstelle von Transistoren eingesetzt.

2

3

(2) Der Vierkanal-Receiver Panasonic SA-504 (siehe Seite 63) steht für eine kurzlebige technische Modeerscheinung der 1970er-Jahre, die ein echtes quadrofones Klangerlebnis versprach und als Vorläufer heutiger Surround-Technik gilt.

(3) Die Polaroid-Sofortbildkamera SX-70 (siehe Seite 139) markierte den Höhepunkt der Idee von Edwin Land, die Fotografie weniger umständlich zu machen.

Vielleicht ebenso wichtig wie die wahrgenommene Klangqualität ist das Gefühl des Besitzes, das eine Vinyl-Schallplatte vermittelt – etwas, was ein immaterieller Streaming-Dienst nicht bieten kann. Analoge Geräte aller Art machten stets mehr her als ihre digitalen Nachfolger. Die Technik von früher war auf mechanische Komponenten angewiesen. Knöpfe mussten gedrückt oder gedreht werden; diese fühlbaren Aktionen machten einen wesentlichen Teil der Präsenz solcher Gegenstände und der Art und Weise aus, wie wir mit ihnen interagierten. Der Weg, den ein Schalter zurücklegte, das Geräusch, das er dabei machte, das Berühren der geriffelten Kanten eines Knopfs beim Einstellen eines Radiosenders – all dies trug zu dem Eindruck bei, den uns die Geräte vermittelten. Sie gaben uns die Kontrolle über etwas Sinnstiftendes. Jenseits ihres Nützlichkeitsaspekts wurden die Bedienelemente zum Teil des Erscheinungsbilds – Zierelemente, die von den Designern eingesetzt wurden, um den Menschen das schmeichelhafte Gefühl zu geben, als Nutzer einer Technik auf Augenhöhe mit Profis zu stehen.

Analoge Geräte rasten mechanisch ein und reagieren auf Berührung. Sie sind so konfiguriert, dass sie uns Hinweise geben, wozu sie da sind, und lassen Benutzende intuitiv verstehen, wie sie zu bedienen sind. Digitale Geräte piepsen und beziehen uns kaum ein, sind nicht so kommunikativ und gewähren weniger physische Interaktion als ihre analogen Vorgänger. Dies erklärt, wieso das analoge Zeitalter auf eine neue Konsumgeneration, die sich zunehmend von einer Welt nicht greifbarer Bits und Pixel entfremdet fühlte, so anziehend wirkt.

James Laver, Kurator am Victoria and Albert Museum in London in den 1940er-Jahren, formulierte – halb im Scherz – sein Laver'sches Gesetz, um den Bogen zu beschreiben, den alle Moden durchlaufen. Ein Kleidungsstück ist unanständig, wenn es seiner Zeit zu weit voraus ist. Es ist gewagt, wenn es seiner Zeit nur ein wenig voraus ist, und schick, wenn es seiner Zeit entspricht. Es veraltet rasch und fällt in Ungnade. Unweigerlich schließt sich der umgekehrte Weg an: Zuerst wird es amüsant, dann niedlich, dann charmant, bevor es wieder schön wird. Viele analog funktionierende Gegenstände durchliefen einen ähnlichen Prozess, von avantgardistisch über obsolet und niedlich bis hin zum begehrten Sammlerobjekt.

Tom Hanks, der bekanntlich eine Sammlung von 250 Schreibmaschinen besitzt, sagte der *New York Times*: »Ein moderner Laptop bietet nicht das greifbare Vergnügen beim Tippen nach altmodischer Art.« Der Oscar-Preisträger beschreibt treffend die analoge Erfahrung beim Betätigen einer Taste, das Gefühl, dass etwas Bedeutendes passiert: »Computertastaturen verursachen ein mausgraues Tippelditipp, wie man es bei Starbucks hört – die Arbeit wird zwar erledigt, aber sie klingt anheimelnd und unbedeutend, wie Stricknadeln beim Sockenstricken. Bei allem, was man auf einer Schreibmaschine tippt, setzen sich die Wörter dagegen aus Mini-Explosionen zusammen: TSCHACK-TSCHACK-TSCHACK. Ein Dankesschreiben hat die gleiche klangliche Wirkung wie ein literarisches Meisterwerk.«

Das analoge Zeitalter hinterließ unauslöschliche Spuren im digitalen Zeitalter. Die Tastaturbelegung z. B., die 1874 als QWERTY (QWERTZ auf deutsch und AZERTY auf französisch) für die Schreibmaschine entwickelt wurde, wurde für Computertastaturen übernommen. Die Typografie begann mit Holzlettern, wechselte dann zum Metall, dann zum Fotosatz und ist heute digital, aber der Buchstabe mit Serifen hat seinen Ursprung in der Steinbildhauerei und blieb aufgrund von Lesbarkeit und Ausdruck erhalten. Die Art und Weise, wie Drucksachen in Spalten gesetzt werden – im Blocksatz oder flatternd – ist wiederum ein Überbleibsel der Kalligrafie, die ihre Wirkung noch immer auf dem Bildschirm entfaltet.

Dieses Buch widmet sich der Erkundung verschiedener analoger Gegenstände und ist in vier Abschnitte gegliedert: Klang, Bild, Kommunikation und Information. Jeder davon enthält eine chronologische Darstellung der Entwicklung, von Plattenspielern und Kameras bis hin zu Uhren und Schreibmaschinen.

Nachdem die Begeisterung für die analoge Technik dazu geführt hat, dass die Produktion von Polaroidfilmen wieder angelaufen ist und 50 Jahre alte Tonbandgeräte zu geschätzten Sammlerobjekten geworden sind, soll dieses Buch einen Einblick in die anhaltende Bedeutung und Attraktivität analoger Technik geben. Das Verständnis der analogen Wurzeln verrät uns viel über die zeitgenössische Technologie und die Geschichte der Gegenwart.

(4) Die von Marcello Nizzoli für Olivetti entworfene Handschreibmaschine Lexikon 80, eine Vorgängerin der elektrischen Schreibmaschine Lexikon 82 (siehe Seite 231).

olivetti
M80

Klang

1. Kapitel

JVC

Im August 1877 nahm Thomas Edison sich selbst beim Rezitieren eines Kinderreims auf, indem er mittels einer an einer Membran befestigten Nadel Rillen auf einem in Stanniol eingewickelten Metallzylinder anbrachte. Seither veränderte die analoge Technologie nicht nur die Art und Weise, wie wir hören, sondern auch, was wir hören. Edison experimentierte mit Wachszylindern, die, wenn sie mit einer Nadel »abgespielt« und durch eine Membran und einen Lautsprecher verstärkt wurden, jene Töne wiedergaben, die er zuvor auf einem anderen Medium aufgezeichnet und kopiert hatte. Dies war der Ursprung einer ganzen Reihe neuer analoger Aufzeichnungsmedien, von Wachs über Vinyl bis hin zu Magnetbändern verschiedener Art.

Edisons zweiminütige Aufnahme von *Mary Had a Little Lamb* war zwar ein technischer Durchbruch, ging aber nicht über eine fragmentarische Aufzeichnung hinaus. Die Langspielplatte mit einem Durchmesser von 30 cm, die konstant mit 33⅓ Umdrehungen pro Minute auf einem Teller rotierte und rund 40 Minuten Spielzeit bot, war hingegen nicht nur technisch wegweisend. Wie die Beatles 1967 mit der Veröffentlichung von *Sgt. Pepper's Lonely Hearts Club Band* demonstrierten, entwickelte sich die LP (von »Long Play«) zu einer neuen, eigenständigen Kulturform. Populäre Musik konnte eine Geschichte erzählen, so wie zuvor Oper und Romane. Die Abfolge der Lieder war ein wesentlicher Teil des Erlebnisses – ein Aspekt, der beim digitalen Musikstreaming verloren gegangen ist. Der Albumtitel und die Gestaltung des Covers waren wesentliche Bestandteile des Hörerlebnisses; das Medium prägte die Botschaft.

Die Tonaufzeichnung ging dem Rundfunk voran, der sich allerdings parallel dazu entwickelte, sowohl technisch als auch inhaltlich. Die experimentellen drahtlosen Übertragungen des italienischen Erfinders Guglielmo Marconi ab 1895 ermöglichten die ersten Radiosender – 1920 in den USA und zwei Jahre später in Großbritannien, als die British Broadcasting Company den täglichen Betrieb aufnahm. Kurzwellenübertragungen erreichten die ganze Welt und sendeten Propaganda oder Aufklärung an handliche Radioempfänger über die Landesgrenzen autoritärer Regime hinweg.

Die ersten kommerziellen Tonaufzeichnungsgeräte kamen 1903 in den USA auf den Markt und nutzten magnetisierten Stahldraht. Sie wurden ständig technisch verbessert und bis Ende der 1950er-Jahre hergestellt. In erster Linie dienten sie zum Diktieren in Büros und zur Aufzeichnung von Radiosendungen – als Medium für Amateure war Draht unpraktisch, da für eine Stunde Aufnahmezeit mehr als zwei Kilometer davon benötigt wurden.

Der deutsche Ingenieur Fritz Pfleumer patentierte ein Verfahren zur Beschichtung von Papier mit gehärtetem Stahlstaub, der mit Lack fixiert wurde. AEG, der Pionier unter den Elektrogeräteherstellern, nutzte das Verfahren für das 1935 auf den Markt gebrachte Magnetophon K1, aber Tonbandgeräte wurden erst in den 1960er-Jahren zu einem Produkt für den Hausgebrauch. Spulentonbandgeräte erforderten Fingerfertigkeit, da das dünne Kunststoffband durch die Abspiel- und Aufnahmeköpfe und auf eine zweite Spule gefädelt werden musste. Praktisch war das nicht unbedingt.

(1) Nach jahrelanger Forschung brachte Thomas Edison seine ersten Versuche mit Tonaufnahmen auf den Markt. Seine in Pappkartons verkauften Wachszylinder spielten zwei Minuten lang Musik ab und blieben von 1890 bis etwa 1912 das vorherrschende Aufnahmeformat, bis sie von der Schallplatte überholt wurden.

(2) Die Rundfunktechnologie entwickelte sich parallel zum wachsenden Angebot von Inhalten. In den meisten Teilen der Welt wurden die Sender als staatliches Monopol mit Netzen von lokalen Sendern betrieben. Am Empfänger wählte man diese mithilfe von Skalenanzeigen aus.

(3) Ab den 1960er-Jahren konkurrierten Tonbandgeräte, wie dieses von Dieter Rams entworfene und von Braun hergestellte Modell (siehe Seite 87), mit auf Plattenspielern basierenden Audiosystemen wie dem von Brionvega (siehe Seite 81). Beide Geräteformen hatten enthusiastische Anhänger.

1

1878 Die Edison Speaking Phonograph Company wird gegründet, deren Geräte es ermöglichen, kurze Mitteilungen auf Wachswalzen aufzunehmen und abzuspielen.

1898 Der dänische Ingenieur Valdemar Poulsen stellt einen Drahtrekorder her, den er als Diktiergerät unter dem Namen Telegraphone vermarktet.

1889 Der Vorläufer der Jukebox, ein münzbetriebener Edison-Phonograph in einem Eichenholzgehäuse, wird in einer Bar in San Francisco aufgestellt.

1922 Die BBC strahlt aus London, Birmingham und Manchester Nachrichten, Wetterberichte, Konzerte und die erste Kindersendung aus, eine Lesung von Oscar Wildes *Der glückliche Prinz*.

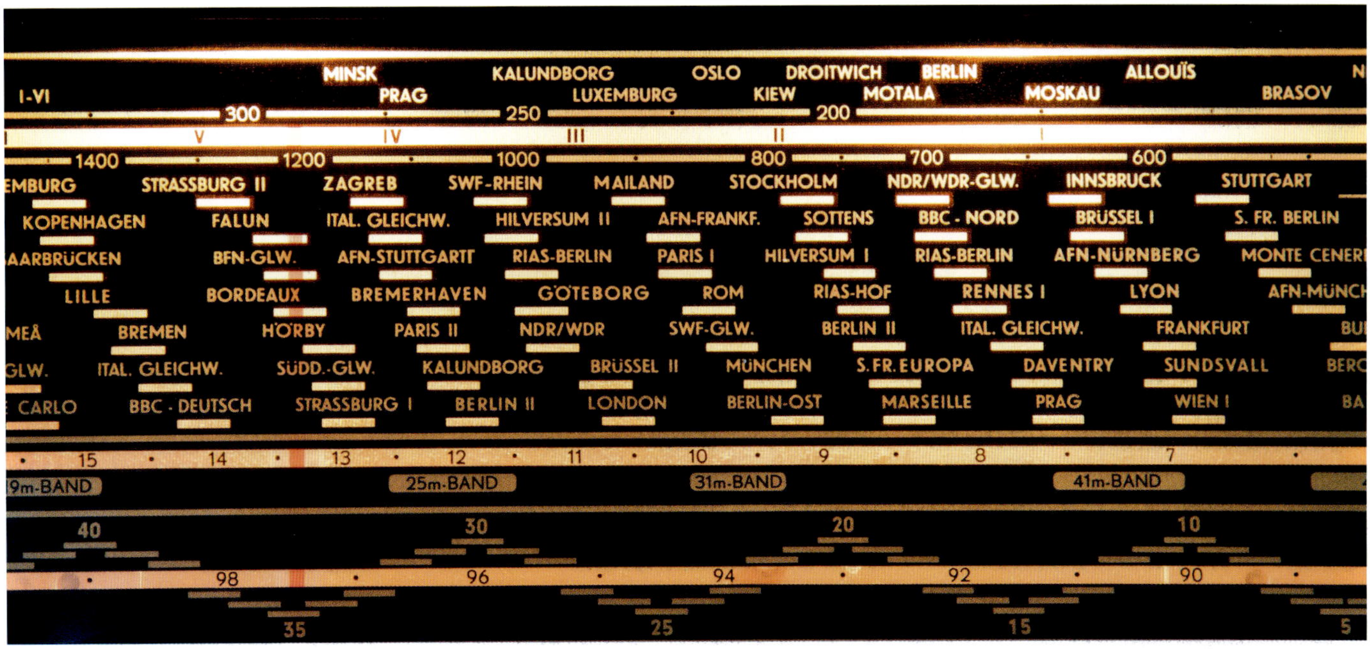

2

3

1924 Marconi gelingt die erste erfolgreiche Kurzwellenübertragung aus Cornwall. Sie wird im Libanon empfangen und demonstriert die Reichweite des Rundfunks.

1930 Das erste kommerzielle Autoradio, das 5T71 von Motorola, enthält Tuner und Lautsprecher. Diebstahl aus geparkten Fahrzeugen ist noch kein Thema.

1933 Die Nationalsozialisten führen den billigen, neu gestalteten Volksempfänger 301 (siehe Seite 39) als Teil der Propagandamaschine von Joseph Goebbels ein.

1935 Fritz Pfleumer lizenziert sein patentiertes Verfahren für magnetische Tonbänder an die AEG, die das Magnetophon K1 auf den Markt bringt, das sich vor allem an Rundfunkanstalten richtet.

4

5

(4) Brionvega erarbeitete mit Architekten wie Marco Zanuso, der gemeinsam mit Richard Sapper den Concetto-Plattenspieler designte (siehe Seite 81), ein unverwechselbares Programm moderner Audio- und Fernsehgeräte.

(5) Kleine Transistoren ersetzten die zerbrechlichen Elektronenröhren. Nun konnten tragbare Radios im Taschenformat wie das Regency TR-1 (siehe Seite 44) produziert werden.

1951 Todd Storz erstellt anhand der wöchentlichen Umfrage des Branchenmagazins *Billboard* nach den beliebtesten Platten auf dem US-Markt die Playlist für den ersten Top-40-Musiksender.

1954 Dank seines TR-1 (siehe Seite 44) gewinnt Regency den Wettlauf mit Sony um das erste tragbare Transistorradio auf dem US-Markt.

1958 Die ersten auf PVC gepressten Stereoplatten kommen in den USA in den Handel, darunter dieses Album von Johnny Puleo and his Harmonica Gang.

1966 Sony bringt mit dem TC-100 sein erstes Abspielgerät für Musikkassetten auf den Markt und popularisiert die sechs Jahre zuvor von Philips entwickelte Kompaktkassette.

Neuartige Empfangs- und Abspielgeräte prägten das Lebensgefühl ganzer Generationen. Die Jukebox in der Kneipe oder das Transistorradio, mit dem wir private oder gar Piratensender anstelle öffentlich-rechtlicher Monopolanstalten hörten, lieferten den Soundtrack zum Alltag. Manchmal fiel den Geräten sogar eine historische Rolle zu. 1961 scheiterte ein Putsch der algerischen Kolonialarmee gegen die französische Regierung unter anderem daran, dass die Wehrpflichtigen die im Rundfunk übertragene Rede von Präsident Charles de Gaulle hörten, der ihnen die Rückkehr in ihre Kasernen befahl; viele von ihnen führten in ihren Seesäcken Transistorradios mit sich. Eine vergleichbare Rolle spielten erst wieder in jüngerer Zeit die Social Media beim Arabischen Frühling 2010/11. Die Tonbandgeräte, die heimlich Gespräche im Weißen Haus aufzeichneten, beendeten unbeabsichtigt die Präsidentschaft Richard Nixons nach dem Watergate-Skandal.

Aufwendige Geräte zum Abspielen von Musik hielten in die Haushalte Einzug, zunächst in Form von »Tonmöbeln« wie Musiktruhen, die sich in ihre Umgebung einfügten. Fortgeschrittene Audiosysteme suggerierten mit glatten Oberflächen und beleuchteten Bedienelementen die technische Präzision einer Laborumgebung. Wer so etwas besaß, kaufte auch das Prestige mit, scheinbar über das nötige Fachwissen zu verfügen. Geräte für jeden Geschmack reichten von der nüchternen, anspruchsvollen Moderne bis hin zu bunter Pop-Art und knalligem Kitsch. Insbesondere Radios, aber auch Tonbandgeräte und Plattenspieler wurden von namhaften Architekten designt, aber auch von den anonymen Marketingabteilungen japanischer Elektronikfirmen, die ihren Kunden das Neueste vom Neuen anbieten wollten. Technik und Stile waren fast so kurzlebig wie die Kleidermode; analoge Audiogeräte sind ein bemerkenswertes Spiegelbild des Zeitgeschmacks und des Kulturwandels. Wie die Kleidung sind auch das Radio, der Plattenspieler oder der Kassettenrekorder eng mit den Ritualen unseres täglichen Lebens verbunden, angefangen beim drahtlosen Rundfunkempfänger, um den sich einst die Familie versammelte. So manche Teenagerliebe in den USA begann zu den Klängen eines Achtspur-Stereoplayers im Auto.

Das Regency TR-1, das erste in den USA hergestellte tragbare Radio mit winzigen Transistoren anstelle von glühbirnengroßen Röhren, kam 1954 in den Handel. Ihm folgte das noch kleinere und billigere Konkurrenzgerät TR-65 von Sony. Paradoxerweise wurden gerade die zwar tragbaren, aber unhandlich-koffergroßen Ghettoblaster Ende der 1970er-Jahre zum Symbol für stilvolle Mobilität, die ihre Umgebung nolens volens am Musikgenuss teilhaben ließ. Der Walkman von Sony war dagegen nicht nur tragbar, sondern ermöglichte es auch, sich mithilfe von Musik von der Umwelt abzuschotten. Die Art und Weise, wie diese Geräte benutzt wurden, machten sie zu einem Teil der eigenen Persönlichkeit.

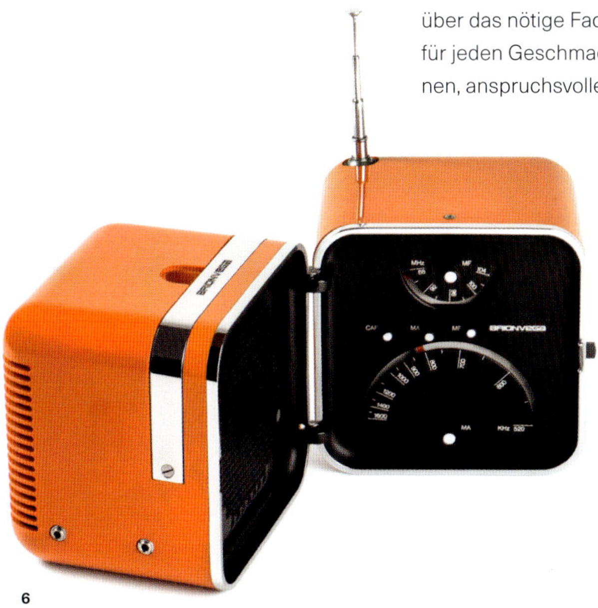

6

(6) Eine Reihe von höchst kreativ designten Rundfunkempfängern trägt die Handschrift von Richard Sapper, darunter der aufklappbare TS 502 mit versenkbarem Tragegriff und Teleskopantenne (siehe Seite 57).

1969 Der koreanische Hersteller Samsung steigt in die Unterhaltungselektronikbranche ein und durchbricht rasch die Dominanz der japanischen Hersteller.

1976 Der Plattenspieler Yamaha YP-800/1000 spiegelt den verbreiteten High-Fidelity-Kult wider, der die Elemente einer Stereoanlage in einzelne Komponenten aufteilt.

1979 Sony bringt den ersten Walkman auf den Markt (siehe Seite 95), der individuelles Musikhören über Kopfhörer unterwegs ermöglicht.

1992 Philippe Starck soll die Produktpalette der französischen Firma Thomson mit stylischen Radios wie dem Moosk erneuern und die asiatische Konkurrenz abwehren – letztlich vergeblich.

Produktübersicht

Schallplatten

Thomas Edison gelangen 1877 die ersten Tonaufzeichnungen auf mit Stanniol überzogenen Walzen. Emile Berliner, ein deutsch-amerikanischer Erfinder, entwickelte eine flache Scheibe als geeignetere Alternative. Wie der englische Name »record« besagt, diente die Schallplatte in ihrer frühesten Form dazu, etwas für die Nachwelt zu konservieren, z. B. eine Aufführung. Nach und nach wurde daraus ein Konsumobjekt – die Möglichkeit, ein Musikerlebnis zu kaufen.

Plattenspieler

Die ersten Plattenspieler waren mechanische Geräte mit Handkurbel. Elektrische Antriebe und ausgefeilte Verstärkertechnik gaben die Darbietung viel überzeugender wieder, noch weiter verbessert durch die Entwicklung stereofoner Systeme, die auf mehreren Kanälen aufnahmen und räumliche Wahrnehmung von Klängen vermittelten. Viele Unternehmen boten nicht nur die Geräte zum Abspielen von Schallplatten an, sie verfügten auch über eigene Aufnahmestudios und Presswerke, um selbst die passenden Inhalte dazu zu liefern.

Radios

Die erste Generation von »drahtlosen« Radiogeräten – sie benötigten keine physische Verbindung zur Sendestation – war auf zerbrechliche Elektronenröhren von der Größe einer Glühbirne angewiesen. Das machte sie zwangsläufig unhandlich, schwer und empfindlich. Die Einführung der Transistortechnik in den Nachkriegsjahren machte das Radio zu einem individuell nutzbaren und tragbaren Objekt.

Musiktruhen und Kompaktanlagen

Die Kombination eines Plattenspielers mit einem Radio war weniger eine technische Innovation als vielmehr eine Marketingidee. Beides zusammen war kompakter als zwei Einzelgeräte; eine gemeinsame

Stromquelle und ein einzelner Lautsprecher reichten aus. Die technischen Lösungen von Brionvega und Braun etablierten Musikanlagen überzeugend als eigenständige technische Kategorie.

Tonbandgeräte

Das Magnetband löste bei den Rundfunkanstalten Speichermedien wie Draht und Wachsschallplatte bzw. Kupferfolie ab. Tonbandgeräte waren zunächst Geräte für Profis, deren Bedienung ein gewisses Know-how erforderte. Mit zunehmender Verfeinerung der Geräte wurde ihre Bedienung immer einfacher. Anders als bei Schallplatten konnte man nun selbst Töne aufnehmen, ohne bereits aufgenommene Inhalte von Herstellern kaufen zu müssen.

Kassettengeräte

Ursprünglich wurde die Kompaktkassette von der niederländischen Firma Philips entwickelt, um den Komfort einer Schallplatte mit der Klangqualität eines großformatigen Magnetbands zu kombinieren, das auf einem Spulengerät abgespielt wird. Ständig verbesserte Eisenoxidbeschichtungen für das Trägermaterial der Bänder versprachen eine getreuere Wiedergabe und Klangqualität. Tragbare Kassettengeräte ermöglichten es den Nutzern, Urheberrechtsbeschränkungen zu umgehen und Radiosendungen und Schallplatten aufzunehmen, was enorm zur Verbreitung der Technik beitrug.

8-Spur-Kassettengeräte

Das 8-Spur-Kassettenformat war eine mechanische und technische Innovation. Das breitere Band ermöglichte eine bessere Tonqualität, und es wurden beide Seiten des Bandes abgespielt, ohne dass die Kassette aus dem Abspielgerät ausgeworfen und neu eingelegt werden musste. Die 8-Spur-Kassette wurde bis in die 1970er-Jahre sehr erfolgreich als Unterhaltungsmedium für das Auto vermarktet, stationäre Geräte für daheim waren jedoch weniger erfolgreich.

Radiorekorder und Ghettoblaster

So wie bestimmte Sportbekleidungsmarken zum kulturellen Erkennungsmerkmal avancierten, wurde die Kombination aus tragbarem Radio und Kassettengerät zum unverzichtbaren Accessoire der Jugendkultur. Ursprünglich als batteriebetriebenes, tragbares Gerät für den Einsatz im Freien gedacht, fand der Radiorekorder als Ghettoblaster einen unerwartet großen Kundenkreis, bei dem das Gesehen-Werden mit dem Gerät den größten Reiz ausmachte.

Schellackplatte
Jahr: 1887
Design: Emile Berliner
Hersteller: United States Gramophone Company, Washington, D.C., USA
Abmessungen: 25 oder 30 cm Durchmesser

Seit Ende des 19. Jahrhunderts gab es Schallplatten, die mit 78 Umdrehungen pro Minute abgespielt wurden. Sie lösten die von Edison erfundenen Walzen ab. Es war schwierig, die Abspielgeschwindigkeit eines kurbelbetriebenen Grammofons genau zu bestimmen. Erst nach 1925 galten 78,26 Umdrehungen pro Minute als Industriestandard. Die Schellackplatte blieb bis in die 1950er-Jahre das vorherrschende Format für aufgezeichnete Musik und wurde erst nach und nach von der 1949 eingeführten Langspielplatte mit 33 ⅓ Umdrehungen pro Minute verdrängt. Die Aufnahme wurde in eine Wachsvorlage geschnitten, die Schallwellen in konzentrische Rillen umwandelte. Davon stellte man Matrizen her, die wiederum auf Schellack – ein natürliches Harz, das mit verschiedenen Füllstoffen versetzt wurde – gepresst wurden. Die Platten hatten 25 oder 30 cm Durchmesser; letzteres Format enthielt bis zu sechs Minuten Musik. Sie wurden meist in standardisierten Hüllen aus bedrucktem Papier geliefert, die ein Sichtfenster für das Etikett aufwiesen.

Langspielplatte
Jahr: 1948
Design: Peter Goldmark, William Savory, William Bachman, Howard Scott
Hersteller: Columbia Records, New York, USA
Abmessungen: 30 cm Durchmesser

Noch bevor Columbia die erste Langspielplatte auf den Markt brachte (Mendelssohns Violinkonzert in e-Moll, gespielt von Nathan Milstein unter der Leitung von Bruno Walter mit dem New York Philharmonic Symphony Orchestra), löste PVC Schellack als Trägermaterial ab. »Vinyl« war das Ergebnis jahrelanger Forschung nach einer Technologie, die eine Spielzeit von mindestens 20 Minuten bieten konnte, mit langsameren Abspielgeschwindigkeiten und verbesserten Aufnahmetechniken. Das neue Format, das »Album«, bot eine Abfolge von bis zu sechs Titeln pro Seite und wurde bald von Konkurrenten wie Philips (im Bild), Brunswick, RCA Victor, Capitol, Parlophone und Decca übernommen. Das Albumcover entwickelte sich zu einer neuen Kunstform (siehe Seite 32).

Single-Schallplatte
Jahr: 1949
Design: RCA Victor
Hersteller: RCA Victor, New York, USA
Abmessungen: 17,8 cm Durchmesser

Die Einführung einer Schallplatte mit einer Spieldauer von drei Minuten bei 45 Umdrehungen pro Minute und mit 17,8 cm Durchmesser revolutionierte die populäre Musik. Die ersten sieben RCA-Single-Veröffentlichungen deckten die ganze Bandbreite des Musikgeschmacks ab, vom Delta-Blues-Sänger Arthur »Big Boy« Crudup mit *That's All Right*, das später von Elvis Presley aufgenommen wurde, bis zu Saul Meisels, einem an der Juilliard School ausgebildeten Sänger, der sich auf die Interpretation jiddischer Volkslieder spezialisiert hatte.

Die Single erlebte ihren Durchbruch, als die Musikschaffenden begannen, ihre Werke mit größtmöglichem Effekt auf das dreiminütige Format zuzuschneiden. Bill Haleys *Rock Around the Clock* verkaufte sich drei Millionen Mal und bewies damit die Bedeutung der Single, die durch die Einführung der Hitparade, der Jukebox und der Musiksender mit Discjockeys noch verstärkt wurde.

LP Curved Air *Airconditioning*

Jahr: 1970

Design: Mark Hanau

Hersteller: Warner Bros Records, Los Angeles, USA

Abmessungen: 30 cm Durchmesser

Als eine der ersten Picture Discs überhaupt, die von Metronome Records in einer limitierten Auflage von 10 000 Stück gepresst wurde, erschien *Airconditioning* in einer transparenten Plastikhülle. Die kontrastierenden Muster auf beiden Seiten der Platte erzeugten einen dynamischen »psychedelischen« Effekt, sobald sich die Platte auf dem Teller drehte. Das Artwork für das Debütalbum von Curved Air stammte von ihrem Manager Mark Hanau: »Das Design war vom Jugendstil inspiriert, einer Vorliebe von mir«, sagte er später. Ein einzelnes Segment wurde mithilfe einer DeVere-Kopierkamera im Format 25,4 × 20,3 cm kopiert und 16-mal neu belichtet. Die andere Seite der Platte zeigte ein Airbrush-Bild, das unter Stroboskoplicht lebendige Muster erzeugen sollte. Sonja Kristina, die Sängerin von Curved Air, war allerdings unzufrieden mit der Tonqualität. »Bei der Picture Disc liegt das Artwork unter durchsichtigem Material, das besonders anfällig für statische Störungen ist, sodass die Klangqualität nicht so gut war wie bei schwarzem Vinyl. Aber die Idee war trotzdem wirklich gut.«

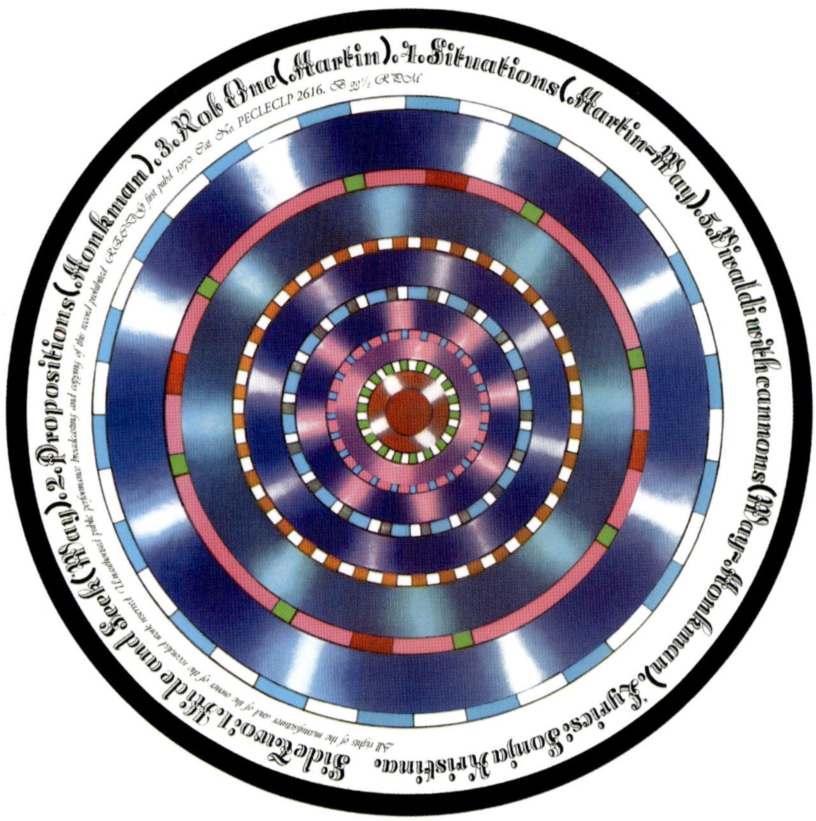

Kurbelgrammofon HMV 102
Jahr: 1931
Design: HMV
Hersteller: HMV, Hayes, Großbritannien
Abmessungen: 42 × 29 × 16,5 cm

Dieses Grammofon von HMV war so teuer, dass es auf Ratenkaufbasis angeboten wurde. Die Palette reichte vom schwarzen Basismodell bis zur mit rotem Leder bezogenen Luxusversion für 8 Guineen, was inflationsbereinigt 1030 Euro entspricht. Auch ohne elektrische Bauteile ähnelte dieses Grammofon bereits modernen Plattenspielern, mit einem Tonarm und einer Nadel, die die Rille einer 25-cm-Platte abtastete. Die Nadel war mit einer Schalldose verbunden, in der eine Membran den in Seitenschrift aufgezeichneten Ton in Schallwellen umsetzte. Diese wurden durch ein akustisches Horn unter dem Plattenteller verstärkt, dessen Antrieb wiederum mechanisch mit einer abnehmbaren Kurbel aufgezogen wurde. Die Nadeln mussten nach jedem zweiten oder dritten Einsatz gewechselt werden, um die Platten nicht zu beschädigen.

Im Inneren des Koffers befand sich ein Fach, das ein halbes Dutzend Schallplatten aufnahm. Die einzige Möglichkeit, die Lautstärke zu regulieren, bestand darin, das Horn mithilfe einer Abdeckung zu dämpfen.

Plattenspieler Garrard 301 Transcription

Jahr: 1954

Design: Edmund Mortimer

Hersteller: Garrard, Swindon, Großbritannien

Abmessungen: 64 × 48 × 21,5 cm

Die Phonosparte von Garrard wurde ursprünglich als Ableger eines Juweliergeschäfts gegründet; technisches Know-how und Fertigungsqualität waren legendär. Der 301 war einer der ersten Plattenspieler, die ausgezeichneten Klang boten und die Unzulänglichkeiten der frühen Aufnahmetechnik behoben. Drei verschiedene Abspielgeschwindigkeiten wurden benötigt, um auch die neuen LPs und Singles abspielen zu können. Garrard stellte auch den Tonarm mit der Nadel her, die die Rille der Schallplatte in Klang verwandelt.

Zusammen mit dem Plattenteller aus Aluminiumguss sehen die Komponenten noch immer modern aus. Nur die Details der auf dem Metallchassis angeordneten Bedienelemente verraten, dass es sich um ein Produkt der frühen 1950er-Jahre handelt. Teure Geräte wie der Garrard 301 wurden von der BBC und vielen europäischen Rundfunkanstalten verwendet. Das Chassis musste in eine Konsole oder auf einen Sockel montiert werden, da Garrard kein Gehäuse lieferte. Auch der Tonarm wurde separat verkauft.

Plattenspieler **Dansette Conquest**

Jahr: 1962

Design: Dansette Products Ltd

Hersteller: Dansette Products Ltd, London, Großbritannien

Abmessungen: 41 × 47 × 46 cm

»Dansette« war ein Markenname des Unternehmens J&A Margolin und in den 1960er-Jahren eng mit der britischen Jugendkultur verbunden. Die Plattenspieler gehörten in Studentenwohnheimen und Kinderzimmern quasi zur Einrichtung. Der Dansette Conquest verfügte über einen automatischen Wechsler, auf dem man bis zu sechs Platten auflegen konnte, die nacheinander abgespielt wurden, wobei man immer Gefahr lief, dass eine Platte beschädigt wurde, wenn sie entlang der Spindel nach unten fiel. Der Röhrenverstärker war ziemlich veraltet. »Sie werden den Klang dieser elegant gestalteten Dansettes lieben, eine tiefe, satte Wiedergabe, die Ihre Platten doppelt so gut klingen lässt«, behauptete die Werbung. In einer Mischung aus Übertreibung und Fachjargon wurde behauptet, dass der Conquest mit Wechsler das Spitzenmodell sei, »wahrhaft luxuriös mit einem hochwertigen zweistufigen Verstärker, passenden 17,8-cm-Lautsprechern und zweifarbiger Ausführung«.

Plattenspieler Goldring GL 75
Jahr: 1967
Design: Goldring Manufacturing
Hersteller: Goldring Manufacturing, London, Großbritannien/Lenco, Schweiz
Abmessungen: 46 × 15,8 × 36,5 cm

Der Goldring GL 75 wurde als »Transcription Turntable« bezeichnet. Der Begriff verwies auf die Praxis der BBC, anderen Sendern Rundfunkaufnahmen auf Platten zur Verfügung zu stellen, und implizierte höchste Präzision. Vier Geschwindigkeiten standen zur Verfügung: 78/min für ältere Aufnahmen, 45/min für Singles sowie 33 ⅓ und 16/min. Die exakte Einstellung war entscheidend, damit die Aufnahme originalgetreu wiedergegeben wurde. Bei einer zu langsamen Wiedergabe klang die Platte tiefer als das Original, während bei einer zu schnellen Wiedergabe die Höhen überbetont wurden. Goldring verwendete ein Stroboskoplicht, um optisch zu überprüfen, ob sich der Plattenteller mit der richtigen Geschwindigkeit drehte. Das pulsierende Licht beleuchtet vier Markierungsringe aus reflektierenden Punkten am Rand des Plattentellers, die jeweils einer der vier Geschwindigkeiten entsprechen. Der Stroboskopeffekt lässt die Punkte bei einer dieser Geschwindigkeiten scheinbar erstarren, wenn der Plattenteller sie exakt einhält.

Verstärker P 40

Jahr: 1969

Design: Gordon Edge, Peter Lee, Roy Gray (Gehäuse)

Hersteller: Cambridge Audio, St Ives, Großbritannien

Abmessungen: 41,9 × 24,1 × 5,1 cm

Heute würde man Cambridge Audio als Start-up bezeichnen. Die Firma ging aus einer Gruppe junger Ingenieure hervor, die mit Cambridge Consultants verbunden waren und sich auf Forschungen des Technologieclusters rund um die dortige Universität stützten. Der Ingenieur Gordon Edge stieß vom bekannten Elektronikhersteller Pye dazu.

Das von Edge zusammengestellte Team entwickelte eine Reihe von Audiogeräten, als Erstes den Verstärker P 40 – die Bezeichnung bezog sich auf seine Leistung von 20 Watt pro Kanal.

Der P 40 zeichnete sich durch eine völlig neue Konfiguration der elektronischen Schaltkreise aus, die das analoge Signal eines Plattenspielers oder eines Tonbandgeräts verstärken. Der ringförmige Transformator ermöglichte es, die Größe des Gehäuses zu verkleinern, die Wärmeentwicklung zu verringern und störendes Rauschen zu minimieren. Diese Innovation wurde zum Standardmerkmal von High-End-Verstärkern.

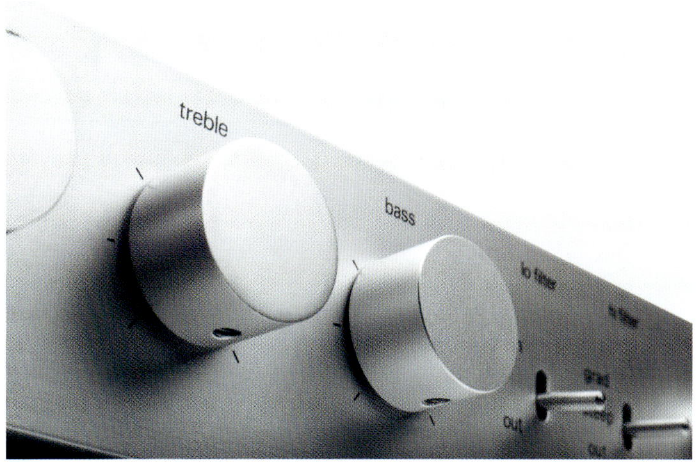

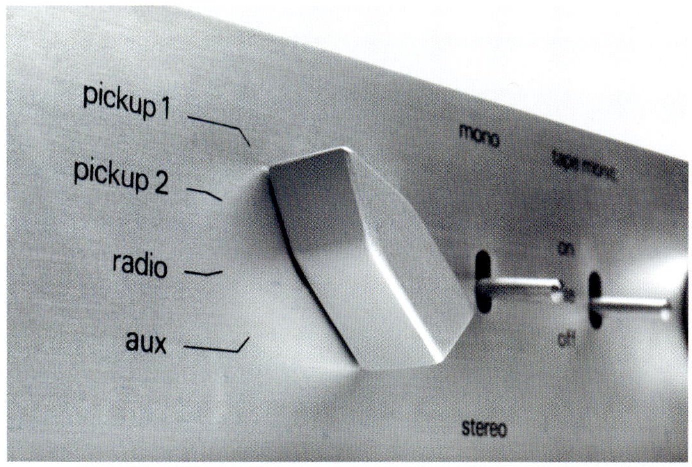

Plattenspieler Beogram 4000
Jahr: 1972
Design: Jacob Jensen
Hersteller: Bang & Olufsen, Struer, Dänemark
Abmessungen: 10 × 38 × 49 cm

Als der Plattenspieler von Jacob Jensen auf den Markt kam, gab es nichts Vergleichbares – weniger in ästhetischer Hinsicht (ungeachtet des sicherlich außergewöhnlich raffinierten Designs), sondern eher im Hinblick auf den akustischen Quantensprung, den er darstellte. Um Verzerrungen zu vermeiden, betrieben Jensen und die B&O-Ingenieure Grundlagenforschung. Anstelle des üblichen, auf einem Zapfen balancierten Abtastarms verfügte der Beogram 4000 über ein Paar tangentialer Tonarme. Der rechte Arm trug die Abtastnadel, während der linke mittels einer Optik sicherstellte, dass die Abtastnadel immer an der richtigen Stelle abgesenkt wurde. Dies minimierte das Risiko einer Beschädigung der Schallplatte oder der Abtastnadel. Das Chassis ruhte in einem wahlweise aus Palisander oder Teakholz gefertigten Gehäuse, was den Plattenspieler unverkennbar in die Tradition des wohlproportionierten modernen dänischen Designs stellte. Das Gerät spiegelt auch den raffinierten und eleganten Ansatz von Jensens anderen Entwürfen für B&O wider.

TRACKING WEIGHT ADJUSTING
BEOGRAM 4000

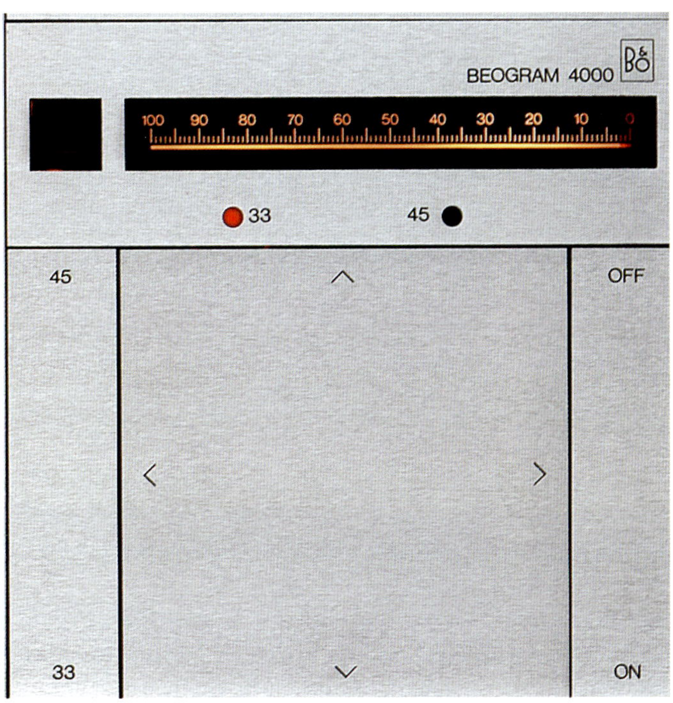
BEOGRAM 4000
100 90 80 70 60 50 40 30 20 10 0
33
45
45
OFF
33
ON

Albumkunst

Das Genre der Albumkunst entstand 1938, als Columbia Records den an der Parsons School of Design in New York ausgebildeten Plakatgestalter Alex Steinweiss als ersten Art Director einstellte. Er verwandelte die bis dahin eher zweckmäßigen Papierhüllen der Schellackplatten in farbenfrohe Plattencover, die sich sofort positiv auf die Verkaufszahlen auswirkten. Als Columbia ab 1949 Langspielplatten herstellte, demonstrierte Steinweiss auf brillante Weise das künstlerische Potenzial der Plattenhüllen. Für die Columbia-Produktion von Beethovens *Eroica* mit den New Yorker Philharmonikern unter Leitung von Bruno Walter mixte er Illustration, Collage und Farbe. Es war der Auftakt zu einer intensiven Schaffensphase, die über 50 Jahre anhielt.

Ungeachtet der Beschränkungen, die das fixierte Format von gewöhnlich 31,5 × 31,5 cm auferlegte, entwickelte sich das Albumcover zu einer mehr als nur angemessenen Verpackung. Bedeutende Künstler wie Robert Rauschenberg oder Richard Hamilton entwarfen Cover für *Speaking in Tongues* von den Talking Heads bzw. das Weiße Album der Beatles. Andy Warhol gestaltete das Debütalbum von Velvet Underground mit einer Banane und schlug Mick Jagger den Reißverschluss vor, der in die Hülle des legendären *Sticky Fingers*-Album der Rolling Stones eingearbeitet ist. Ein weiteres wichtiges Gestaltungsmerkmal war die Fotografie, vor allem für etablierte Plattenstars. Richard Avedon porträtierte z. B. Paul Simon und Art Garfunkel für *Bookends*, während Annie Leibovitz Bruce Springsteen für *Born in the USA* vor ihr Objektiv holte. Manche Musikschaffende mieden diese Form der Selbstdarstellung. Die Gestaltung ihrer Alben sollte einer potenziellen Hörerschaft die Stimmung und Atmosphäre der Musik vermitteln, die sie erwartete.

Großbritannien entpuppte sich als besonders fruchtbarer Boden für auf Plattencover spezialisierte Grafiker. Die Designer Storm Thorgerson und Aubrey Powell gründeten ein gemeinsames Studio namens Hipgnosis. Auf ihr erstes Albumcover von 1968, *A Saucerful of Secrets* von Pink Floyd, folgte eine ganze Reihe auffälliger Entwürfe. Ihr Ansatz wurde später durch die Punk-Explosion und Jamie Reids Arbeit für die Sex Pistols oder Barney Bubbles' Design für Elvis Costello and the Attractions' *Get Happy!!* verdrängt.

Die Compact Disc löschte die Albumgrafik nicht völlig aus – wie *Very*, die 1993 erschienene CD der Pet Shop Boys in erhaben strukturiertem Orange, zeigt. Die letzte Blütezeit der Albumgrafik wird jedoch vom farblich abstrahierenden, kreativen Raddesign von Peter Saville für die Rückseite des New-Order-Albums *Power, Corruption & Lies* und Malcolm Garretts vielschichtige Arbeit für *A Different Kind of Tension* von den Buzzcocks viel besser verkörpert.

1

(1) Der Grafiker Alex Steinweiss, hier porträtiert im April 1947, arbeitete bereits für Columbia Records, als das Unternehmen mit der Herstellung der ersten LP-Schallplatten begann.

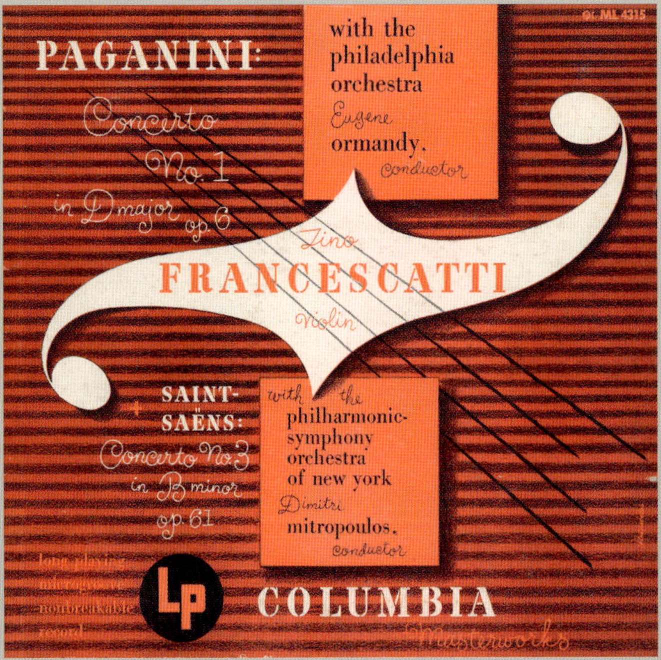

2

3

4

5

(2) und (3) Steinweiss hatte den Papierhüllen von Schellackplatten ein unverwechselbares Aussehen verliehen und nutzte nun die LP-Hülle aus Karton als Medium für eine neue Kunstform.

(4) Die aufstrebende britische New-Wave-Szene brachte eine neue Generation von Grafikern wie Malcolm Garrett hervor, der dieses Cover entwarf.

(5) Peter Savilles Farbcode-Design für New Order etablierte eine neue grafische Sprache, um die Essenz eines Albums zu vermitteln.

Plattenspieler Technics SL-1200
Jahr: 1972
Design: Shuichi Obata
Hersteller: Matsushita Electric Industrial Co. Ltd, Osaka, Japan
Abmessungen: 45,3 × 36,6 × 18 cm

Die Technics-Abteilung von Matsushita (heute Panasonic) entwickelte einen Plattenspieler mit Direktantrieb, der seine Abspielgeschwindigkeit schneller als herkömmliche Modelle erreichte. Der Elektromotor befand sich direkt unter dem Plattenteller und nicht seitlich versetzt, über einen Riemen verbunden. Der SL-1200 verfügte über ein Gehäuse aus Aluminiumdruckguss und einen schweren Plattenteller mit einem charakteristischen Muster am Rand. Das Gerät erlangte in der gerade entstehenden DJ-Kultur unerwartete Popularität, wo es für Scratching- und Needle-Drop-Techniken eingesetzt wurde, die den Hip-Hop- und Disco-Stil prägten. Die Technics-Ingenieure arbeiteten an neuen Zusatzfunktionen, und diese Plattenspieler bekamen aufgrund des kreativen Inputs der DJs allmählich den Charakter eigenständiger Musikinstrumente.

Plattenspieler Sondek LP12
Jahr: 1972
Design: Jack Tiefenbrun
Hersteller: Linn Products, Glasgow, Großbritannien
Abmessungen: 44,5 × 14 × 35,6 cm

Die Familie Tiefenbrun besaß ein Unternehmen für Feinmechanik, das 1972 mit dem Bau von High-End-Plattenspielern begann (die ab 1973 unter dem Namen Linn vermarktet wurden). Die meisten Versuche, die Klangwiedergabe von Schallplatten zu verbessern, konzentrierten sich auf die Lautsprecher. Bei Linn war man jedoch der Meinung, dass die besten Ergebnisse an anderer Stelle erzielt werden könnten. Ivor Tiefenbrun, der Sohn des Firmengründers, erklärte: »Linn erfand den Plattenspieler nicht, wir begriffen einfach, dass auf einer Schallplatte mehr Informationen enthalten sind, als die Menschen abrufen können, und wir brachten unser technisches Verständnis ein, um diese Informationen herauszuholen.« Gleichmäßige Abspielgeschwindigkeit, eine stabile Stromversorgung und ein ausgereifter Tonarm stellten entscheidende Faktoren dar.

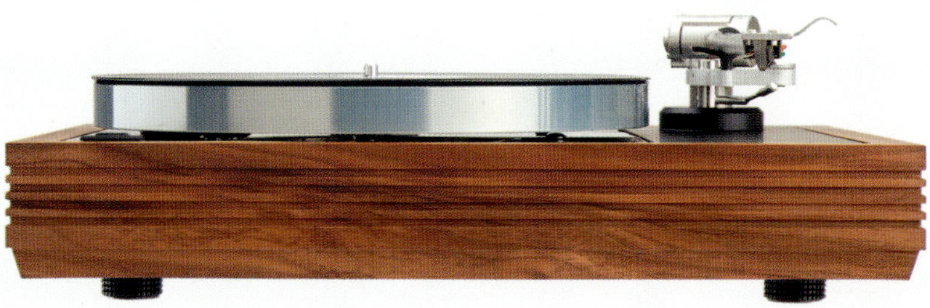

Plattenspieler Strathearn Audio SMA2
Jahr: 1973
Design: Gordon Edge, Roy Gray
Hersteller: Strathearn Audio Ltd, Belfast, Nordirland
Abmessungen: 37 × 32 × 13 cm

Inmitten des Nordirlandkonflikts gab es gut gemeinte Ansätze, die einheimische Wirtschaft mithilfe staatlicher Subventionen zu modernisieren. Strathearn Audio war ein erfolgloser Versuch, ein Hi-Fi-Unternehmen auf die Füße zu stellen. Die Regierung bezahlte eine neue Fabrik für PA Technology, ein in Cambridge ansässiges Beratungsunternehmen, das mit der Entwicklung einer neuen Produktpalette beauftragt wurde. Von dort kamen eine Reihe innovativer Ideen, darunter preiswerte Plattenspieler mit Direktantrieb und parallel geführten Tonarmen. Strathearn stellte zwei Modelle her. Das hochwertigere von beiden, der SMA2, setzte auf ein schlankes Design mit markanten roten Punkten auf dem direkt angetriebenen Plattenteller sowie Sensortasten. Aber eine aus dem Boden gestampfte Fabrik und eine unerfahrene Belegschaft konnten die hohen Erwartungen der anspruchsvollen Hi-Fi-Klientel nicht erfüllen; mit den wenigen produzierten Geräten ließ sich kein Geld verdienen. Als die staatlichen Subventionen ausliefen, wurde das Werk 1978 geschlossen.

Ron Arad Concrete Stereo
Jahr: 1983
Design: Ron Arad
Hersteller: One-Off Ltd, London, Großbritannien
Abmessungen: Plattenspieler und Verstärker: jeweils 41 × 51 × 11,2 cm; Lautsprecherboxen: 91 × 20 × 20 cm

Der Architekt und Designer Ron Arad gestaltet sowohl Massenprodukte als auch Studiostücke in limitierter Auflage. Für seinen Rover-Sessel verwendete er recycelte Autositze und stellte außerdem skulpturale Möbelstücke aus geschweißten Stahlblechen her. Für einen konventionelleren Designansatz arbeitete er mit Kunststoffherstellern zusammen, die kilometerlange Extrudate produzierten.

Die Concrete-Stereoanlage verband auf surrealistische Weise die Präzision und Fragilität eines Plattenspielers mit der rauen Härte von Sichtbeton. Arad nutzte elektronische Komponenten von der Stange und setzte sie in gegossene Betonsockel ein: ein Plattenspieler, ein Verstärker und zwei Standlautsprecher. An den Rändern der Komponenten ließ Arad Fragmente des Bewehrungsstahls, auf den der Beton gegossen wurde, herausragen. Die meisten der etwa zehn von Arads Studio hergestellten Exemplare befinden sich heute in Museumssammlungen auf der ganzen Welt, darunter auch im Victoria and Albert Museum in London.

Lautsprecherboxen Muon

Jahr: 2007

Design: Ross Lovegrove

Hersteller: KEF, Maidstone, Großbritannien

Abmessungen: 200 × 60 × 38 cm

Jedes analoge Soundsystem benötigt eine Tonquelle (einen Plattenspieler, ein Kassettendeck oder ein Radio), einen Verstärker, Lautsprecher in irgendeiner Form oder Kopfhörer. In den ersten Radios waren die Lautsprecher im Gehäuse verbaut. Bei den frühen Transistorgeräten wurden sie miniaturisiert, was allerdings auf Kosten des Klangs ging. Als analoge Musiksysteme verstärkt im Hinblick auf eine bessere Klangqualität entwickelt wurden, fanden Form und Leistung der Lautsprecher ebenso viel Aufmerksamkeit wie die Technik der übrigen Systembestandteile. Die zwei Meter hohen Muon-Lautsprecher von KEF sind ein besonders extremes Beispiel für die Tendenz, immer größere Boxen zu produzieren. Ross Lovegrove verwendete supergeformtes Aluminium, um ein Paar architektonisch gestylte Objekte mit skulpturalem Charakter zu schaffen, die in einer auf 100 Paare begrenzten Auflage entstanden und mit einem entsprechenden Preisschild von 225 000 Dollar angeboten werden.

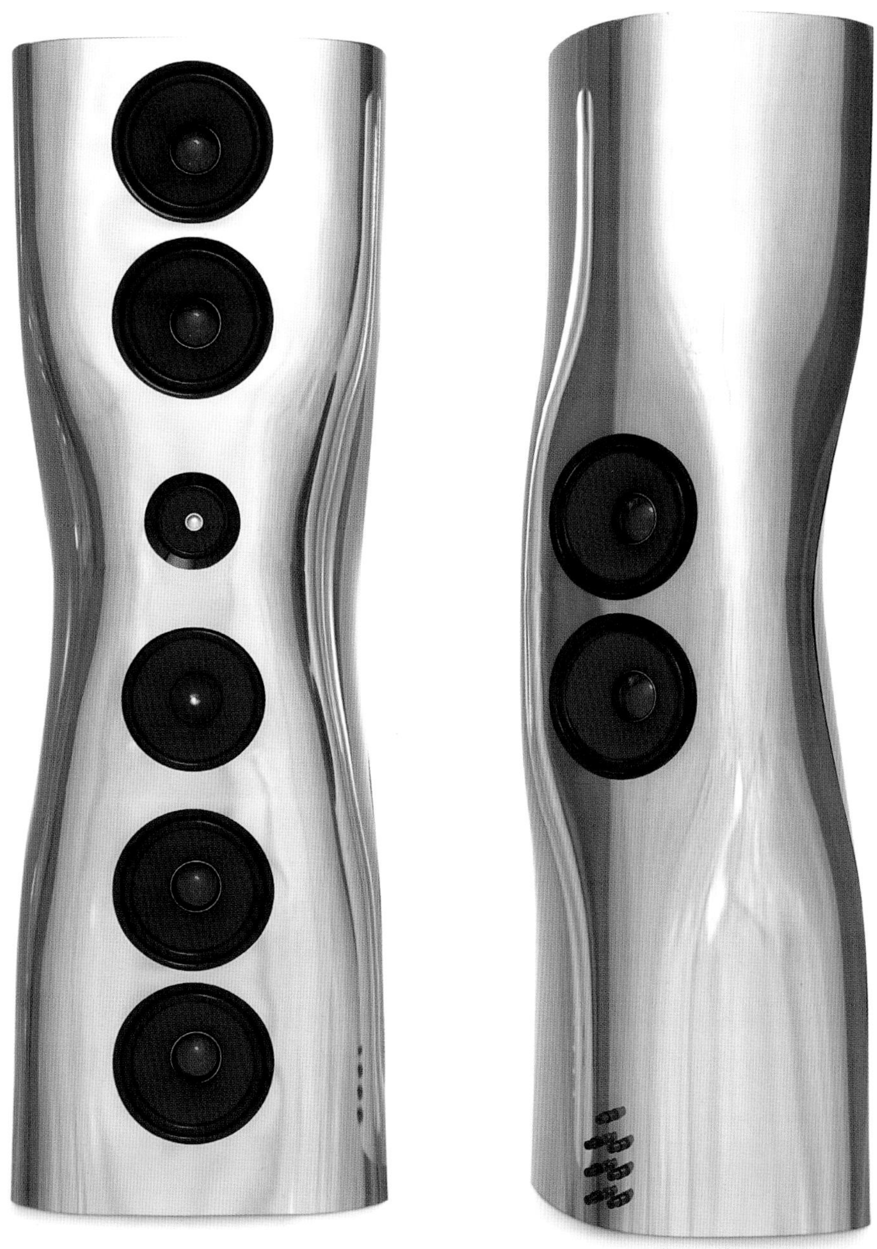

Radio Air King 66

Jahr: 1933

Design: Harold van Doren, John Gordon Rideout

Hersteller: Air King, Brooklyn, New York, USA

Abmessungen: 30 × 23 × 18 cm

Der studierte Kunsthistoriker und ehemalige Museumskurator Harold van Doren gründete zusammen mit John Gordon Rideout eine der ersten Designberatungsfirmen in den USA. Anders als einige seiner extrovertierteren Zeitgenossen, die sich für jeden Aspekt eines Produkts verantwortlich fühlten, zeigte sich van Doren zurückhaltender. In einem 1940 veröffentlichten Buch über Industriedesign plädierte er für einen integrativen Ansatz, der Design-, Ingenieur- und Fertigungskompetenzen berücksichtigte. Van Doren arbeitete mehrere Jahre lang für das Unternehmen Air King und entwarf eine Reihe von Rundfunkapparaten, die einen raschen stilistischen Wandel durchliefen. Das Modell 66 aus Bakelit, das aus offensichtlichen Gründen auch als »Wolkenkratzer« bekannt ist, wurde in verschiedenen Versionen hergestellt und war in Mintgrün sowie in anderen Farben erhältlich. Röhrenradios aus dieser Zeit genießen ein zweites Leben als Sammlerstücke und sind teilweise extrem begehrt. Ein Air King 66 wurde im Jahr 2021 für 44 000 Dollar versteigert.

Radio Volksempfänger VE 301

Jahr: 1933

Design: Walter Maria Kersting, Otto Griessing

Hersteller: Staßfurter Rundfunk GmbH, Staßfurt, Deutschland

Abmessungen: 39 × 27,7 × 17 cm

Albert Speer, der das Preisausschreiben für die Entwicklung des Geräts initiiert hatte, erklärte in seinem Schlusswort bei den Nürnberger Prozessen: »Durch die Mittel der Technik … wurde 80 Millionen Menschen das selbstständige Denken genommen.« Die Rundfunkpropaganda war den Nationalsozialisten ebenso wichtig wie das Ankurbeln des privaten Konsums; ein massentaugliches Radio herzustellen lag also auf der Hand. Die Preisvorgabe betrug ein Drittel der herkömmlichen Modelle. Der Staat stellte die Baupläne 28 Herstellern im ganzen Land zur Verfügung, die das Modell mit geringfügigen Änderungen produzierten. Bis 1941 besaßen rund zwei Drittel der deutschen Haushalte ein solches Gerät. Die spartanische Ausführung senkte die Herstellungskosten enorm. Der Empfang war auf Mittelwellensignale und damit vorwiegend auf deutsche Sender beschränkt.

Radio EKCO AD-65

Jahr: 1934

Design: Wells Coates

Hersteller: EKCO, Southend, Großbritannien

Abmessungen: 40 × 39,5 × 20 cm

Das Akronym des Unternehmens, das Rundfunkempfänger herstellte, setzte sich aus den Initialen von Eric Kirkham Cole zusammen. EKCO verwendete schon früh Bakelit, den ersten industriell produzierten Kunststoff, für die Gehäuse seiner Röhrenradios. Der Architekt und Möbeldesigner Wells Coates entwarf einige davon. Seine Radiogeräte waren irgendwo zwischen Art déco und Modernismus angesiedelt. Sie unterschieden sich deutlich von den Holzgehäusen ihrer Zeitgenossen. Beeindruckend waren sie außerdem – sobald die Elektronenröhren ihre Arbeitstemperatur erreichten, wirkten sie durch ihr Glimmen in traditionell eingerichteten Wohnungen wie Boten aus der Zukunft. Diese Technik verkörpert eine Zeit, in der sich die Familie um ein Radio scharte, um gemeinsam Nachrichten und Unterhaltung zu hören – eine Aufgabe, die in den 1950er-Jahren das Fernsehgerät übernehmen sollte.

Radio Cristallo

Jahr: 1938, neu aufgelegt von Cassina im Jahr 2021

Design: Franco Albini

Hersteller: Franco Albini, Mailand, Italien

Abmessungen: 66 × 28 × 72 cm

Am Beginn der Unterhaltungselektronik waren die meisten Radios, Plattenspieler und Fernsehgeräte in Holzschränken untergebracht, die an ein Möbelstück erinnerten. Franco Albini wagte mit dem Cristallo einen alternativen Ansatz. Albini zeichnete für die Architektur der ersten Stationen der Mailänder U-Bahn und der römischen Filiale der Kaufhauskette La Rinascente verantwortlich. Er entwarf und baute 1938 ein Radio für sich selbst, indem er ein herkömmliches Gerät, das er zur Hochzeit geschenkt bekommen hatte, zerlegte. Er entfernte das traditionelle Holzgehäuse und ordnete die Komponenten zwischen zwei dicken Scheiben aus gehärtetem Glas neu an. Das so entstandene Radio wurde 1940 von der innovativen Schweizer Firma wohnbedarf Zürich als Ausstellungsstück ausgewählt.

Der Möbelhersteller Cassina, wo auch Albinis komplexe Regalsysteme Veliero und Infinito hergestellt werden, ließ 2021 seine eigene Interpretation des Radios als Teil einer Kollektion von neu aufgelegten historischen Möbeln aufleben.

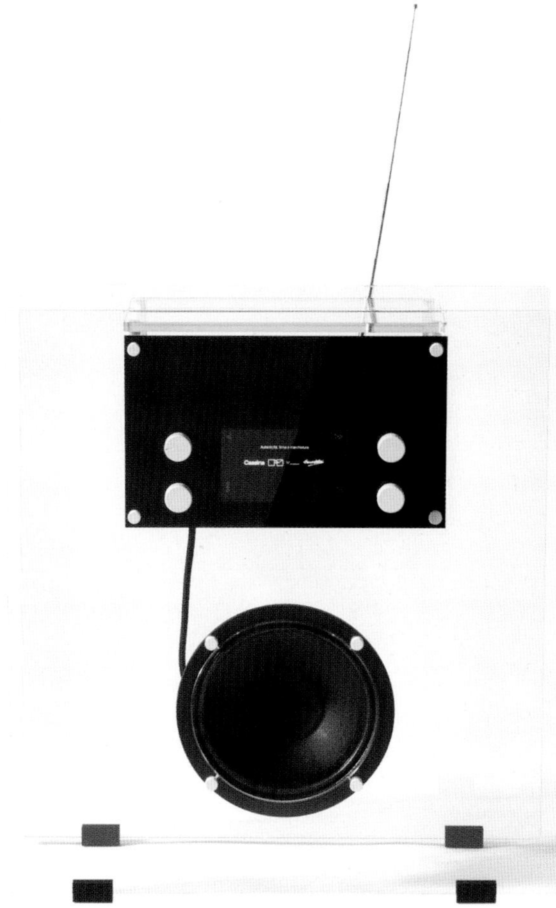

Radio Phonola 547

Jahr: 1940

Design: Livio Castiglioni, Pier Giacomo Castiglioni, Luigi Caccia Dominioni

Hersteller: FIMI, Saronno, Italien

Abmessungen: 20,5 × 24,5 × 26,5 cm

Die 1931 gegründete FIMI importierte zunächst elektrische Komponenten aus den USA, um ihre ersten Radiogeräte zu bauen. Ab 1939 begann die Zusammenarbeit mit dem italienischen Architekten und Designer Livio Castiglioni, seinem Bruder Pier Giacomo und Luigi Caccia Dominioni bei der Entwicklung einer neuen Produktpalette. Das auffälligste der gemeinsam entworfenen drei Radios war das Modell 547, das die Ästhetik der rationalistischen Architektur – die italienische Version des Modernismus – widerspiegelte. Castiglioni reduzierte das Aussehen eines Radios auf das Wesentliche, mit einem rein geometrisch geformten Gehäuse: ein quadratischer Sockel, ein runder Lautsprecher und eine rechteckige Abstimmanzeige. Das Gerät sollte faschistische Propaganda verbreiten, entweder aufgehängt an der Wand oder auf einem Tisch stehend. Um die skulpturale Form zu erreichen, verwendete FIMI Bakelit (der Handelsname für Phenolharz). Die Produktion endete nach dem Eintritt Italiens in den Zweiten Weltkrieg, als die FIMI-Fabrik auf die Herstellung militärischer Güter umgestellt wurde, aber Livio Castiglioni kehrte in den 1950er-Jahren zurück, um für das Unternehmen an weiteren Produkten zu arbeiten.

ZENITH
DIAL LIGHT
CONTROL
The New Super De Luxe TRANS-OCEANIC
Zenith Portable Radio Model L600

Kofferradio Zenith Trans-Oceanic L600
Jahr: 1954
Design: Robert Davol Budlong
Hersteller: Zenith Radio Corporation, Chicago, USA
Abmessungen: 43,2 × 27,9 × 20,3 cm

Zenith bezeichnete das letzte seiner Röhrenradios als »Super Deluxe Trans-Oceanic«, ein Hinweis auf die enge Verbindung zwischen amerikanischem Industriedesign und der Werbebranche. Der Designer Robert Budlong, ein langjähriger Berater von Zenith, begann seine Karriere in einer Werbeagentur. Er gestaltete das Gerät mit goldenem, elfenbeinfarbigem und braunem Bakelit. Der Name sollte die Leistungsfähigkeit des Geräts im Kurzwellenbereich herausstellen. Eine separate Rahmenantenne – der »Wavemagnet« – konnte mit Saugnäpfen an Fensterflächen befestigt werden, um in Zugabteilen und geschlossenen Räumen den Empfang zu verbessern. Die Senderskala war beleuchtet. Während man in Japan bereits auf Transistoren setzte, hielt Zenith an im Grunde unnötigen Funktionen fest, die ihren Besitzern jedoch die Möglichkeit boten, mit der im Deckel mitgelieferten Anleitung und Weltkarte gewissermaßen auf große Fahrt durch die Radiowellen zu gehen. Das Gerät markiert das Ende der Röhrenradio-Ära, sowohl technisch als auch stilistisch.

Transistorradio **Regency TR-1**
Jahr: 1954
Design: David Painter, James Teague, Victor Petertil
Hersteller: IDEA, Indianapolis, USA
Abmessungen: 7,6 × 12,7 × 3,2 cm

Das Technologieunternehmen Texas Instruments verfügte zwar über das Know-how zur Herstellung von Transistoren, fand aber in den frühen 1950er-Jahren keinen offensichtlichen Markt für seine Produkte. Ein vielversprechender Anwendungsbereich schien im Ersatz von Elektronenröhren zu liegen, um Radios handlicher zu machen. Nachdem Texas Instruments bei einer Reihe etablierter Hersteller abgeblitzt war, unterzeichnete das Unternehmen eine Vereinbarung zur Lieferung von Transistoren an Industrial Development Engineering Associates (IDEA), ein in Indiana ansässiges Start-up-Unternehmen, wo das erste kommerzielle Transistorradio der Welt hergestellt werden sollte, noch vor Sony in Japan. IDEA beauftragte David Painter, James Teague und Victor Petertil mit der Ausarbeitung des Industriedesigns für das spätere Regency TR-1.

Das Gerät wurde in einem Kunststoffgehäuse in verschiedenen Farben und wie Kameras in einer Ledertasche geliefert. Die Tonqualität war zwar nicht überragend, aber das Radio war kompakt und tragbar. Zum ersten Mal war drahtloser Rundfunkempfang ohne unhandliche Röhrengeräte möglich.

Radio Braun G11
Jahr: 1955
Design: Hans Gugelot, Otl Aicher
Hersteller: Braun AG, Frankfurt, BRD
Abmessungen: 54 × 35,5 × 33,5 cm

Für die Gehäuse früher Rundfunkempfänger wurde entweder beliebig formbares Bakelit oder dunkles Holz, das an traditionelle Möbel erinnerte, verwendet. In den ersten Nachkriegsjahren, ehe Braun zu Aluminium und ABS-Kunststoff (Acrylnitril-Butadien-Styrol) überging, experimentierte das Unternehmen mit hellen Hölzern, um seinen Produkten ein moderneres Aussehen zu verleihen. Die mit Netzstrom betriebenen Geräte erforderten große Gehäuse, um die Abwärme der Elektronenröhren ableiten zu können.

Der Funkempfänger G11 mit seinem Gehäuse aus hellem Ahornholz verkörperte ein neuartiges Konzept. Die schnörkellose Senderskala aus Kunststoff wurde vom Grafiker Otl Aicher entwickelt, der als Purist für Großbuchstaben nichts übrig hatte. Er begründete die Hochschule für Gestaltung Ulm mit, deren streng funktionalistische Prinzipien eng mit den Produkten von Braun verbunden waren.

Radio **Braun SK1**	
Jahr: 1955	
Design: Artur Braun, Fritz Eichler	
Hersteller: Braun AG, Frankfurt, BRD	
Abmessungen: 23,4 × 15,2 × 13 cm	

Brauns Ruf als Unternehmen mit einer einzigartigen Designsprache, die die Essenz der Moderne darstellte, geht auf das Jahr 1951 zurück, als die beiden Braun-Brüder die Leitung des Unternehmens übernahmen, das ihr Vater Max Braun vor dem Zweiten Weltkrieg gegründet hatte. Gemeinsam mit dem Kunsthistoriker und Regisseur Fritz Eichler als kreativem Leiter, der sie bei der Gestaltung neuer Produkte, von Verpackungen und Werbung beriet, machten sie sich daran, eine neue Markenidentität zu entwickeln, die den Geist der deutschen Nachkriegszeit widerspiegeln sollte.

Die Form des SK1 mit den abgerundeten Ecken verdeutlicht das Potenzial von formbarem Kunststoff und ist eine klare Abkehr von der früheren Holzästhetik. Das SK1 ruht auf zwei unauffälligen Leisten, die das Gehäuse scheinbar schwerelos schweben lassen. Die Bedienelemente sind auf das Nötigste reduziert und bestehen aus nur drei Elementen: einem Abstimmknopf, einem Ein/Aus-Schalter und einem Lautstärkeregler.

Radio Libelle 4D61

Jahr: 1955

Design: Funkwerk Halle

Hersteller: Funkwerk Halle, Halle, DDR

Abmessungen: 30 × 23,5 × 12,5 cm

Die Geschichte der deutschen Phonogeräteproduktion nach 1945 ist untrennbar mit der europäischen Politik und den Kriegsfolgen verbunden. Die Demontage deutscher Industrieanlagen im Rahmen von Reparationsleistungen betraf West- und Ostdeutschland unterschiedlich. Die Sowjetunion beschlagnahmte ganze Produktionslinien, verfrachtete Waren auf ihr eigenes Territorium und begann, Produkte nach deutschem Design unter neuen Markennamen herzustellen. Ab 1949 enteignete das kommunistische Regime in Ostdeutschland nach und nach alle privaten Unternehmen und übernahm die zunächst von den Sowjets betriebenen Fabriken. Das Libelle-4D61-Röhrenradio war ein Produkt dieser Zeit und spiegelte das Erbe der deutschen Ingenieurskunst wider, auch wenn der Kalte Krieg zur Folge hatte, dass die Fabrik keinen Zugang zur neuesten Transistortechnologie hatte. Die Libelle verströmt zeitgenössischen Charme, etwa durch die Gestaltung der Lautsprecheröffnung im Gehäuse und den Tragegriff, der eine gewisse Mobilität verspricht.

Radio Braun T3

Jahr: 1958
Design: Dieter Rams
Hersteller: Braun AG, Frankfurt, BRD
Abmessungen: 15,1 × 8,4 × 4,1 cm

Das T3 war eines der wenigen Transistorradios von Braun im Taschenformat. Dieter Rams betonte, dass sein Design vor allem auf Klarheit für Bediener abzielte. Dennoch erforderte die Entschlüsselung der Abstimmscheibe ein gewisses Maß an Fachkenntnis. Schwarze Ziffern standen für Mittelwelle, rote für Langwelle, und die kombinierte Skala umgab kreisförmig eine drehbare Scheibe mit einem schwarzen Dreieckszeiger, der mittig zwischen zwei Kunststoffstegen angeordnet war.

Elektronik und Benutzer gingen eine neuartige Beziehung ein, wenn das T3 vom Boden oder von der Tischplatte aufgehoben und in eine Tasche oder einen Beutel gelegt wurde. In gewisser Weise war das kompakte Gerät ein Vorbote der symbiotischen Beziehung, wie wir sie heute mit dem Smartphone erleben – die taktilen Reize sind ähnlich, auch wenn die Anwendungsmöglichkeiten damals viel eingeschränkter waren.

Radio Sony TR-610

Jahr: 1958
Design: Kozo Yamamoto
Hersteller: Sony, Tokio, Japan
Abmessungen: 6,3 × 10,6 × 2,5 cm

Transistorradios markierten bei Sony den Wandel des Unternehmens vom Start-up in einem ausgebrannten Kaufhauskeller zu einer weltweiten industriellen Erfolgsstory. Akio Morita, einer der Gründer der Marke, lotete bereits 1953 das Potenzial des Transistors als Ersatz für Röhren in Radiogeräten aus. Er erwarb eine Lizenz vom amerikanischen Patentinhaber, aber das Regency TR-1 (siehe Seite 44) aus den USA kam bereits 1954 auf den Markt. Sony folgte mit einem eigenen Modell, dem TR-55, und dann dem kleineren TR-63, aber erst das TR-610, das erste Produkt mit einem typografisch gestalteten Sony-Logo, war das definitive Transistorradio des Unternehmens. Klein genug für die Hemdtasche, wie die Marketingkampagne verhieß, war es der Beginn einer wirklich individuell nutzbaren Elektronik. Das Gehäuse war in schwarzem, grünem oder rotem Kunststoff erhältlich.

SONY
Radio Más Chico
TR-610
6 TRANSISTORES SUPERHETERODINO
TAMAÑO . . . 10,6 × 6,3 × 2,5 ctms. PESO . . . . 260 grs.
COLOR . . . . . NEGRO Y DORADO, ROJO Y DORADO
Y MARFIL Y DORADO
SONY CORP. TOKIO, JAPÓN Dirección Cablegráfica : SONYCORP TOKYO

Sony

Am Anfang der Sony Corporation standen ein paar Fragmente von überschüssigen Geräten aus dem Zweiten Weltkrieg. Die beiden Gründer, die Wissenschaftler Akio Morita und Masaru Ibuka, hatten sie aus den Trümmern eines Landes gerettet, in dem viele Menschen hungern mussten. Der Erfolg des Unternehmens symbolisierte das hoch entwickelte neue Japan, das mit technisch kreativen und innovativen Produkten zu erschwinglichen Preisen auf dem internationalen Markt konkurrierte und nicht mit billigen Kopien von Geräten, die ihren Ursprung in Europa oder Nordamerika hatten.

Die Geschichte von Sony ist untrennbar mit dem zeitgenössischen Design verbunden. Mit einer Reihe von Produkten, von den ersten riesigen Tonbandgeräten bis hin zu Miniatur-Kurzwellenempfängern, prägte das Unternehmen die Entwicklung elektronischer Großserienprodukte. Die Bildsprache orientierte sich anfänglich am japanischen Modernismus, aber auch an der Ästhetik des amerikanischen Geltungskonsums.

Wohl am meisten beeindruckt an Sony die enorme Bandbreite von Projekten, die das Unternehmen gleichzeitig auf den Markt bringen konnte. Mit dem Profeel Pro zeigte das Unternehmen 1987, wie das Fernsehgerät der Zukunft aussehen könnte. Der Profeel ist kaum mehr als ein Monitor, bei dem die Bildröhre in einem offenen Würfel aus schwarzem Kunststoff untergebracht ist. Die Rückseite ist ebenso sorgfältig durchdacht wie die Vorderseite. Im selben Jahr brachte Sony leichte, faltbare Stereokopfhörer auf den Markt, die von Luigi Colani entworfen wurden. Außerdem wurde die Untermarke Sports entwickelt, die sich durch leuchtend gelbe Kunststoffgehäuse mit schwarzen Akzenten auszeichnet. Es gab einen tragbaren Kassettenspieler, einen reinen Video-Camcorder (spritzwassergeschützt und nicht, wie das gelbe Sports-Farbschema nahelegt, ein Tiefseetauchgerät), einen Walkman mit Dolby-Rauschunterdrückung, einen Akku mit integrierter Solarzelle, ein Mittelwelle-/UKW-Radio und ein tragbares Radio aus grauem und schwarzem ABS-Kunststoff mit elegant abgerundeten Ecken. Eine weitere Neueinführung im selben Jahr war der Watchman, ein tragbares Fernsehgerät mit einem 5-cm-Bildschirm und den Proportionen eines frühen Mobiltelefons im Ziegelsteinformat.

Sony wurde zum Synonym für die moderne Welt. Dabei geriet das Unternehmen nie auf postmoderne Abwege wie seine japanischen Konkurrenten oder folgte dem verspielten Retro-Styling von Écru (siehe Seite 147) oder O-Product (siehe Seite 145) des Wettbewerbers Olympus. Ohne eine gute funktionale Ausrede ging bei Sony in puncto Verspieltheit nichts. Das ABS-Gehäuse des Walkman der zweiten Generation setzte dekorative Farbakzente, um Stopp-Start-Funktionen zu signalisieren, und leuchtend orangefarbene Ohrpolster machten die dazugehörigen Kopfhörer zu einem Statement.

Norio Ōhga, übrigens ausgebildeter Berufsmusiker, betonte den Stellenwert des Designs bei Sony: »Ich schlug Herrn Morita vor, dass unsere Designs einheitlich sein müssten und dass wir die Designer alle an einem Ort zusammenbringen sollten. Wenn Produkte mit dem Namen Sony hergestellt werden sollten, musste das Design meiner Meinung nach einer übergreifenden Philosophie folgen und konsistent sein, unabhängig davon, welche Abteilung das Produkt herstellte.«

1

(1) Akio Morita (links) und Masaru Ibuka (rechts) im Januar 1973

(2) Sony war stolz auf seine technischen Innovationen und seine kreative Produktentwicklung. Die Walkman-Reihe verpackte bestehende Technologie neu und schuf ein neues Medium für individuelle Unterhaltung, das von der Konkurrenz übernommen wurde.

(3) Obwohl das Unternehmen früh mit der Entwicklung von Videogeräten begann und 1981 seine erste Kamera anbot, entpuppte sich das proprietäre Betamax-System von Sony (siehe Seite 194) als seltener unternehmerischer Misserfolg.

(4) Mit dem Profeel Pro Monitor (siehe Seite 188) übertrug Sony das aus dem Audiobereich bekannte Komponentenprinzip auf Videogeräte: Verbindung mit einem Videorekorder, einem Tuner oder einer Kamera.

WALKMAN
STEREO
STEREO CASSETTE PLAYER
DOLBY NR
SONY
WM-24
0
50
100

2

SONY
SONY
SONY

3

4

Transistorradio **Transmaster 7**	
Jahr: 1959	
Design: Richard Sapper	
Hersteller: La Rinascente, Mailand, Italien	
Abmessungen: ca. 15 × 8 × 4 cm	

Richard Sapper legte die funktionalistische Ästhetik, wie sie die Schule für Design Ulm vertrat, weniger streng aus. Bevor er sich dem italienischen Architekten Marco Zanuso anschloss und eine Reihe denkwürdiger Fernseh- und Radiogeräte mitgestaltete, arbeitete Sapper kurzzeitig für La Rinascente, jene Kaufhauskette, die sich einen Ruf als Talentschmiede erwarb. Auch der aufstrebende Giorgio Armani war zu dieser Zeit dort angestellt.

Für La Rinascente entwarf Sapper elektrische Produkte der Hausmarke, deren Herstellung extern vergeben wurde. Das auffälligste Produkt war ein frühes Transistorradio. Sapper erzählte einem Interviewer, dass es »ein sehr frühes Transistorradio war, das ein modernes Aussehen anstrebte. Es war mit dem Design von Braun-Produkten verwandt, die zur gleichen Zeit auf den Markt kamen.«

Radio **Stern 2**	
Jahr: 1960	
Design: VEB Stern	
Hersteller: VEB Stern, Rochlitz, DDR	
Abmessungen: 27 × 18 × 9 cm	

In den 1960er-Jahren arbeitete die DDR hart daran, ihre Wirtschaft zu modernisieren, um mit der wohlhabenderen und erfolgreicheren Westhälfte des damals geteilten Staats konkurrieren zu können. In der Praxis wirkten die ostdeutschen Elektroprodukte zunehmend wie Paraphrasen von Vorbildern, die privilegierte Designer aus westlichen Zeitschriften abgeschaut hatten.

Die Überreste der verstaatlichten Elektronikindustrie wurden zum Kombinat VEB Stern verschmolzen, um einen Konzern zu schaffen, der es mit Konkurrenten wie Sony oder Braun aufnehmen konnte. Vom kontrollierten Inlandsmarkt konnte die DDR Importe fernhalten, aber sie wollte ihre Exportpräsenz ausbauen, indem sie anspruchsvollere Designs einführte und neue Technologien einsetzte.

Transistorradio Match
Jahr: 1962
Design: Richard Sapper
Hersteller: Telefunken Italia, Mailand, Italien
Abmessungen: 16 × 6 × 3 cm

Richard Sappers ungewöhnliches Format für den von Telefunken als »Taschenradio« und manchmal auch als »Miniaturradio« bezeichneten Empfänger war so erfolgreich, dass es ein Jahr später in einer zweiten Version aktualisiert wurde. Sapper gab dem Gerät eine Form, die in die Handfläche passen und sich gut anfühlen sollte. Um den Eindruck zu erwecken, dass es sich um einen wertigen Gegenstand handelte, wurde es in einer königsblauen Pappschachtel verkauft und steckte in einem braunen Lederfutteral mit Trageriemen.

Sapper verlieh den beiden Abstimmrädern aus Kunststoff eine leuchtend rote Farbe – ein scharfer Kontrast zum Gehäuse aus gebürstetem Aluminium – und platzierte sie in einer angenehm fühlbaren Vertiefung. Das Ergebnis war ein Radio, das gut in der Hand lag und beeindruckend aussah. Den kräftigen Rotton griff Sapper für den Schalter des mattschwarzen Tizio-Tischlichts und für die Tastatur seines IBM-ThinkPad-Laptops wieder auf.

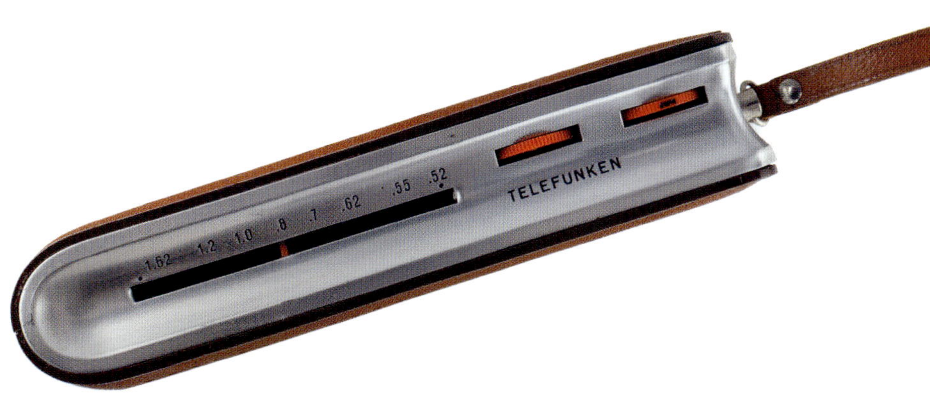

Radio **Braun RT 20**

Jahr: 1963

Design: Dieter Rams

Hersteller: Braun AG, Frankfurt, BRD

Abmessungen: 26 × 50 × 19,5 cm

Dieter Rams gab dem Gehäuse des RT 20 eine keilförmige Form aus Buchenholzfurnier mit einem schräg nach unten abfallenden Bedienfeld aus dunkel- oder hellgrau lackiertem Blech. Letzteres stellte eine außerordentlich raffinierte grafische Komposition mit kreisförmigen Elementen in vier verschiedenen Durchmessern dar, deren Größe abhängig von ihrer Funktion und Bedeutung variierte. Die größte der vier Drehreglerformen befindet sich unter einem rechteckigen Fenster mit der beleuchteten Abstimmskala.

Drei kleinere Regler sind vertikal parallel zum rechteckigen Fenster angeordnet und dienen zur Einstellung von Lautstärke und Ton. Eine zweite waagerechte Reihe von fünf Drucktasten dient zur Auswahl der Wellenbereiche oder zur Aktivierung einer Buchse für den Anschluss eines Plattenspielers. Diese Tasten sind im Gegensatz zu den übrigen nicht glatt, sondern eingekerbt, um anzuzeigen, wie sie verwendet werden sollen. Das runde Lautsprechergitter besteht aus 26 geraden, paarweise angeordneten Einschnitten im Gehäuse.

Radio National Panasonic Super Sensitive 10 Transistor R-307
Jahr: 1963
Design: National Panasonic
Hersteller: Matsushita Electric Industrial Co. Ltd, Osaka, Japan
Abmessungen: 6,4 × 14 × 5,4 cm

Während des Kalten Krieges stellten verschiedene Märkte und politische Systeme unterschiedliche Ansprüche an ihre Radios. Der Kurzwellenempfang, mit dem Sendungen aus großer Entfernung empfangen werden konnten, war in Westeuropa, wo die lokalen Sender eine pluralistische Meinungspalette boten, von geringem Interesse. Hinter dem sogenannten Eisernen Vorhang und in einigen Teilen Europas und Asiens mit strengen Sendebeschränkungen waren Kurzwellenempfänger die einzige Möglichkeit, eine andere Sichtweise zu hören. Die Empfängerempfindlichkeit des R-307 war zwar bei Weitem nicht so gut wie bei einem großen röhrenbetriebenen Kurzwellenapparat, wie ihn Funkamateure besaßen, aber das Gerät war handlich genug, um im Notfall leicht versteckt werden zu können. Außerdem konnte es leicht bewegt werden, um den richtigen Platz für einen guten Empfang weit entfernter Stationen zu finden, ohne große und auffällige Antennen, die die Aufmerksamkeit auf sich zogen und Verdacht weckten.

Radio Braun T1000

Jahr: 1963

Design: Dieter Rams

Hersteller: Braun AG, Frankfurt, BRD

Abmessungen: 36 × 26 × 13,5 cm

In den 1960er-Jahren stellte das T1000 ein Novum für Braun dar, weil es speziell für den Empfang von Kurzwellensendungen konzipiert war. Dieter Rams entwarf ein unverwechselbares neues Aussehen für das Format – mit einem Aluminium- anstelle eines Holzgehäuses. Die Bedienung dieses Geräts erforderte ein gewisses Maß an Fachkenntnis, daher gab es ein eingebautes Fach, in dem die Bedienungsanleitung aufbewahrt werden konnte.

Rams entwarf das Gerät mit einer aufklappbaren Frontblende, hinter der sich die Bedienelemente verbergen, sodass man einen Sender einstellen, die Lautstärke und den Ton regeln und dann die Blende schließen konnte, um sich dann ungestört von der Vielzahl der Knöpfe und Einstellräder dem Hörgenuss hinzugeben.

Rams verwendete eine streng begrenzte Farbpalette mit nur einem leuchtend orangefarbenen Akzent, der für die UKW-Wahltaste reserviert war. Dies entspricht den Prinzipien, von denen sich Rams bei all seinen Entwürfen für Braun leiten ließ.

Radio TS 502
Jahr: 1963
Design: Richard Sapper, Marco Zanuso
Hersteller: Brionvega, Mailand, Italien
Abmessungen: 13 × 22 × 13 cm

Marco Zanuso, einer der begabtesten italienischen Architekten in den 1960er-Jahren, gestaltete mit Richard Sapper zwei verschiedene Versionen des TS-Radios, das 502 und das 505 (1977). Die Grundidee basierte auf einem Scharnier, das bei vollständiger Öffnung ein Rechteck und im geschlossenen Zustand einen Würfel bildete. In der einen Hälfte befanden sich der Lautsprecher und in der anderen die Bedienelemente. Der Hauptunterschied bestand in der Anordnung der Einstellrädchen. Beim ursprünglichen Modell befand sich der Abstimmknopf in der Mitte, beim 505 wurde er an die Seite verlegt.

Mit seinem ausziehbaren Tragegriff könnte man das TS 502 vielleicht als gedanklichen Vorläufer des Ghettoblasters oder auch der Generation von Smartphones mit klappbarem Bildschirm ansehen. Unter neuer Leitung nahm Brionvega den TS 502 ein halbes Jahrhundert nach seiner ursprünglichen Einführung mit moderner Elektronik wieder in sein Produktionsprogramm auf.

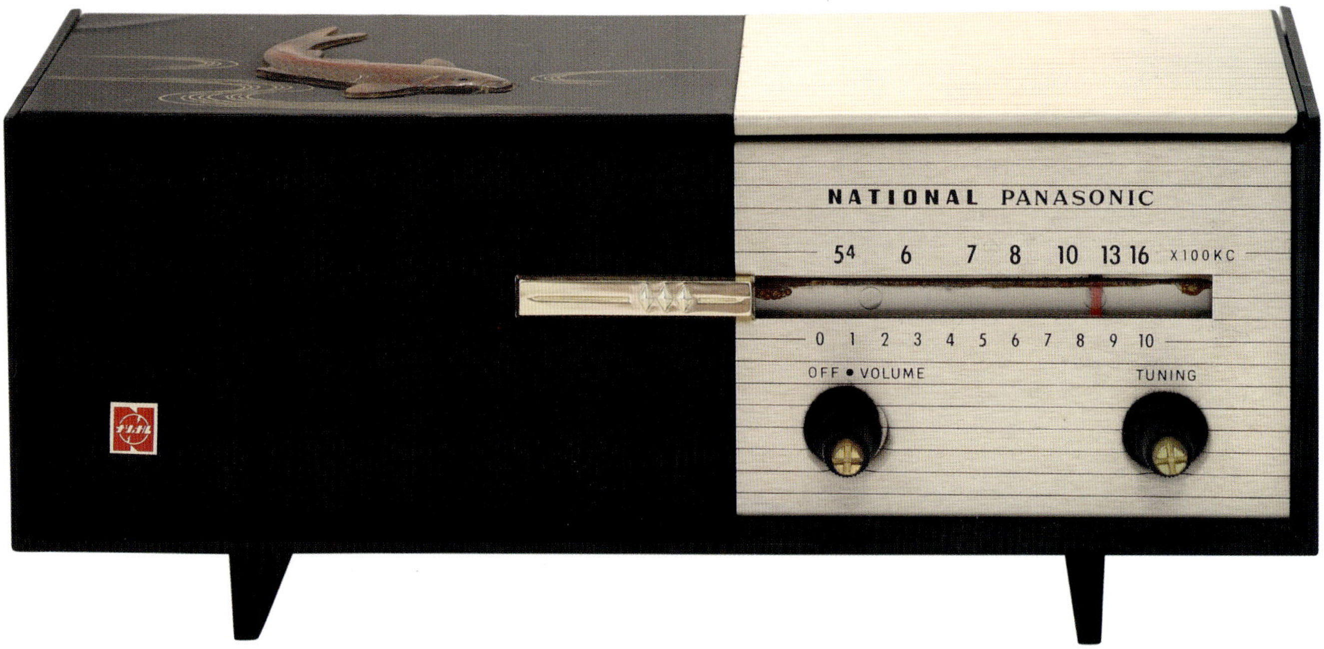

Radio National Panasonic R-8
Jahr: 1965
Design: National Panasonic
Hersteller: Matsushita Electric Industrial Co. Ltd, Osaka, Japan
Abmessungen: 17,7 × 6,7 × 7,75 cm

Wenn das R-8 den Eindruck eines Tischgeräts vermittelte, dann den »des kleinsten der Welt«, wie Matsushita behauptete. Dieses Element der spielerischen Neuartigkeit betonte das Unternehmen in seiner Werbung, in der das R-8 als »aufregende Geschenkidee« vorgestellt wurde. Um diesen Aspekt zu unterstreichen, verfügte das R-8 über ein verstecktes Fach mit einem Klappdeckel, das als Zigarettenetui diente. »Selbst wenn Sie es sehen und hören, werden Sie kaum glauben können, dass aus einem so kleinen Radio ein so voller Klang kommt«, verkündete die Reklame. Um seine winzigen Abmessungen zu demonstrieren, ließ Matsushita das Radio auf einer Handfläche fotografieren. Die kühne grafische Gestaltung setzt auf kontrastierende Farben und Materialien, wobei ein lackiertes perforiertes Blech über dem Lautsprecher mit dem linierten glatten Bedienfeld kontrastierte.

Tragbares Radio
The Gadabout Model R-1326
Jahr: 1965
Design: Panasonic
Hersteller: Matsushita Electric Industrial Co. Ltd, Osaka, Japan
Abmessungen: 3 × 10 × 7 cm

Panasonic vermarktete das Gadabout (abgeleitet vom englischen Verb für »sich herumtreiben«) 1965 als tragbares Miniaturradio. Da war die durch zuverlässige Transistoren ermöglichte Miniaturisierung der Rundfunktechnologie noch eine attraktive Neuheit.

Das Gerät war klein genug, um in eine Hand zu passen. Klein sollte nicht gleichbedeutend mit Qualitätsverlust sein, deshalb verwendete Panasonic in seiner Werbung das Wort »leistungsstark« und versprach einen »hervorragenden Empfang«. Das Gadabout stecke voller »Schönheit und Leistung« und verfüge über eine »Senderskala und einen Ohrhörer«. Was Panasonic mit der Behauptung meinte, das Gadabout sei nach dem Vorbild einer Kamera gestaltet, bleibt rätselhaft.

Radio Micromatic
Jahr: 1967
Design: Clive Sinclair
Hersteller: Sinclair Radionics Ltd, Cambridge, Großbritannien
Abmessungen: 4,5 × 3,4 × 1,5 cm

Bevor er die Ära der erschwinglichen Computer und billigen Digitaluhren einläutete, war Clive Sinclair in der Unterhaltungselektronik tätig. Er kombinierte technischen Einfallsreichtum mit einer gewissen Effekthascherei und günstigen Preisen. Eine seiner Obsessionen war die Miniaturisierung. Zunächst vermarktete er das Micro-6 – das mit dem Armband Transrista am Handgelenk getragen werden konnte – als das kleinste Radio der Welt, gefolgt vom Micromatic. Dieses hatte die Größe einer Streichholzschachtel und war fertig montiert oder als Bausatz erhältlich. Das Micromatic war ein Beispiel dafür, wie Miniaturisierung zum Selbstzweck zu werden droht. Wenn die Bedienelemente so klein sind, dass man sie kaum noch bedienen kann, und das Objekt selbst verschwindend klein ist, lohnt es sich, das Konzept zu überdenken.

Kofferradio Stern Camping R130	
Jahr: 1968	
Design: Michael Stender	
Hersteller: VEB Stern Radio, Berlin, DDR	
Abmessungen: 27,2 × 16,8 × 7,9 cm	

Das relativ elegant aussehende R130 mit seinem sanft verjüngten Kunststoffgehäuse zeigte, wie weit sich die Produkte der Marke seit dem veraltet wirkenden Stern 2 (siehe Seite 52) entwickelt hatten, das nur acht Jahre zuvor produziert worden war.

Stern fand in den Kommandoökonomien der Sowjetunion sowie bei den anderen Verbündeten des Warschauer Paktes einen guten Exportmarkt. Hier gab es wenig Konkurrenz durch westliche Hersteller und lange Wartelisten für Konsumgüter, die auf streng rationierte Komponenten angewiesen waren. Dennoch gelang es ostdeutschen Designern wie Michael Stender, ihren Entwürfen eine eigene Identität zu geben, auch wenn sie westlichen Produkten meist unterlegen waren. Beim Zusammenbruch des Kommunismus und nach der Marktöffnung für westliche Produkte schlossen die Fabriken. Heute blickt man etwas nostalgisch auf eine scheinbar unschuldigere Zeit zurück, als die Designer noch nicht so sehr auf den Markt schielen mussten, weil das kaufende Publikum schlicht keine Wahl hatte.

Radio Panasonic Toot-a-Loop R-72S

Jahr: 1969

Design: Daisuke Kajiwara

Hersteller: Matsushita Electric Industrial Co. Ltd, Osaka, Japan

Abmessungen: 6,4 × 14,9 cm

Neben hochpreisigen Phonogeräten entwickelte Panasonic eine Reihe eher spaßiger, preisgünstiger Produkte wie das Toot-a-Loop, das in manchen Märkten auch Sing-O-Ring genannt wurde. Diese Produktreihe setzte auf bunte Farben und spielzeugähnliche Formen. Das Gerät verfügt über einen Scharniermechanismus: Im geschlossenen Zustand hat das Toot-a-Loop die Form eines Armreifs mit einem exzentrischen, kreisförmigen Loch, geöffnet werden die Bedienelemente und der Lautsprecher sichtbar.

Beim Toot-a-Loop machte man einen klaren Unterschied zwischen Produkten der Unterhaltungselektronik, die sich an spezielle Benutzerkreise, und solchen, die sich an eine breite Öffentlichkeit richteten. Es war spielerisch und farbenfroh und weniger auf Präzision und Leistung ausgerichtet.

Radio Panasonic Panapet R-70

Jahr: 1970

Design: Panasonic

Hersteller: Matsushita Electric Industrial Co. Ltd, Osaka, Japan

Abmessungen: 11 × 11 × 11 cm

Im Jahr 1970 leistete sich der Matsushita-Konzern einen prominenten Pavillon auf der spektakulären Weltausstellung Expo '70 in Osaka: eine kugelförmige Zeitkapsel mit einer Reihe von Gegenständen, die den Alltag in der Zukunft darstellen sollten. Panasonic, einer von mehreren Markennamen von Matsushita, produzierte einen passenden kugelförmigen Mittelwellenempfänger. Er war in verschiedenen Farben erhältlich, darunter Rot, Gelb, Weiß, Blau und Avocadogrün. Abstimmrad und Lautstärkeregler waren in kontrastierendem Silber gehalten, und die Abstimmanzeige war in die Kunststoffkugel eingelassen. Das Gerät hing an einer kleinen Kette mit einem Ring wie ein Jo-Jo. Niedlich waren auch der Name »Panapet« (Wortspiel aus Panasonic und »pet«, Haustier) und die Werbekampagne: »Hören Sie nicht auf die Spießer – Ihr nächstes Radio könnte wirklich eine runde Sache sein.«

Kofferradio Beolit 400
Jahr: 1970
Design: Jacob Jensen
Hersteller: Bang & Olufsen, Struer, Dänemark
Abmessungen: 36 × 22 × 6 cm

Jacob Jensen, einer der führenden Designer Dänemarks, begann 1964 für Bang & Olufsen zu arbeiten. Im Lauf von 27 Jahren war er für 200 Produkte des Unternehmens verantwortlich, von Radios und Fernsehern bis hin zu Plattenspielern. Der dänische Designansatz ist in den traditionellen Handwerksberufen des Landes verwurzelt: Holzbearbeitung, Metallverarbeitung und Glas. Jensen selbst begann als Möbelschreiner und entwarf alles von Stühlen bis zu Schreibmaschinen. Er erklärte einmal: »Einen Füllfederhalter zu konstruieren, ein Gedicht zu schreiben, ein Theaterstück zu inszenieren oder eine Lokomotive zu entwerfen, erfordert dieselben Komponenten, dieselben Zutaten: Perspektive, Kreativität, neue Ideen, Verständnis und vor allem die Fähigkeit, fast unendlich oft Neues zu erarbeiten. Dieses ›immer wieder‹ ist für mich die grausamste Folter.«

Das Beolit, dessen Senderskala an einen Rechenschieber erinnerte, wurde Jensens Prinzip, »anders, aber nicht seltsam« zu sein, ganz bestimmt gerecht.

Receiver Rotel RX-150A

Jahr: 1972

Design: The Rotel Co. Ltd

Hersteller: The Rotel Co. Ltd, Tokio, Japan

Abmessungen: 41,5 × 13,3 × 17,3 cm

Der wachsende Absatz von Hi-Fi-Komponenten führte dazu, dass das Potenzial des Radios in den Entwicklungsabteilungen überdacht wurde. Ein Radioempfänger konnte in Verbindung mit den hochwertigen Lautsprechern eines Audiosystems verwendet werden, anstatt eigene zu benötigen. Viele Hersteller entwarfen Produkte, die als Radioeingang für eine Anlage verwendet werden konnten. Einige von ihnen wurden als Teil eines Verstärkers angeboten, andere waren reine Empfangsgeräte. Ihr Design wurde den Abmessungen der Anlage angepasst, meist als Teil eines Sets von stapelbaren Geräten.

Das Modell RX-150A von Rotel verwendete eine 122 cm lange Wurfantenne aus Draht, um Radiosignale zu empfangen. Die Vorderseite wurde von der grün beleuchteten Abstimmskala dominiert, die in eine gebürstete Metalloberfläche eingelassen war. Auf der Rückseite des mit Teakholz umrahmten Gehäuses befanden sich die verschiedenen Anschlüsse für Lautsprecher, Tonbandgerät und Stromversorgung.

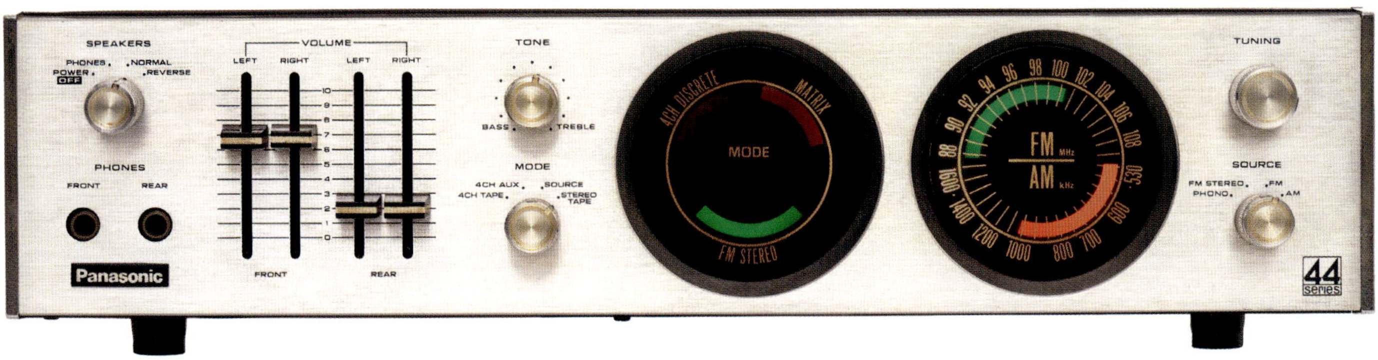

Vierkanal-Receiver Panasonic SA-504
Jahr: 1972
Design: Panasonic
Hersteller: Matsushita Electric Industrial Co. Ltd, Osaka, Japan
Abmessungen: 42 × 29,2 × 10 cm

Die aus gebürstetem Aluminium gefertigte Frontplatte des SA-504 wird von zwei großen kreisförmigen Öffnungen dominiert, die wie ein Augenpaar in tiefen Höhlen sitzen. Sie lenken die Aufmerksamkeit auf die Leistungsfähigkeit des Empfängers. Eine dient der Abstimmung, die andere zeigt den Betriebsmodus an.

Die beleuchteten Anzeigen sind mit kosmetischen Farbelementen in leuchtendem Grün und Rot verziert. Eine der beiden trägt mysteriöse Aufschriften wie »Matrix« und »4CH Discrete«.

Die Abkürzung 4CH steht für »four channel« und bezieht sich auf eine kurzlebige technische Modeerscheinung aus den 1970er-Jahren, die Quadrofonie – vier Lautsprecher, die in den vier Ecken eines Raums positioniert waren, mit den Hörenden in der Mitte. Audiofreaks zeigten sich unbeeindruckt und runzelten die Stirn über die eingebauten Lautsprecher des SA-504, die es zu einer Art Tischradio machten, obwohl es über Schaltkreise und Buchsen verfügte, die den Anschluss von vier externen Lautsprechern erlaubten.

Weltempfänger **Panasonic Cougar No 7 RF-877**

Jahr: 1973

Design: Panasonic

Hersteller: Matsushita Electric Industrial Co. Ltd, Osaka, Japan

Abmessungen: 23 × 22 × 9 cm

Für die meisten Menschen ist Radiohören ein passives Erlebnis – selbst ein tragbares Gerät bleibt meist an Ort und Stelle und wird nur auf einen oder zwei Sender eingestellt. In den 1970er-Jahren erlag eine ganze Generation in Japan der Faszination für das Kurzwellenradio. Man hatte ebenso viel Freude an der Anzahl der exotischen Sender, die sich durch sorgfältiges Abstimmen des Geräts finden ließen, wie an den eigentlichen Inhalten der Sendungen, die man hören konnte. Die Entwicklung eines solchen Radios verlief in einem parallelen Prozess: Panasonic schuf das Cougar No 7, um diese Kurzwellen-Subkultur gezielt anzusprechen, und die Attraktivität des Radios sollte das Zielpublikum weiter vergrößern.

Das mattschwarze Design mit kräftigen Trageriemen, das eine gewisse militärische Robustheit suggerieren sollte, wurde mit einer externen Wurfantenne sowie einem von Panasonic »Gyro-Antenne« genannten Ferritstab geliefert, um abgelegene internationale Sender aufzuspüren.

Transistorradio National Panasonic R-1045 AM

Jahr: 1974

Design: National Panasonic

Hersteller: Matsushita Electric Industrial Co. Ltd, Osaka, Japan

Abmessungen: 7 × 11 × 3,6 cm

Als einer der größten japanischen Hersteller von Unterhaltungselektronik baute National Panasonic eine Produktpalette auf, die das gesamte Spektrum abdeckte, von hoch entwickelten und außerordentlich teuren Kurzwellenempfängern bis hin zu simpelsten Transistorradios im Taschenformat. Das Unternehmen passte das Aussehen seiner Produkte jeweils an die verschiedenen Zielgruppen an. Metalloberflächen standen für hohe Leistungsfähigkeit, während bunte Farben ein modebewusstes jüngeres Publikum ansprechen sollten.

Ein so kleines tragbares Radio wie das Panasonic R-1045 AM bot nicht viel Spielraum für Design. Hinter dem starken grafischen Muster im Frontblech verbirgt sich der Lautsprecher, das Gehäuse besteht aus einer Kunststoffschale.

Transistorradio Panasonic R-1330 7

Jahr: 1975

Design: Panasonic

Hersteller: Matsushita Electric Industrial Co. Ltd, Osaka, Japan

Abmessungen: 10,6 × 8,9 × 3,5 cm

Konosuke Matsushitas erster großer Erfolg war eine batteriebetriebene Fahrradlampe in einem kugelförmigen Gehäuse. Diese Lampe hatte einen nachhaltigen Einfluss auf das spätere Produktdesign des Unternehmens, das sich zu einem weltweit agierenden Giganten entwickelte. Panasonic begann in den 1930er-Jahren mit der Herstellung von Röhrenradios und exportierte diese ab 1954.

Die exzentrische Form des R-1330 7 diente eher optischen als funktionalen Zwecken. Bei vielen Radios ist der Lautsprecher prominent. Ganz anders beim R-1330 7: Hier befindet er sich auf der Rückseite des Geräts unter dezentem schwarzem Kunststoff. Der Markenname Panasonic, aufwendig in Metallic-Lackierung ausgeführt, befindet sich neben dem Abstimmknopf auf der Vorderseite des Geräts, während der Lautstärkeregler ungünstig schräg auf einer der Seiten angebracht ist.

Radio National Panasonic GX600 RF-1150

Jahr: 1975

Design: National Panasonic

Hersteller: Matsushita Electric Industrial Co. Ltd, Osaka, Japan

Abmessungen: 24,6 × 23,7 × 10 cm

Das GX600 RF-1150 war der Versuch von National Panasonic, Sony in dem vorwiegend von Enthusiasten bevölkerten Nischenmarkt für Kurzwellenempfänger Konkurrenz zu machen. Das RF-1150 unterscheidet sich von vielen anderen tragbaren Radios, die Kurzwellenfrequenzen empfangen können, durch die verstellbare Ferritstabantenne, die oben auf dem Gehäuse angebracht ist. Ferrit ist eine Eisenoxidlegierung, die ausschließlich magnetische Felder aufnimmt, daher eine viel größere Richtungsempfindlichkeit als herkömmliche Antennen aufweist und weniger anfällig auf Störsignale reagiert.

Der Stab ist drehbar gelagert, sodass die Antenne für einen optimalen Empfang eingestellt werden kann. Das RF-1150 kann CB-Funk und Amateurfunk sowie die gesamte Palette der Rundfunksender empfangen. Die schwarz-silberne Optik und die kühne Geometrie werden durch eine beleuchtete Abstimmanzeige aufgelockert.

Kurzwellenempfänger Sony ICF-5900 Skysensor

Jahr: 1975

Design: Sony

Hersteller: Sony, Tokio, Japan

Abmessungen: 22 × 23 × 10 cm

Sony stellte eine Version des ICF-5900, den Skysensor, für den japanischen Inlandsmarkt her und bediente damit die in den 1970er-Jahren herrschende Begeisterung für Kurzwellensendungen. Für den Export wurde das ICF-5900 auf einen anderen Frequenzbereich zugeschnitten (Japan nutzte spezielle UKW-Frequenzen). Ungeachtet der unterschiedlichen technischen Aspekte ähnelten sich die beiden Geräte optisch, mit einem olivgrünen Gehäuse, das militärisch-zweckmäßig wirkte.

Der Abstimmungsknopf befand sich in der Mitte des Geräts. Um Störungen zu vermeiden, hatte Sony einen Überlagerungsempfänger eingebaut. Der Skysensor war auch mit Schwebungssummern ausgestattet – Schaltungen, die es ermöglichten, Amateurfunk- und Morsesignale zu hören. Angesichts der Zielgruppe dieser Geräte war dies vielleicht des Guten zu viel.

Radio National Panasonic GX 300

Jahr: 1975

Design: National Panasonic

Hersteller: Matsushita Electric Industrial Co. Ltd, Osaka, Japan

Abmessungen: 23 × 19,5 × 6,5 cm

Die Gestaltung in seriösem Schwarz oder auffälligem Rot beim GX 300 sollte wohl den Anschein erwecken, es biete viel mehr als herkömmliche Radios. Front, Seiten und Oberseite übernahmen jeweils unterschiedliche Funktionen. Der Nützlichkeitsaspekt wurde durch einen breiten Trageriemen unterstrichen, der an Metallwinkeln auf jeder Seite des Geräts befestigt war, im Gegensatz zu den eher fadenscheinig wirkenden Riemen, die üblicherweise an der Seite eines Transistorradios angebracht waren. Die Optik der Vorderseite war durch eine für Panasonic typische Anordnung konzentrischer Kreise aus schwarzem Kunststoff gekennzeichnet. Die Oberseite sah aus wie die Bedienungsfront einer Hi-Fi-Anlage. Das Gerät eignete sich für Kurzwellen- und UHF-Frequenzen sowie UKW und besaß an einer Seite eine Buchse, um ein Mikrofon anschließen zu können.

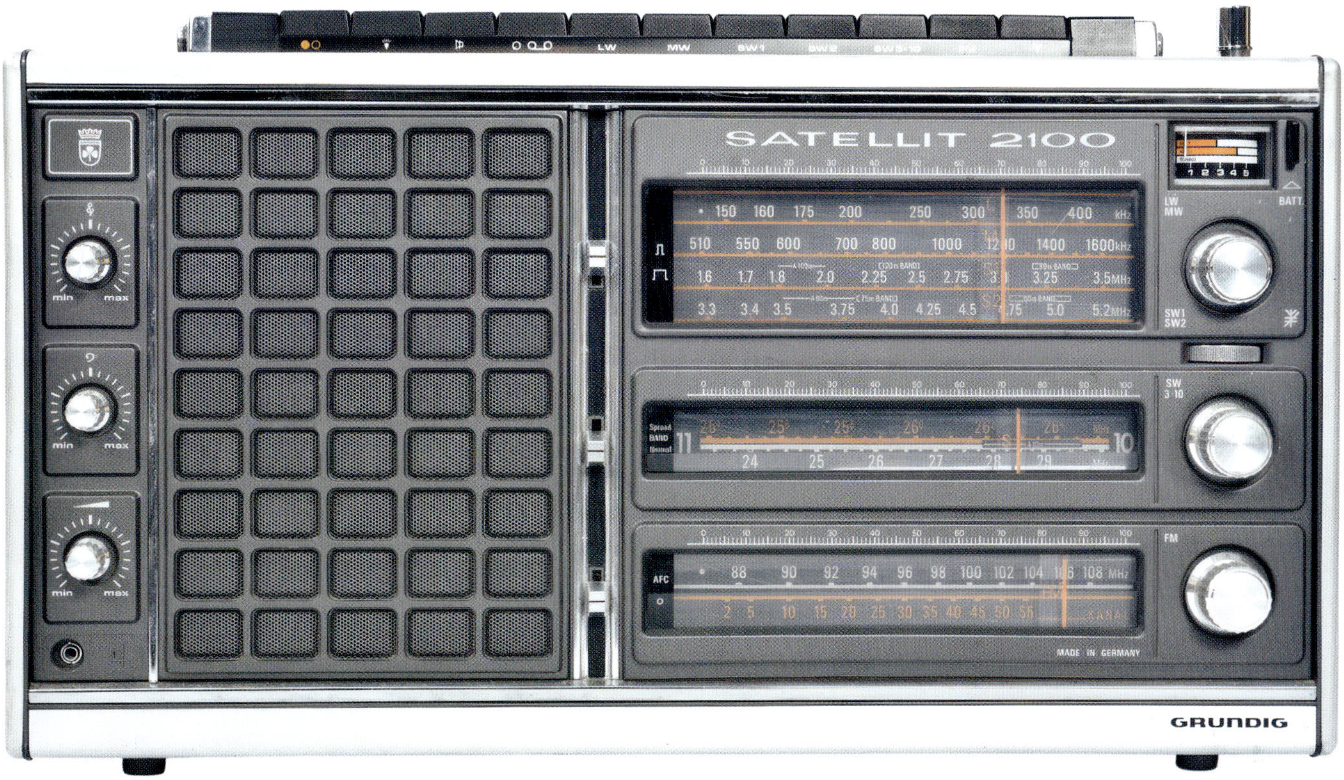

Kurzwellenempfänger **Grundig Satellit 2100**	
Jahr: 1976	
Design: Grundig AG	
Hersteller: Grundig AG, Nürnberg, BRD	
Abmessungen: 46 × 27 × 12 cm	

Lange schienen Kurzwellenfrequenzen nur für den Amateurfunk geeignet, bis Charles Samuel Franklin eine Vorhangantenne entwickelte, die eine kostengünstige Möglichkeit für eine Übertragung über große Entfernungen eröffnete. Während des Zweiten Weltkriegs und in der Zeit des Kalten Kriegs wurde der Kurzwellenrundfunk von Regierungen genutzt, um ein Publikum in Übersee zu erreichen. Durch die rasante Entwicklung des Internets haben Kurzwellensendungen als Kommunikationsmittel heute stark an Bedeutung verloren.

Der Kurzwellenempfänger Satellit 2100 von Grundig konnte zehn Kurzwellenbänder empfangen, darunter Amateur-, Schiffs- und Flugzeugfunk sowie Lang- und Mittelwellen. Es handelte sich um ein Gerät aus deutscher Produktion, das sich jedoch am japanischen Styling orientierte und das den Höhepunkt der Grundig-Produktion markierte. In der Folgezeit war es für Grundig unmöglich, sich gegen die asiatischen Konkurrenten mit ihren schnelleren Innovationszyklen und günstigeren Preisen zu behaupten.

Radio Stern Garant R2130

Jahr: 1977

Design: Stern

Hersteller: VEB Stern Radio, Quedlinburg, Berlin-Treptow, DDR

Abmessungen: 22,7 × 24,7 × 8 cm

In den späten 1970er-Jahren, als Braun und Sony mattschwarze Oberflächen längst zum Sinnbild für technische Raffinesse gemacht hatten, ließen die Produktdesigner von Stern die spielzeugähnlichen hellen Farben hinter sich. Der Garant R2130 tat sein Bestes, um eine eigene Interpretation von Technikfetischismus zu bieten, obwohl er eindeutig dem von Panasonic für seine Radios und Kurzwellenempfänger kreierten Look verpflichtet war. Stern ging sogar so weit, eine zaghafte Werbekampagne zu starten und Plakate zu produzieren, auf denen der Garant in freier Natur fotografiert wurde. Diese Plakate verfolgten keinen kommerziellen Zweck – es bestand keine Notwendigkeit, die Nachfrage nach den Produkten anzukurbeln, da sie ohnehin knapp waren –, aber die westlichen Konkurrenten nutzten Werbung, also tat Stern es ihnen gleich, um ein »echtes« Produkt vorweisen zu können.

Kurzwellenempfänger Panasonic RF-2900
Jahr: 1979
Design: Panasonic
Hersteller: Matsushita Electric Industrial Co. Ltd, Osaka, Japan
Abmessungen: 38 × 25 × 12 cm

Das RF-2900 konnte Amateurfunk-Kurzwellenfrequenzen empfangen. Die beiden verchromten Tragegriffe, die beim Transport auch als Schutzbügel dienen, waren eine Hommage an die technische Ausrüstung in einem Schiffsfunkraum und sollten das Potenzial des Geräts verdeutlichen. Die Aufschrift »Double Superheterodyne System« (Überlagerungsempfänger) reichte aus, um selbst jenen, die den Begriff nur vage kannten, zu verdeutlichen, dass es sich um ein ernst zu nehmendes Gerät handelte.

Dies wurde auch von der beeindruckenden Reihe von Knöpfen, Einstellrädern, Schaltern und Skalen unterstrichen, die nur noch von einer bunten Digitalanzeige für die gewählte Empfangsfrequenz übertroffen wurden. Der Abstimmknopf war so konstruiert, dass er zur Feinabstimmung herausgezogen werden konnte. Das Gerät ließ sich entweder mit Batterien oder am Stromnetz betreiben.

Radio Bag

Jahr: 1981

Design: Daniel Weil

Hersteller: Daniel Weil, London, Großbritannien

Abmessungen: 29 × 20,7 × 3 cm

Im mechanischen Zeitalter hatten die Geräte bewegliche Teile, die Hinweise auf ihren Zweck und ihre Funktionsweise gaben. Transistoren und Prozessoren bieten weniger Anhaltspunkte. Der Designer Daniel Weil verwandelte eine Idee, die als Studentenprojekt am Royal College of Art in London entstand, in ein marktfähiges Produkt. Er steckte elektronische Bauteile in eine bedruckte PVC-Tasche.

Das Radio in der Tüte erkundete eine neue Designsprache. Wenn ein Gerät keine mechanischen Teile hat, muss der Designer keine funktionalen Vorgaben beachten, um ihm eine Form zu geben – es kann wie alles Mögliche aussehen, und die Elektronik nimmt den Charakter von dekorativen Motiven an. Weils Radio unterminierte die Vorstellung, dass beim Design die Form der Funktion folgt. Der Gestalter versuchte auch, einen Blick in die geheimnisvolle Black Box zu eröffnen, die ein technischer Gegenstand für die meisten Betrachtenden darstellt, anders als bei den meisten elektronischen Geräten.

Kurbelradio BayGen Freeplay

Jahr: 1995

Design: TKO (Andy Davey), Trevor Baylis

Hersteller: BayGen Power Company Ltd, Johannesburg, Südafrika

Abmessungen: 20,3 × 20,3 × 29,2 cm

Das Freeplay wurde von Trevor Baylis erfunden, der die Idee zu einem energieautarken Radio hatte, bei dem ein handbetriebener Generator sowohl die Batterien als auch die Netzversorgung ersetzt. Das Aufziehen des federbetriebenen Uhrwerks für nur 30 Sekunden erzeugte genug Strom, um das Radio 30 Minuten lang zu betreiben. Baylis sah das BayGen als ein philanthropisches Projekt an, mit dem Menschen erreicht werden sollten, für die eine regelmäßige Stromversorgung nicht selbstverständlich war, für die das Radio aber ein wichtiges Kommunikationsmittel sein konnte. Er baute einen funktionierenden Prototyp und suchte dann nach Investoren für die Serienherstellung. Der Industriedesigner Andy Davey verpasste Baylis' Idee ein ansprechend gestaltetes Gehäuse. Die robuste Formgebung spiegelt die Bedürfnisse des ursprünglichen Zielpublikums wider, aber das Gerät wurde in einer Reihe von Farben, einschließlich eines rot gefärbten Kunststoffs, und verschiedenen anderen Ausstattungen angeboten, um ein breiteres Publikum anzusprechen.

Musiktruhe Hyperbo 5 RG Steel

Jahr: 1934

Design: Peter Bang

Hersteller: Bang & Olufsen, Struer, Dänemark

Abmessungen: ca. 107 × 70 × 43 cm

Peter Bang und Svend Olufsen begannen 1925 mit dem Bau von Radios. Mit der Hyperbo-Reihe erweiterten sie ihre Produktpalette um Musiktruhen, eine Kombination aus Plattenspieler und Radio. Diese waren in aufwendigen Holzgehäusen untergebracht, die mit geschnitzten Beinen und dekorativen Schnörkeln massiven Möbelstücken ähnelten. Eine Ausnahme bildete das Hyperbo 5 RG Steel, das als Vorläufer der puristischen Designsprache gesehen werden kann, die das Unternehmen auf alle späteren Produkte übertrug. Das Gerät hatte die Proportionen eines Aktenschranks, mit dem Plattenteller in einem Fach unter einem Faltschiebedeckel auf der Oberseite und einer seitlichen Schublade zur Aufbewahrung von Grammofonplatten. Zu seiner Entstehungszeit galt das Hyperbo 5 RG Steel als experimentelles Einzelstück.

Ihrem Charakter nach war diese Musiktruhe noch immer mehr ein Möbelstück als ein elektronisches Gerät, aber der Einfluss der freitragenden Stahlrohrstühle von Marcel Breuer aus der Bauhaus-Ära und dessen Faszination für die Ästhetik von Maschinen anstelle der traditionellen Tischlerei ist bereits spürbar.

Musiktruhe Braun SK 4
Jahr: 1956
Design: Hans Gugelot, Dieter Rams
Hersteller: Braun AG, Frankfurt, BRD
Abmessungen: 58 × 24 × 29 cm

Die Konkurrenz verspottete die durchsichtige Plexiglasabdeckung der Plattenspieler-Radio-Kombination als »Schneewittchensarg«. Doch Dieter Rams, der als Industriedesigner zwei Jahrzehnte lang die Identität von Braun prägte, hatte ein Modell entworfen, das sich noch lange, nachdem die Marke die Produktion von Audiogeräten eingestellt hatte, als stilbildend für Plattenspieler erwies. Die hölzernen Flanken des Gehäuses waren die letzte Reminiszenz an eine domestizierte Haushaltselektronik, die als Teil des Mobiliars betrachtet wurde.

Die Musiktruhe SK 4 war eines der ersten Produkte, an denen Rams für Braun arbeitete. Das neutrale Farbschema und die schlichte Formgebung verkörperten Rams' Designphilosophie. Seine Strategie war es, Produkte zu entwickeln, die unauffällig wie ein traditioneller englischer Butler im Hintergrund anwesend sind, aber mit selbstverständlicher Effizienz funktionieren, sobald sie gebraucht werden.

Transistorradio/tragbarer Plattenspieler
Braun TP 1
Jahr: 1959
Design: Dieter Rams
Hersteller: Braun AG, Frankfurt, BRD
Abmessungen: 4,5 × 15,2 × 23,5 cm

Mit dem TP 1 schuf Dieter Rams ein ungewöhnliches und interessantes Konzept, das ein Transistorradio mit einem Plattenspieler kombinierte. Das Radio im Taschenformat konnte solo benutzt werden und belegte Rams' Leidenschaft für eine puristische Formensprache. Nach dem Anschluss an den Plattenspieler diente der Empfänger als Verstärker und Lautsprecher. Beide Komponenten zusammen wurden in einem Gehäuse aus eloxiertem Aluminium mit einem Lederriemen transportiert. Der Plattenspieler war für Singles ausgelegt, die in den 1960er-Jahren die Popmusik prägten. Die Schallplatte wurde nicht mit einem herkömmlichen Tonarm von oben abgetastet, sondern von unten aus einem vertieften Fach heraus, das sich unter einer verschiebbaren Abdeckung verbarg. Panasonic versuchte etwas Ähnliches mit dem SwingWay, das als tragbares Radio verkauft wurde und auf Knopfdruck einen Plattenteller ausklappte.

Kompaktanlage Brionvega RR126

Jahr: 1966

Design: Achille Castiglioni, Pier Giacomo Castiglioni

Hersteller: Brionvega, Mailand, Italien

Abmessungen: Gehäuse: 92 × 62 × 35 cm; mit seitlich platzierten Lautsprechern: 92 × 121 × 35 cm

Die Gebrüder Castiglioni bereicherten das italienische Design in den 1960er-Jahren um ein spielerisches Element. Korpus und Lautsprecher dieses Kombigeräts sind aus laminiertem Sperrholz gefertigt. Das Gehäuse ist ein länglicher Quader, dessen Bedienelemente auf der Vorderseite angeordnet sind.

Das anthropomorphe Design lässt an ein Gesicht mit Augen aus zwei runden Mittelwellen- und UKW-Drehknöpfen denken. Gesäumt werden sie jeweils von »Brauen« aus Abstimmskalen. Zwei kleine Leuchten bilden mit einer markanten Reihe von Drucktasten das Nasendreieck und eine gerade Reihe von Drehreglern scheint den Mund darzustellen. Oben auf dem Gerät befindet sich seitlich versetzt der Plattenspieler, den Brionvega von Garrard aus England bezog, mit einer abnehmbaren Abdeckung aus transparentem Polycarbonat nach dem Vorbild von Dieter Rams und Braun (siehe Seite 75). Unter dem Gerät befindet sich eine lackierte hölzerne Vorrichtung zum Aufrollen des Stromkabels.

Mario Bellini

Wie viele italienische Designer absolvierte auch Mario Bellini eine Ausbildung als Architekt. Er stieß kurz nach Ettore Sottsass zum Designerteam von Olivetti und vertrat in den zwei Jahrzehnten, in denen beide als Berater für das Unternehmen tätig waren, einen radikal entgegengesetzten Ansatz.

Während Sottsass fragte, wie Objekte sein sollten, verfügte Bellini über die Gabe, diese Objekte begehrenswert aussehen zu lassen. Schreib- und Rechenmaschinen bekamen Tasten, die sich so anfühlten, dass man sie unwillkürlich berühren wollte. Bellinis Karriere beschränkte sich nicht auf Olivetti, sondern spannte einen Bogen von der analogen zur digitalen Ära. Er war verantwortlich für elektrische Schreibmaschinen und mechanische Rechenmaschinen sowie für die Programma 101 aus dem Jahr 1964, von der Olivetti behauptet, sie sei der erste Desktop-Computer gewesen.

Bellini verlieh mechanischen Objekten eine unverwechselbare skulpturale Form. Seine Formensprache ist wärmer als die kühle Logik von Max Bill und der Hochschule für Gestaltung Ulm. Im Lauf seiner langen Karriere ging Bellini von zurückhaltenden Rundungen zu scharfen, keilförmigen Formen über.

Es gelang ihm, sein architektonisches Wissen auf Gebrauchsgegenstände zu übertragen und diesen eine geschichtliche Dimension zu verleihen. Bei einem Vortrag, den er 1981 auf der Aspen Design Conference hielt, ließ er dem Bild eines Fingers, der die Taste einer der von ihm entworfenen Tastaturen drückt, ein Detail aus einem Renaissance-Gemälde folgen, das eine Madonna mit dem Jesuskind zeigt, dessen Finger die Brustwarze der Mutter berührt.

»Für mich ist es interessanter«, erklärte er, »die erste tragbare elektrische Schreibmaschine zu entwerfen und nicht die fünfte Variante der gleichen Grundidee.« Steve Jobs saß in Aspen im Publikum und besuchte Bellini anschließend in seinem Studio, aber das Projekt, an dem sie für Apple arbeiteten, wurde nicht verwirklicht.

Mit dem Totem für Brionvega beeinflusste Bellini das Hi-Fi-Design nachhaltig. Die Bezeichnung als Kompaktstereoanlage wird dem Projekt kaum gerecht. Das 1971 entworfene und 2021 mit moderner Elektronik neu aufgelegte Gerät lässt sich zu einem bündigen weißen Würfel schließen. Die obere Hälfte besteht aus zwei nach außen schwenkbaren Lautsprechern, die den Blick auf Plattenspieler, Tuner und ein einfaches Bedienfeld in der unteren Hälfte des Geräts freigeben. Bellinis Kassettendeck für Yamaha stand für eine ebenso klare wie von der Norm abweichende Gestaltung – keil- statt kastenförmig.

1

(1) Mario Bellini beim Salone Internazionale del Mobile während der Mailänder Design-Woche 2014.

(2) Brionvega beauftragte Bellini mit dem Entwurf einer kompletten Stereoanlage. Das Ergebnis, die Totem RR130 (siehe Seite 80), ist ein Stück skulpturale, puristische Geometrie.

(3) Die Idee, einen Plattenspieler so tragbar zu machen wie ein Transistorradio für die Hosentasche, animierte eine Reihe von Herstellern zu eigenen Lösungen; Pop GA von Bellini aus dem Jahr 1969 gehörte zu den überzeugenderen Ansätzen. Man konnte eine Single abspielen, während man das Gerät am Griff trug.

(4) Das Kassettendeck von Yamaha sollte Bellinis Signatur tragen, im wörtlichen wie im übertragenen Sinn (siehe Seite 93). Der Designer setzte seinen Namen auf das Gehäuse, das seine unverwechselbare geometrische Handschrift trägt.

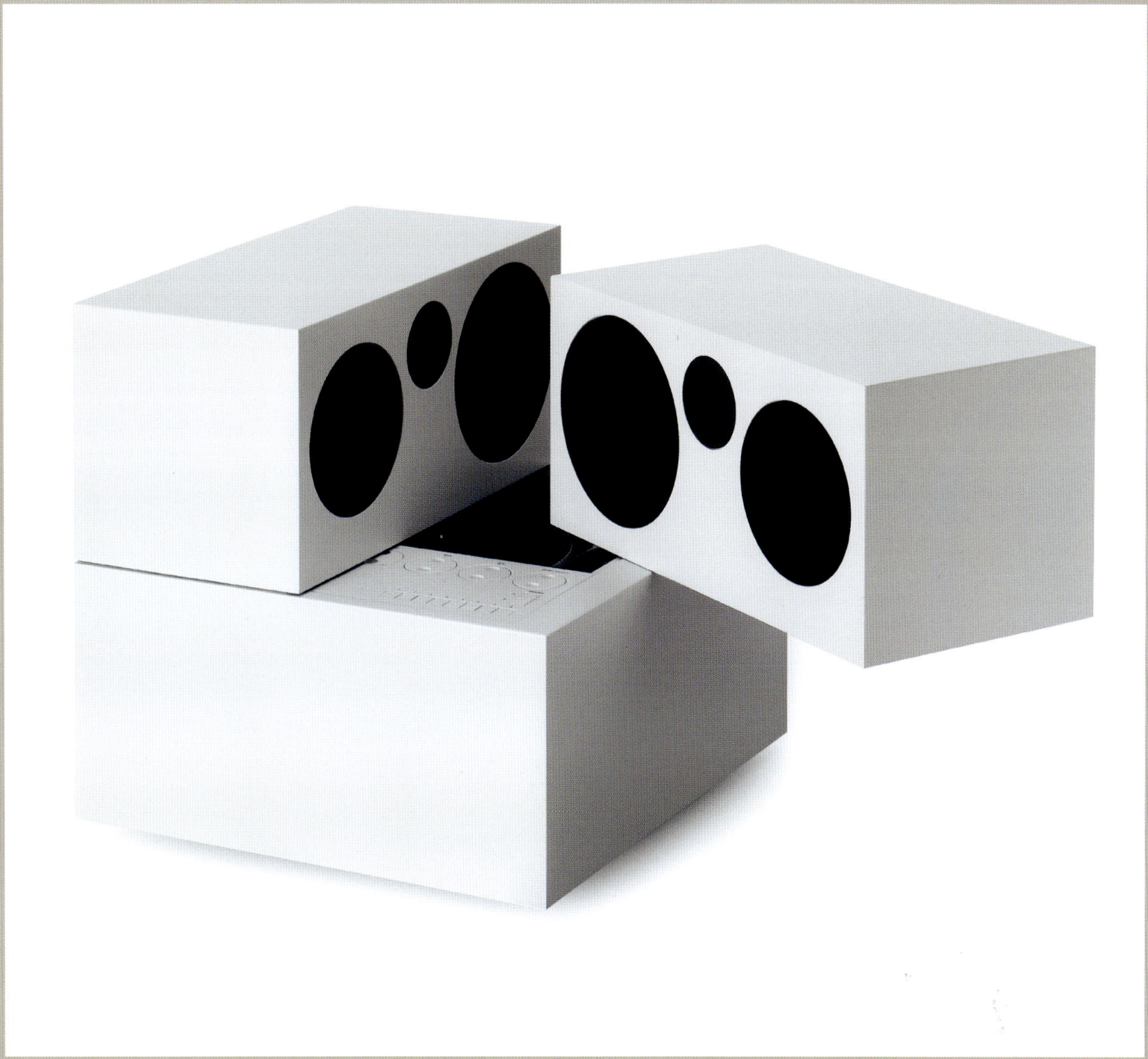

2

3

4

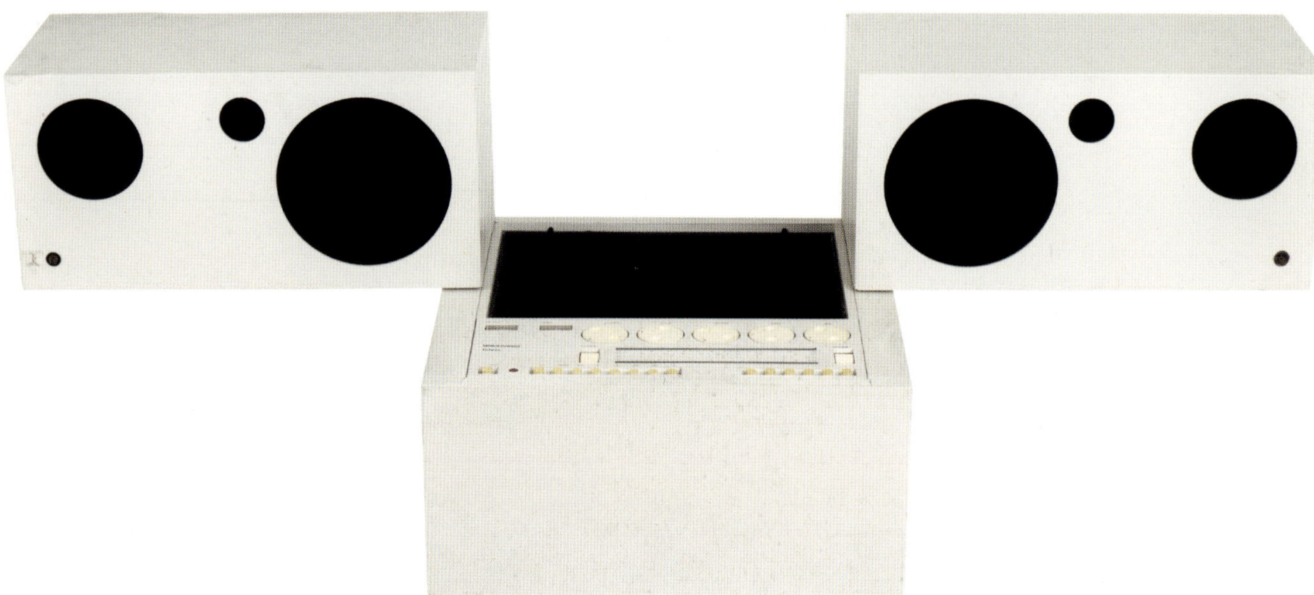

Kompaktanlage **Totem RR130**	
Jahr: 1971	
Design: Mario Bellini	
Hersteller: Brionvega, Mailand, Italien	
Abmessungen: 52,5 × 52,5 × 52,5 cm	

Mario Bellini, der auch einen Fernseher für Brionvega entwarf, wollte nicht jede Komponente eines Audiosystems als separates Element darstellen, sondern wählte für das Totem einen integrierten Ansatz. Der Sockel beherbergt einen Platten- und einen Kassettenspieler sowie ein Radio. Die Lautsprecher sitzen auf schwenkbaren Trägern, die sich ausklappen lassen und den Blick auf den verborgenen Plattenspieler und die Bedienelemente freigeben. Die Boxen sind abnehm- und frei aufstellbar. Zusammengeklappt bildet die Einheit ein Stück reiner Geometrie, einen schneeweißen skulpturalen Kubus, der keine Hinweise auf seine Funktion und seinen Zweck gibt. Wie auch bei anderen Produkten brachte Brionvega eine Neuauflage des Totem heraus, die mit moderner Elektronik in einer Nachbildung des Originalgehäuses ausgestattet ist. Seit den Zeiten von Bellini, Castiglioni und Zanuso hat das Unternehmen mehrmals den Besitzer gewechselt, es stellt aber weiterhin technologisch aktualisierte Versionen von deren Entwürfen her.

Plattenspieler-Verstärker-Kombination

Concetto 101

Jahr: 1974

Design: Richard Sapper, Marco Zanuso

Hersteller: Brionvega, Mailand, Italien

Abmessungen: 20 × 45 × 34,5 cm

Das Concetto verfolgte einen unkonventionelleren Ansatz als bei Stereokomponenten üblich, indem es einen Plattenspieler mit einem Verstärker kombinierte und ihm eine eigenwillige geometrische Formenmischung verlieh. Anstelle der üblichen transparenten Abdeckung des Plattenspielers entwarfen Zanuso und Sapper einen Deckel, der das Gerät vollständig verschließt. Die Basis des Plattenspielers ist ein einfaches Rechteck, aber der Deckel hat eine organische, geschwungene Form, die den Bogen aufgreift, den der Tonarm beim Abspielen der Schallplatte beschreibt. Dadurch wirkt das Gerät beschwingt und weniger massiv. Der glänzende, satte Rotton auf der Innenseite des Deckels kontrastiert mit dem mattschwarzen Äußeren. Die Lautsprecher, die mit dem System kombiniert werden sollen, sind formal ähnlich gestaltet und verbinden ein rechteckiges Gehäuse mit einem organisch fließenden Profil an der Vorderseite.

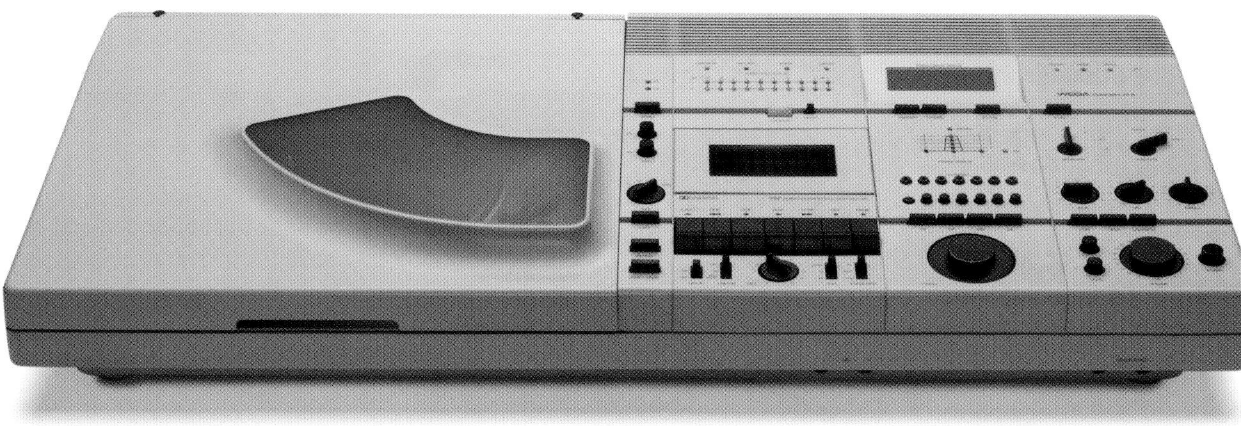

Kompaktanlage WEGA Concept 51k
Jahr: 1976
Design: Hartmut Esslinger
Hersteller: WEGA (Württembergische Radio-Gesellschaft) Stuttgart, BRD
Abmessungen: 15,2 × 83,8 × 40,6 cm

Zeitweise arbeiteten der visionäre dänische Möbeldesigner Verner Panton, aber auch der deutsche Industriedesigner Hartmut Esslinger daran, WEGA-Produkten ein auffallend neues Äußeres zu geben, ehe das deutsche Traditionsunternehmen 1976 von Sony übernommen wurde. Esslinger, Gründer des Designbüros Frog, arbeitete unter anderem an der Formgebung der frühen Apple-PCs mit. WEGA suchte die Kooperation mit ihm, um eine unverwechselbare Markenidentität zu schaffen, die Hochwertigkeit vermittelte.

Die Concept-Kompaktanlage von WEGA wurde nach der Übernahme durch Sony eingeführt. Sie vereinte Plattenspieler, Kassettendeck, Tuner und Verstärker in einem einzigen keilförmigen Gehäuse. Den Deckel des Plattenspielers zierte ein Kreissegment als Fenster. Esslingers Design wandelte zwischen Komplexität und sorgfältig organisierter Funktionalität. Schieberegler und Knöpfe vermittelten den Eindruck, bei der Bedienung alles unter Kontrolle zu haben, weil der Zweck der einzelnen Elemente klar verständlich dargestellt wurde.

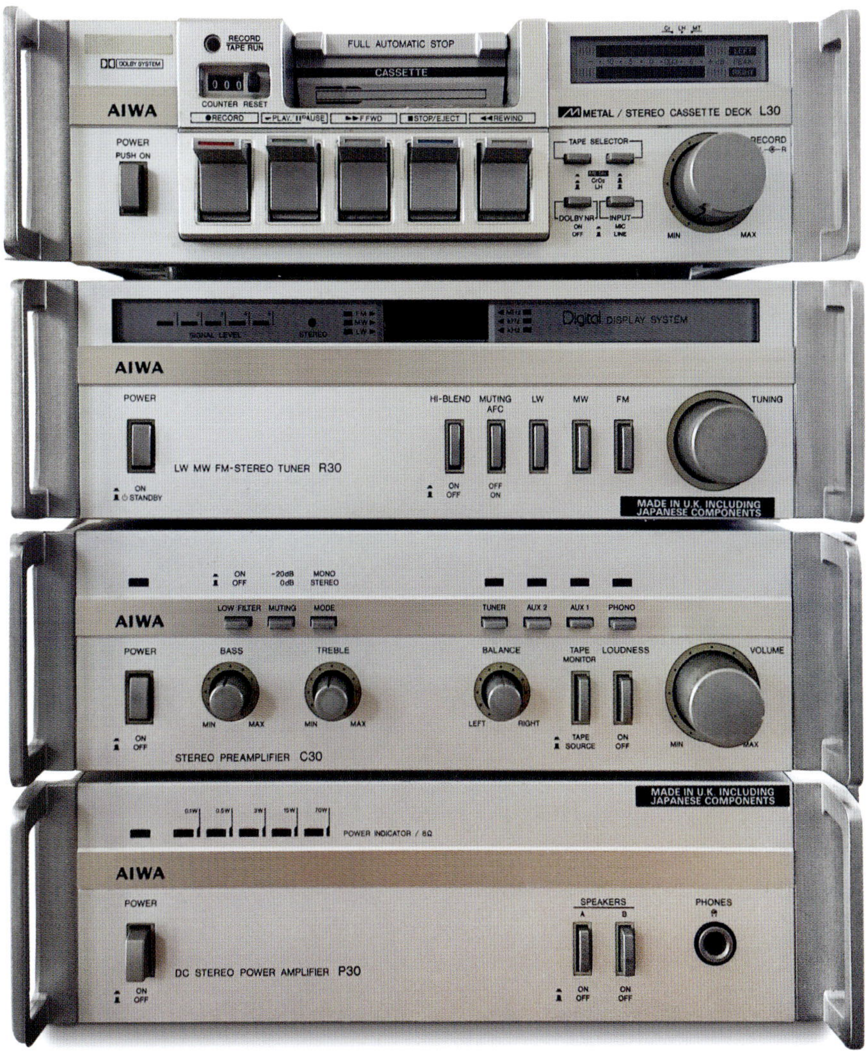

Stereo-Komponentensystem Aiwa M301
Jahr: 1980
Design: Aiwa
Hersteller: Aiwa, Tokio, Japan
Abmessungen: Verstärker: 21 × 7,1 × 21,7 cm; Vorverstärker: 21 × 7,1 × 22,8 cm; Stereo-Tuner: 21 × 7,1 × 25,4 cm; Stereo-Kassettendeck: 21 × 7,2 × 22,9 cm

Als die Hi-Fi-Technik noch in den Kinderschuhen steckte, stellten sich viele Phonofans ihre eigenen Stereoanlagen zusammen: ein Plattenspieler von einem Hersteller, Lautsprecher von einem anderen und ein Verstärker von einem dritten. Für die großen Hersteller war dies eine verpasste Absatzchance, weswegen sie damit begannen, eigene, optisch aufeinander abgestimmte Audiosysteme zu produzieren.

Das Komponentensystem war eine Weiterentwicklung dieses Konzepts, wobei die Fortschritte in der Fertigungstechnologie es erlaubten, die Gesamtgröße erheblich zu reduzieren. Tatsächlich gelang es beim Aiwa M301, die einzelnen Bestandteile ohne Einbußen bei der Klangqualität so zu verkleinern, dass es kaum mehr Platz als ein großer Radiorekorder einnahm. Den Entwicklern von Aiwa gelang das Kunststück, die vier Basiskomponenten in Breite und Höhe auf 21 × 7,1 cm zu beschränken, wenn auch mit geringfügigen Abweichungen in der Tiefe. Zum System gehörte auch ein Plattenspieler, der nur ein wenig größer war.

Tonbandgerät **Grundig TK 24**
Jahr: 1959
Design: Grundig
Hersteller: Grundig, Fürth, BRD
Abmessungen: ca. 35 × 32 × 18 cm

Max Grundig war bereits vor dem Zweiten Weltkrieg finanziell an einem Radiogeschäft beteiligt und gründete 1945 sein eigenes Unternehmen. Die Firma stellte Radios her und erweiterte ihr Programm dann um Tonbandgeräte. Die Reklame von Grundig konzentrierte sich auf deren Einsatzmöglichkeiten, um die Kunden zum Kauf zu animieren. Es schien fast so, als ob man den Zeitgenossen den Zweck eines Tonbandgeräts zuerst erklären musste. Anscheinend war auch die Sorge groß, dass die Kundschaft – sobald sie ein Grundig-Gerät gekauft hatte – nicht verstünde, wie man es benutzt. Denn auf dem Bedienfeld prangte nicht nur das rote dreiblättrige Kleeblatt-Emblem des Unternehmens, auch die verchromten Knöpfe und Regler wurden von erstaunlich ausführlichen schriftlichen Hinweisen und zum Teil auch von Diagrammen begleitet.

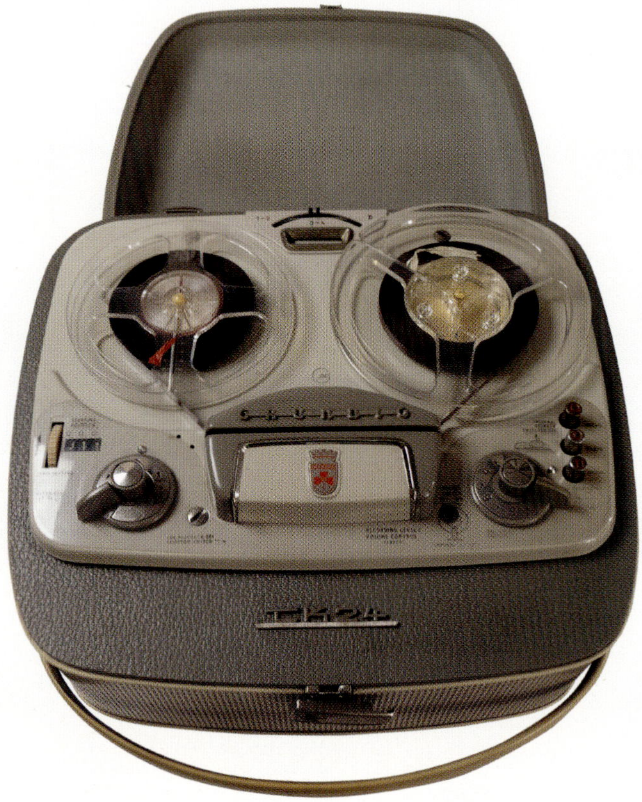

Tonbandgerät **Uher 4000 Report**
Jahr: 1961
Design: Uher
Hersteller: Uher, München, BRD
Abmessungen: 26 × 39 × 12 cm

Das Uher Report war in erster Linie für Rundfunkanstalten zur Aufnahme und zum Schnitt von Interviews gleich am Ort des Geschehens gedacht. Es war leicht und handlich zu transportieren, wurde mit Akkus betrieben, war voll transistorisiert und man konnte die Aufnahme parallel abhören (Hinterbandkontrolle). Zum Lieferumfang gehörten eine Tragetasche und ein Mikrofon. Das solide Gerät war preisgünstig, zumindest verglichen mit dem Modell III von Nagra. Uher war in der glücklichen Lage, seine Kundschaft nicht zum Kauf verleiten zu müssen, und entschied sich daher für eine Art dienstlicher Ästhetik, die Robustheit und Zuverlässigkeit versprach.

Spätere Entwicklungsstufen des Geräts glänzten mit Vierspur- und Stereotechnik anstelle der Zweispur-Mono-Auslegung des Originals. Die berüchtigten Tonbänder, die US-Präsident Nixon um sein Amt brachten, wurden mit Uher-Geräten aufgenommen.

Tonbandgerät Revox A77

Jahr: 1967	
Design: Willi Studer	
Hersteller: Studer-Revox, Löffingen, BRD	
Abmessungen: 41,5 × 35,9 × 18 cm	

Die Revox-Tonbandgeräte haben ihren Ursprung in einem von Willi Studer in der Schweiz gegründeten Unternehmen, das Oszilloskope zum Messen von elektrischen Spannungen herstellte. In den 1950er-Jahren begann Studer mit der Herstellung leistungsfähiger, spezialisierter Tonbandgeräte. In den 1960er-Jahren verlagerte man die Produktion nach Deutschland, wo das A77 hergestellt wurde, das zwei Jahrzehnte lang den Markt für Aufnahmegeräte in professionellen Tonstudios beherrschte.

Revox litt an einem Fachkräftemangel, was bedeutete, dass manche Produktlinien praktisch nur auf Bestellung gebaut werden konnten. Das A77, ergänzt durch passende FM-Tuner und einen Verstärker, war der Bestseller. Innerhalb von sieben Jahren entstanden fast 400 000 Stück, ehe es vom Modell B77 abgelöst wurde.

Tonbandgerät Nagra IV-S

Jahr: 1971

Design: Stefan Kudelski

Hersteller: Kudelski S.A., Nagra Tonbandgeräte Fabrik, Lausanne, Schweiz

Abmessungen: 33,3 × 24,2 × 11,3 cm

Das 1951 in Lausanne gegründete Unternehmen ist schweizerisch, aber das Wort *nagra* ist polnisch und bedeutet »wird aufzeichnen«. Stefan Kudelski, der Firmengründer, hatte Warschau nach dem deutschen Überfall 1939 als Flüchtlingskind verlassen und war ein genialer Erfinder. Er baute sein erstes Tonbandgerät als Studentenprojekt, indem er sein Fachwissen auf den Gebieten Technik und Akustik kombinierte, und gründete bald darauf sein eigenes Unternehmen. Die Tonbandgeräte von Nagra sind für ihre geradezu wissenschaftliche Präzision bekannt, was sich auch in ihrem nüchternen Erscheinungsbild widerspiegelt, das eher an ein medizinisches Gerät als an einen Konsumartikel erinnert. Mit ihrer Robustheit und Qualität richteten sie sich an professionelle Nutzer wie Rundfunkanstalten und Toningenieure in der Musik- und Filmbranche. Die Bezeichnung »IV« steht für die vierte Generation der von Nagra stets weiterentwickelten Aufnahmetechnik. Das IV-S war das erste Stereo-Aufnahmegerät des Unternehmens.

Tonbandgerät Braun TG 1000
Jahr: 1975
Design: Dieter Rams
Hersteller: Braun AG, Frankfurt, BRD
Abmessungen: 45 × 32 × 14 cm

Audiophile der ersten Generation schätzten an Spulentonbandgeräten die Klangqualität, die jene von Schallplatten übertraf. Das für den Umgang mit Tonbändern erforderliche Geschick begründete einen gewissen Status – das waren keine Geräte für Anfänger, sondern für Profis. Das Medium gestattete Enthusiasten das Aufzeichnen von Ton (dafür war es eigentlich konzipiert) und das Anhören der Aufnahmen. Kommerziell vorbespielte Bänder waren jedoch nur begrenzt verfügbar. Die Aufnahme von Radioübertragungen in Verbindung mit einem Tuner war eine mühsame Alternative; die Dokumentation von Vogelgezwitscher oder Dampflokomotiven mithilfe von tragbaren Geräten blieb die Domäne von Spezialisten. Mit dem TG 1000 ließ Braun seine zwölf Jahre währende Produktion von Spulentonbandgeräten auslaufen. Das Modell richtete sich eher an Verbraucher als an den professionellen Markt, aber Dieter Rams und sein Team gaben ihm ein ruhiges, verbindliches Äußeres, das ihm noch immer eine gewisse Präsenz verleiht.

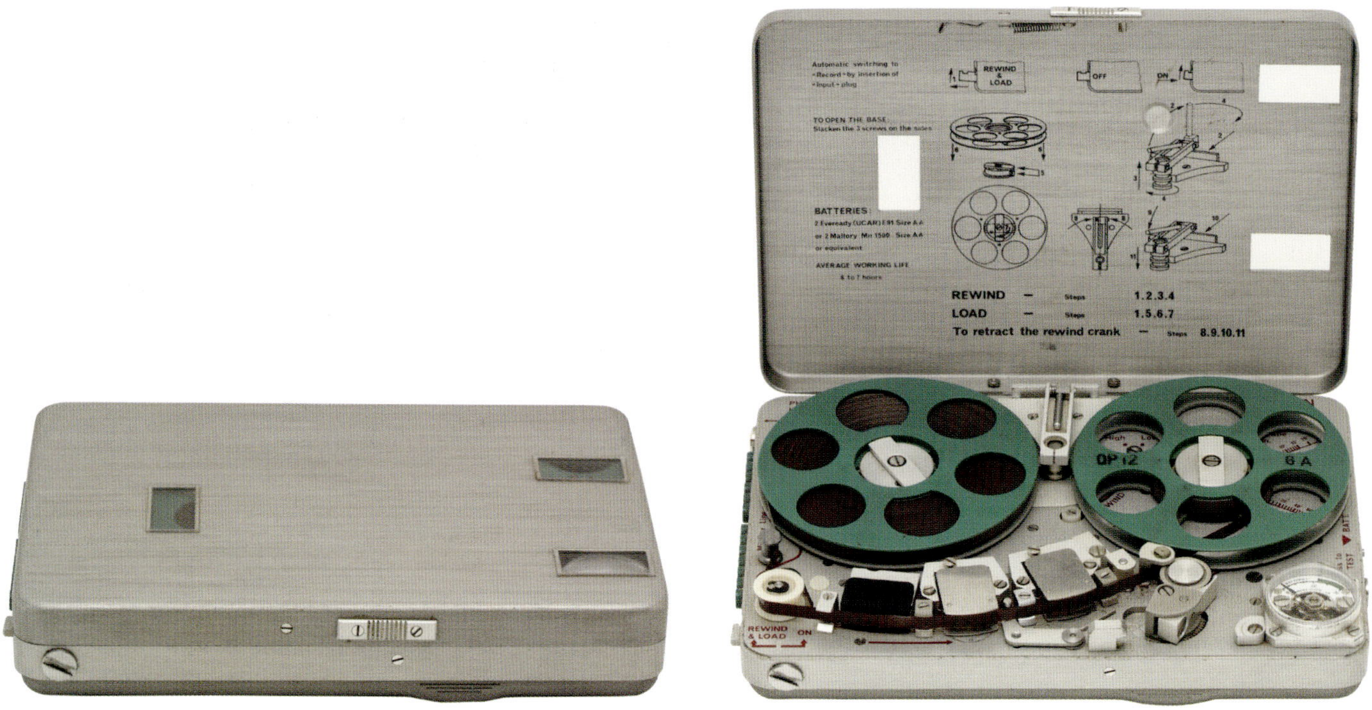

Miniatur-Tonbandgerät Nagra SNST-R
Jahr: 1977
Design: Stefan Kudelski
Hersteller: Kudelski S.A., Nagra Tonbandgeräte Fabrik, Lausanne, Schweiz
Abmessungen: 14,6 × 10,1 × 2,6 cm

Dieses Tonbandgerät im Kleinformat war ein weiterer meisterlicher Entwurf von Stefan Kudelski. Es sollte Tontechniker an Sets bei der simultanen diskreten Aufnahme von Filmdialogen, aber ebenso Sicherheits- und Strafverfolgungsbehörden bei verdeckten Ermittlungen unterstützen. Ergebnis war ein so widerstandsfähiges wie ästhetisches Gerät, eine Art funktionalistische Skulptur – das organische Produkt einer Verbindung von Zweckmäßigkeit mit Material. Das Chassis wurde mithilfe einer computergesteuerten Fräse aus einem massiven Aluminiumblock gefräst. Nagra war eines der ersten Industrieunternehmen, das diese Technik einsetzte. Drei Jahrzehnte Jahre später begann Apple, seine Laptops aus Aluminium zu fertigen, zum einen aus Gründen der Nachhaltigkeit, zum anderen, um zu vermeiden, dass Fingerabdrücke auf den Oberflächen unschöne Spuren hinterlassen. Nagras Streben nach Robustheit und Nützlichkeit führte zu einem Respekt einflößenden Statement unbefangenen Designs.

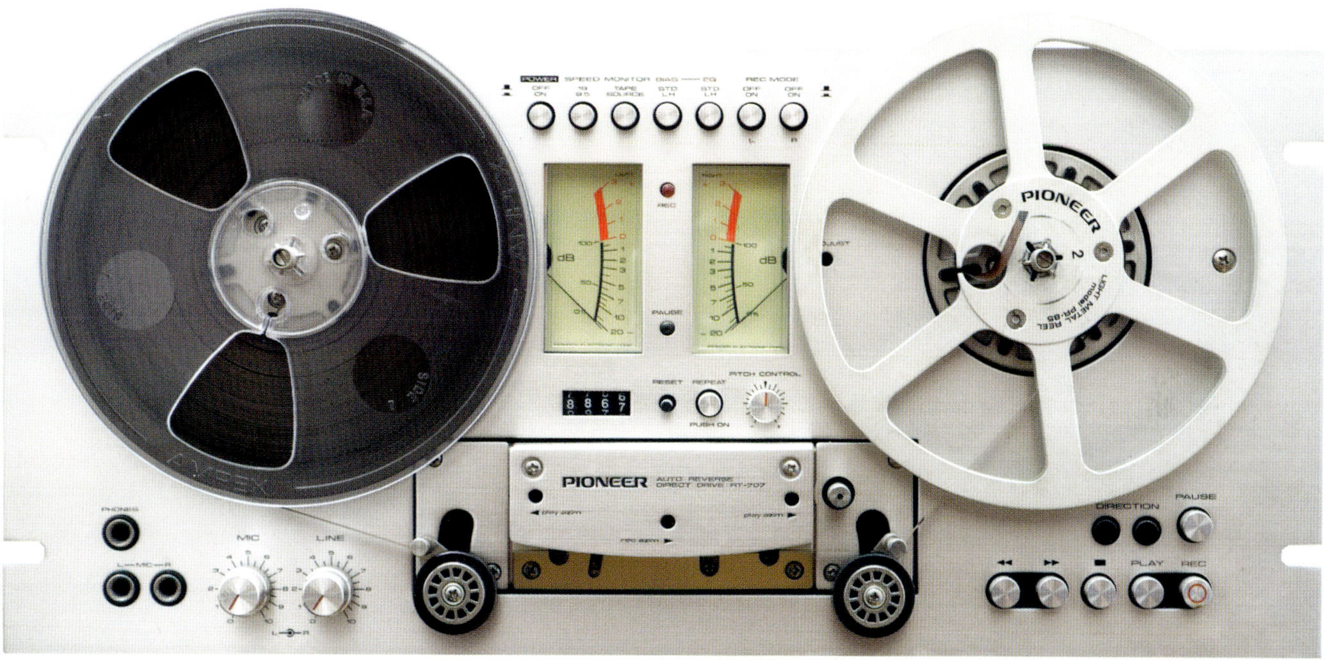

Tonbandgerät Pioneer RT-707
Jahr: 1977
Design: Pioneer Corporation
Hersteller: Pioneer Corporation, Tokio, Japan
Abmessungen: 32,4 × 48,3 × 22,2 cm

Als Pioneer das RT-707 auf den Markt brachte, war die Kompaktkassette bereits ein etabliertes Format. Die meisten klassischen Bandmaschinen zielten daher auf Enthusiasten. Um diese avancierten Tonamateure anzusprechen, wurden die Geräte immer größer und komplexer. Pioneer erkannte eine Marktlücke für ein Tonbandgerät, das einfach zu bedienen und erschwinglich war. Aufgrund der qualitativen Grenzen der Tonaufzeichnung auf Kassetten bot das Tonband einen besseren Klang als jeder noch so gute Kassettenrekorder.

Das RT-707 verfügte über einen automatischen Rücklauf, aber es gab auch eine preisgünstigere Variante ohne diese Funktion. Frühe Bandmaschinen trugen die Spulen auf der Oberseite. Hier befanden sie sich auf der Vorderseite, und die Bedienelemente waren so vereinfacht, dass das Gerät als Teil eines Racks von Phonokomponenten montiert werden konnte, wie die werksseitig angebrachten seitlichen Langlöcher zum Verschrauben zeigen.

Kompaktkassette TDK

Jahr: 1966

Design: Tokyo Denki Kagaku Kōgyō

Hersteller: Tokyo Electric Chemical Industry, Tokio, Japan

Abmessungen: 10 × 6,3 × 1,3 cm

Als der Name Philips noch ein Synonym für Unterhaltungselektronik und Lichttechnik war, produzierte das Unternehmen sowohl die Geräte zum Abspielen von Tonträgern als auch die Aufnahmen, die darauf abgespielt werden konnten. Das Unternehmen leistete 1963 Pionierarbeit beim Kompaktkassettenformat. Dieses ersparte das Einfädeln von Tonbändern in den Mechanismus eines Abspielgeräts. Nachdem Sony eine Lizenz erworben hatte, wurde das magnetisierte, metallbeschichtete Polyesterband zum vorherrschenden Format für aufgezeichnete Musik und überholte in den 1980er-Jahren die Schallplatte. TDK hatte sich seit den 1950er-Jahren auf die Herstellung von Magnetbändern spezialisiert. Das Unternehmen investierte in neue Eisenoxid-Bandbeschichtungen für eine hochwertigere Tonwiedergabe und bot Kassetten mit unterschiedlichen Laufzeiten an.

Kassettengerät
National Panasonic RS-275 US

Jahr: 1971

Design: National Panasonic

Hersteller: Matsushita Electric Industrial Co. Ltd, Osaka, Japan

Abmessungen: 44,1 × 12,1 × 30. 2 cm

Anfänglich galten Kassetten als preiswerte und anspruchslose Methode, Musik zu hören. Panasonic wertete das Medium zum integralen Bestandteil seriöser Audiosysteme für den Hausgebrauch auf – was einen höheren Preis für die Hardware rechtfertigte.

Das RS-275 hatte keinen Lautsprecher. Alle Bedienelemente lagen auf der Oberseite, auch das Fach, in das die Kassette eingelegt wurde; das Gehäuse war mit Nussholz eingefasst. Zwei Aussteuerungsanzeigen mit der Bezeichnung VU (Volume Units, »Lautstärkeneinheiten«) – eine für den linken und eine für den rechten Audiokanal – geben den Pegel der Schallintensität an. Ausschläge in den roten Bereich jenseits der Null-Dezibel-Marke bedeuten, dass der Ton verzerrt wird. Die professionelle Anmutung sollte dem Medium Kassette mehr Respekt verschaffen.

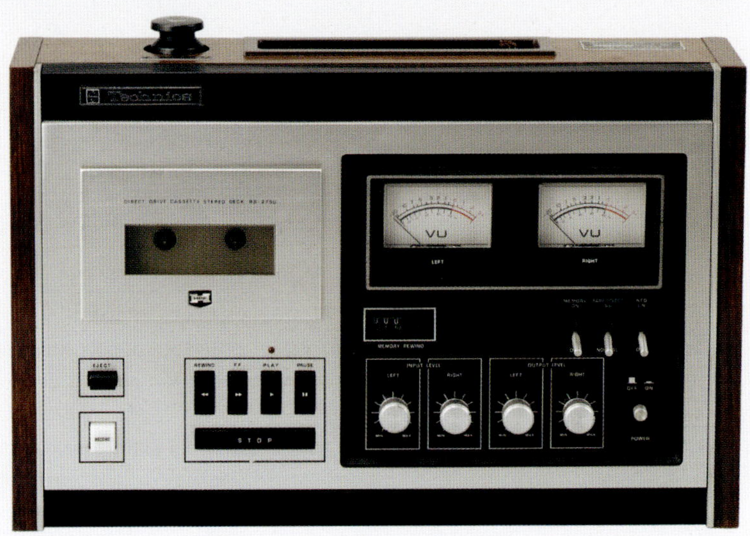

Kassettenrekorder **Stern R160**	
Jahr: 1972	
Design: Stern Radio	
Hersteller: VEB Stern Radio, Berlin, DDR	
Abmessungen: 38 × 22 × 10,5 cm	

Das R160 war das erste Kassettengerät, das im kommunistischen Teil Deutschlands hergestellt wurde. Es war mit einem Radio kombiniert, wobei beide Elemente in einem Sperrholzgehäuse untergebracht waren. Das Modell wurde sechs Jahre lang produziert und belegt, wie die stilistischen Unterschiede zwischen west- und osteuropäischen Produkten Anfang der 1970er-Jahre immer geringer wurden. Bei aufmerksamer Betrachtung verraten die Stern-Produkte mit ihrer leicht nostalgischen Anmutung allerdings noch immer ihre Herkunft.

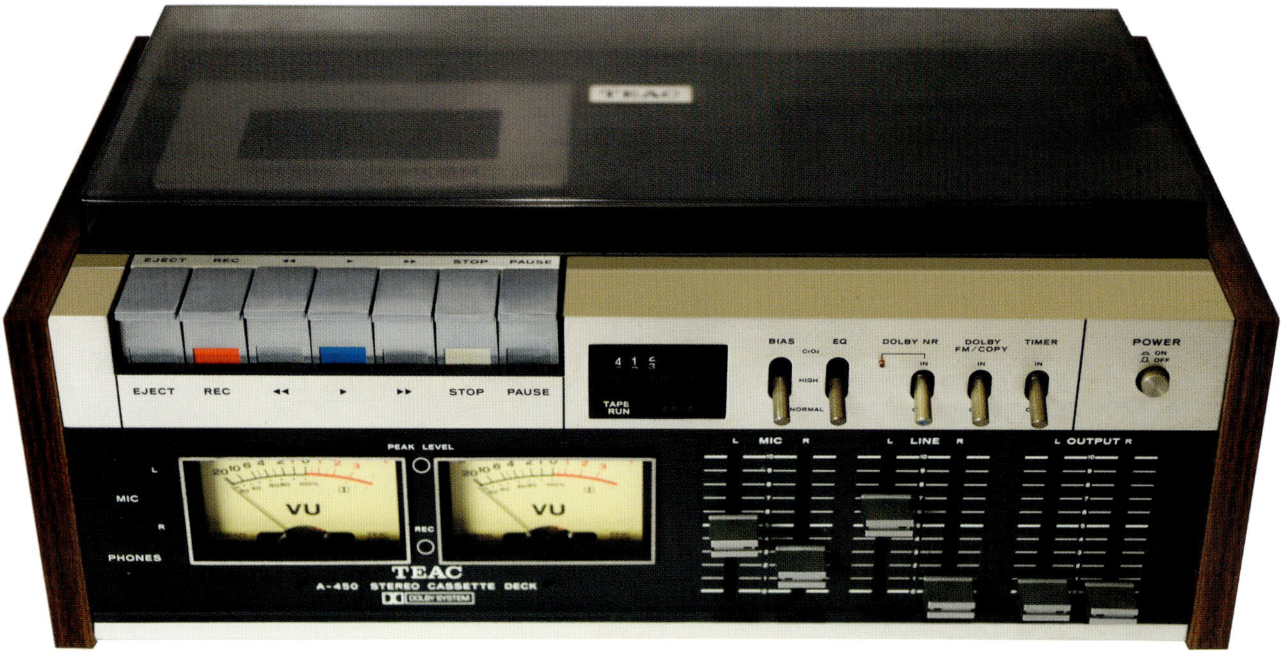

Stereo-Kassettendeck TEAC A 450

Jahr: 1973

Design: Tokyo Electro Acoustic Company

Hersteller: Tokyo Electro Acoustic Company, Tokio, Japan

Abmessungen: 44,5 × 17,6 × 27 cm

Die Entwicklung des Markts für Kompaktkassetten verlief parallel zum gestalterischen Experimentieren mit verschiedenen Formen von Abspielgeräten. Im preiswerten Angebotssegment waren Lautsprecher, Verstärker und Laufwerk in einem einzigen Gehäuse untergebracht. Bei teureren Produkten für einen anspruchsvollen Kundenkreis wurde das Kassettendeck als Teil eines Komponentensystems mit Lautsprechern, Verstärker und Tuner konzipiert. Der Plattenspieler, der breit genug für eine LP und einen Tonarm sein musste, gab dabei die Mindestabmessungen des gesamten Systems vor. Bei den ersten Decks, wie dem TEAC A 450, wurden die Kassetten flach auf der Oberseite des Geräts eingelegt. Dieses Modell verfügte zudem über ein Staufach für eine begrenzte Anzahl von Kassetten. Die Oberfläche war in schwarzem, gebürstetem Aluminium gehalten, eingerahmt von Teak-holzfurnier.

Stereo-Kassettendeck Yamaha TC-800GL
Jahr: 1976
Design: Mario Bellini
Hersteller: Nippon Gakki Co. Ltd, Hamamatsu, Japan
Abmessungen: 9,8 × 31,2 × 31,2 cm

Yamaha beauftragte Mario Bellini (siehe Seite 78) mit der Gestaltung einer unverwechselbaren Identität für sein Produkt. Zu einer Zeit, als das Kassettendeck gerade erst aufkam, sollte es als Premiumprodukt verkauft werden. Das TC-800GL war als tragbares Gerät gedacht und wurde zusammen mit einer Tasche geliefert. Die Schieberegler erinnern an ein Tonstudio-Mischpult. Erhältlich war das Kassettendeck in schwarzem oder elfenbeinfarbenem ABS-Kunststoff. Die Keilform verwendete Bellini auch für mehrere der von ihm für Olivetti entworfenen Taschenrechner und Schreibmaschinen.

Durch seine Formgebung hob sich das TC-800GL von Konkurrenzmodellen ab, bei denen die Kassetten entweder von vorne oder von oben eingelegt wurden. Das Manko, dieses Gerät nicht mit anderen Stereokomponenten in ein Rack einfügen zu können, nahm man offenbar in Kauf.

Kassettengerät Sony EL-D8
Jahr: 1978
Design: Sony
Hersteller: Sony, Tokio, Japan
Abmessungen: 32,2 × 10 × 29,8 cm

Das Format Elcaset, ein Kürzel für »large cassette«, war ein erfolgloser Versuch, eine Alternative zur herkömmlichen Kompaktkassette zu entwickeln, die an die Klangqualität eines Spulentonbandgeräts heranreichte. Elcaset war doppelt so groß wie eine Kompaktkassette und bot Platz für ein 5 mm breites Band (Kompaktkassette: 3,81 mm), das sich mit 9,5 cm pro Sekunde wesentlich schneller bewegte als bei Standardkassetten. Während der Wiedergabe wurde das Band aus seinem Gehäuse herausgeführt, sodass es im Gegensatz zu Kompaktkassetten keine bauartbedingten Klangverzerrungen gab. Sony produzierte zwei Modelle für den Heimgebrauch. Das EL-D8, ein batteriebetriebenes tragbares Gerät, verfügte über einen eingebauten Monitorlautsprecher. Die kreisrunden Drehregler und Anzeigen suggerierten Präzision in Profiqualität. Das Format war allerdings nicht so leistungsfähig wie erhofft. Es erreichte nie jene Akzeptanz, die für kommerziell vorbespielte Musikkassetten nötig gewesen wäre, und wurde 1980 vom Markt genommen.

Kassettengerät Sony TPS-L2

Jahr: 1979

Design: Kozo Ohsone

Hersteller: Sony, Tokio, Japan

Abmessungen: 15 × 9 × 3,5 cm

Sony wurde von Akio Morita und Masaru Ibuka gegründet, zwei talentierten Ingenieuren mit einer Ader für Marketing. Ihre erfolgreichsten Produkte kamen stets mit einer einprägsamen Entstehungsgeschichte auf den Markt. Entweder stellte Sony die weltweit kleinste Version von etwas her, oder das Produkt stillte ein bisher unerfülltes Bedürfnis. Das TPS-L2, aus dem später der Walkman entstand, entsprang angeblich Ibukas Wunsch nach einem Gerät, mit dem er auf langen Flugreisen Musik hören konnte. Kozo Ohsone, der Leiter der Tonbandgeräteabteilung, modifizierte dazu ein vorhandenes Miniaturgerät, den Pressman. Das blau-silberne TPS-L2 ähnelte seinem Vorfahren, war aber mit zwei Kopfhörerbuchsen für gemeinsames Hören ausgestattet, was auf die Bedürfnisse der neuen Zielgruppe hinwies, die der Walkman bald finden würde.

Walkman Sony WM-2

Jahr: 1981

Design: Sony

Hersteller: Sony, Tokio, Japan

Abmessungen: 29,5 × 10,9 × 8 cm

»Atemberaubender Klang als privates Erlebnis. Sobald Sie ihn umschnallen und einschalten, spüren Sie nur noch das Gewicht der Musik«, hieß es in einer der frühen Kampagnen von Sony für den WM-2, das erste Produkt, das die Bezeichnung Walkman trug. Die Idee, sich aus der Umgebung zurückziehen zu können, unterschied den Walkman von allem, was es zuvor gegeben hatte, und sie läutete die Ankunft des universellen Ohrhörers ein. Die Technologie selbst war kein großer Sprung gegenüber dem Diktiergerät, aber die Art und Weise, wie sie eingesetzt wurde, leitete einen Kulturwandel ein.

Das Klangerlebnis wurde individualisiert. Das schwarz-silberfarbene Gehäuse von Sony mit einzelnen Farbakzenten und die orangefarbenen Moosgummi-Ohrpolster waren eines der ersten Beispiele dafür, wie Industriedesigner ein elektrisches Produkt zu einem Accessoire machten.

Kassettendeck Nakamichi Dragon
Jahr: 1982
Design: Niro Nakamichi
Hersteller: Nakamichi Corporation, Tokio, Japan
Abmessungen: 45 × 30 × 13 cm

Die Nakamichi Corporation wurde 1948 von Etsuro Nakamichi gegründet, der während des Kriegs an Sonargeräten für die japanische Marine gearbeitet hatte. Gemeinsam mit Etsuros Bruder Niro begann das Unternehmen ab 1951 mit der Herstellung von Komponenten für Tonbandgeräte. Niro entwarf das Dragon-Kassettendeck, das 1982, kurz nach Etsuros Tod, auf den Markt kam und elf Jahre lang in Produktion blieb.

In Phonokreisen gilt das Dragon-Tapedeck nach wie vor als Maßstab für Qualität, was sich auch in den hohen Preisen widerspiegelt, die es auf dem Sammlermarkt erzielt. Im Jahr 2023 wurden gut erhaltene Vintage-Modelle für bis zu 4000 Euro gehandelt.

Nakamichi begegnete den Verzerrungen bei der Wiedergabe, die der Mechanismus eines Kassettengeräts mit sich brachte, mit technischen Innovationen wie der automatischen Azimutkorrektur, die eine genaue Wiedergabe einer Kassette ermöglichte, selbst wenn diese nicht perfekt auf die Tonköpfe ausgerichtet war.

Tragbares Kassettengerät Sony WM-F5	
Jahr: 1984	
Design: Sony	
Hersteller: Sony, Tokio, Japan	
Abmessungen: 12,5 × 10 × 4,2 cm	

Nachdem die Sony-Manager den durchschlagenden Erfolg des Walkman-Formats erlebt hatten, suchten sie nach neuen Wegen, um der Kundschaft mehr als ein Gerät zu verkaufen. Wenn Menschen bereit waren, zur Businesskleidung eine andere Uhr zu tragen als beim Segeln, warum dann nicht auch einen Walkman anbieten, der auf Outdoor-Aktivitäten zugeschnitten war? Der Walkman war nicht bloß ein Produkt, er wurde zu einer fast ebenso starken Marke wie Sony selbst. Die meisten, wenn auch nicht alle, Sport-Walkman-Modelle waren in einem leuchtenden Gelb gehalten, eine geschickte Anleihe bei Tauchausrüstungen, die Wasserdichtigkeit suggerierte, ohne sie zu versprechen. Das Gehäuse, das deutlich robuster war als beim übrigen Sortiment, verfügte über Gummidichtungen und mit Membranen abgedeckte Bedienelemente.
In der Praxis hielten die Geräte jedoch allenfalls einem leichten Nieselregen stand und hätten ein vollständiges Eintauchen in Flüssigkeit wahrscheinlich nicht überlebt.

Kassettenrekorder Marantz PMD 430
Jahr: 1984
Design: Marantz
Hersteller: Marantz, Los Angeles, USA
Abmessungen: 24,1 × 15,2 × 5 cm

Mit seinen kompakten Abmessungen, dem geringen Gewicht und der Option des Akkubetriebs richtete sich das PMD 430 an eine Klientel, die vorzugsweise Live-Aufnahmen im Freien machte. Im Gegensatz zu vielen anderen tragbaren Geräten verfügte das Marantz PMD 430 über getrennte Mikrofoneingänge für den linken und rechten Stereokanal. Zwei Arten von Rauschunterdrückung für Sprache oder für Musik standen zur Verfügung, dazu eine Dämpfungsfunktion, um ein Übersteuern in extrem lauten Umgebungen, wie etwa bei Aufnahmen auf der Bühne eines Rockkonzerts, zu vermeiden. Das Design mit den beiden kreisförmigen Aussteuerungsanzeigen orientierte sich an professionellen Tonbandgeräten und vermittelte den Eindruck eines Hochleistungsgeräts. Die Kassetten wurden von oben eingelegt. Es gibt zwar einen eingebauten Lautsprecher zum Abhören der Aufnahmen, aber das PMD 430 konnte auch als Teil einer Stereoanlage betrieben werden.

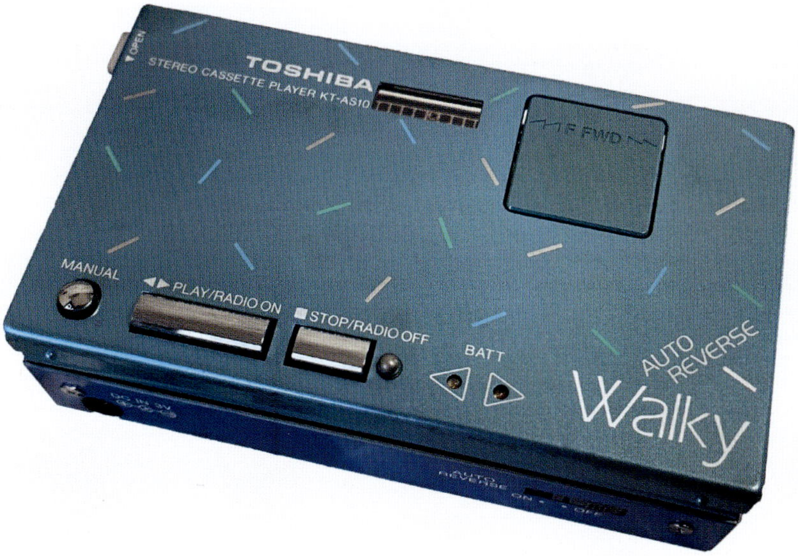

Kassettengerät Toshiba KT- AS10 Walky

Jahr: 1985

Design: Toshiba Corporation

Hersteller: Toshiba Corporation, Tokio, Japan

Abmessungen: 12 × 8,4 × 3,5 cm

Weil Sony sich das Wort »Walkman« als Marke hatte schützen lassen, durfte Toshiba es nicht für seine Produkte verwenden. Stattdessen nannte man die Abspielgeräte Walky, und als zusätzliches Unterscheidungsmerkmal wollte das Unternehmen das kleinste Gerät dieser Klasse bauen. Es fiel kaum größer als die Hülle einer Kompaktkassette aus.

Im technischen Sinn war die Behauptung von Toshiba korrekt, aber die Kassette selbst ragte teilweise aus dem Gerät heraus, sobald man sie eingelegt hatte. Ebenso wie der einsteckbare Tuner in Form einer Kassette, mit dem der Walky als Radio diente, der aber separat mitgeführt werden musste, wenn er gerade nicht gebraucht wurde. Die Designer bei Toshiba gaben dem Walky glatte Oberflächen mit scharfen rechteckigen Kanten, anders als beim sanft gerundeten Sony-Walkman.

Diktiergerät
Olympus Pearlcorder S950

Jahr: 1995

Design: Olympus Corporation

Hersteller: Olympus Corporation, Tokio, Japan

Abmessungen: 12 × 2,4 × 6 cm

Olympus stieg 1969 in den Markt für Aufzeichnungsgeräte ein, als das Unternehmen nach langer Entwicklungsarbeit die Mikrokassette auf den Markt brachte. Sie war wesentlich kleiner als die einige Jahre zuvor patentierte Kompaktkassette von Philips, bot aber dennoch eine angemessene Kapazität, da das Band mit geringerer Geschwindigkeit lief. Dies beeinträchtigte die Klangqualität und führte dazu, dass das Gerät hauptsächlich im Journalismus, bei Interviews und für Diktate verwendet wurde. Das Design erinnerte ästhetisch an die sorgfältig gestylten Olympus-Kameras. Der Pearlcorder S950 aus dem Jahr 1995 ließ sich per Sprachsteuerung aktivieren und verfügte über eine automatische Datums- und Zeitspeicherung für den bequemen Abruf von Aufnahmen.

8-Spur-Kassette und Lear Jet Stereo 8
Jahr: 1964
Design: Bill Lear, Richard Kraus
Hersteller: RCA Victor, New York, USA (ab 1965)
Abmessungen: 13,3 × 10,2 × 2 cm

Die 8-Spur-Kassette wurde zu einem unverzichtbaren Bestandteil der amerikanischen Autokultur, als Ford 1966 begann, entsprechende Kassettengeräte als Sonderausstattung für seine Oberklassemodelle anzubieten.

Das Format wurde von William »Bill« P. Lear entwickelt, einem Serienunternehmer, der die Lear Corporation als Hersteller von kleinen Geschäftsreiseflugzeugen aufgebaut hatte.

Um die Nachfrage nach vorbespielten Bändern zu decken, die im Auto angehört werden konnten, begannen die Musikkonzerne, 8-Spur-Versionen ihrer LP-Neuerscheinungen zu produzieren. Mit den ersten stationären Abspielgeräten wie dem Lear Jet Stereo 8 wanderte die 8-Spur-Kassette vom Auto ins Haus. Der Mechanismus dieser »Cartridges« ermöglichte den kontinuierlichen Lauf des Bandes, ohne dass es nach der Hälfte umgedreht werden musste wie die Kompaktkassette. Aber es gab auch Nachteile: Beim Abspulen gab es ein hörbares Ausklingen und Klicken, wenn von einer Spur zur nächsten gewechselt wurde, und bei Störungen war ein heilloser Bandsalat die Folge.

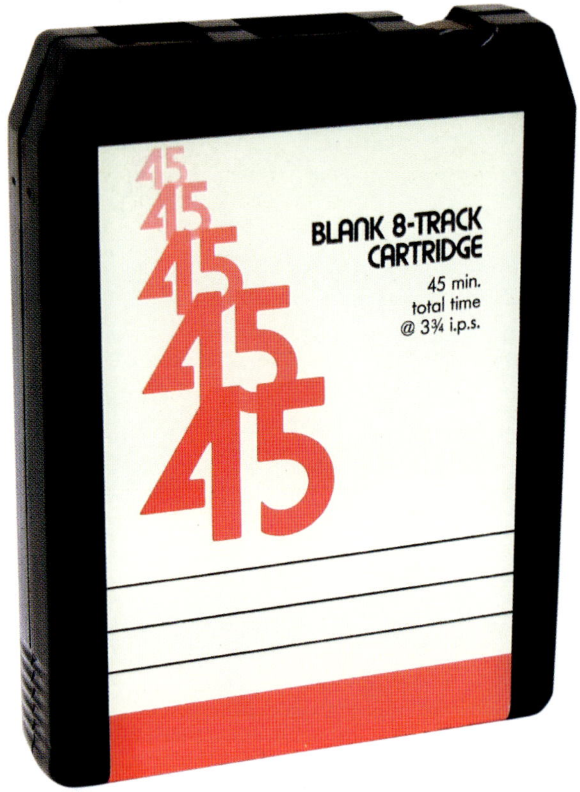

8-Spur-Kassettengerät und Radio

Weltron 2001

Jahr: 1970

Design: James Pratt Winston

Anbieter: Weltron, Durham, USA, hergestellt in Japan

Abmessungen: 30 cm Durchmesser

Zu Beginn der 1970er-Jahre verlagerte sich die Billigproduktion nach Asien. Zu den Vorreitern gehörten US-Unternehmen wie Weltron, die von einer Reihe anonymer asiatischer Hersteller und Zulieferer Produkte bezogen, die sie unter ihrem eigenen Markennamen verkauften. Insbesondere waren sie mit Produkten erfolgreich, die durch ihr auffälliges, bisweilen exzentrisches Aussehen auffielen, anstatt eine anhaltende Markenidentität durch kohärentes Imagebuilding oder Zuverlässigkeit aufzubauen.

Das Weltron 2001, dessen Name eindeutig an Stanley Kubricks Film *2001: Odyssee im Weltraum* aus dem Jahr 1968 erinnern sollte, verfügte über einen 8-Spur-Kassettenspieler, ein Radio und eingebaute Lautsprecher, die in einer weißen, kanariengelben, grünen oder roten Kugel untergebracht waren, die an einen Astronautenhelm erinnerte.

Tragbares 8-Spur-Kassettengerät

Audiovox C-902A

Jahr: 1971

Design: Shintom Industries Co. Ltd, Japan

Hersteller: Audiovox Corporation, Hauppauge, USA

Abmessungen: ca. 4 × 13 × 15 cm

Bevor europäische und amerikanische Elektronikunternehmen damit begannen, ihre Produktion gezielt nach Asien zu verlagern, gab es bereits eine beträchtliche Anzahl von Importeuren, die Produkte aus Übersee nach ihren eigenen Spezifikationen beschafften und sie einführten, um sie unter eigenem Markennamen zu verkaufen. Das Handelsunternehmen Audiovox gehörte dazu. Nachdem sein Gründer John Shalam 1965 2000 importierte Autoradios rasch abgesetzt hatte, begann er, sich auf fahrzeugtaugliche Audiogeräte zu spezialisieren. Ohne eine inländische Produktion konnte sich die Marke Audiovox allein wegen ihrer günstigen Preise etablieren. Sie warb sogar ausdrücklich damit, dass die Geräte »designed in Japan« waren, damals ein positives Attribut für Audiogeräte.

Tragbares 8-Spur-Kassettengerät

Panasonic RS 833S

Jahr: 1976

Design: Panasonic

Hersteller: Matsushita Electric Industrial Co. Ltd, Osaka, Japan

Abmessungen: 30,5 × 22,9 × 8,9 cm

Das tragbare 8-Spur-Kassettengerät lehnte sich an die farbenfrohe Designsprache an, die Panasonic für seine Panapet- und Toot-a-Loop-Radios entwickelt hatte (siehe Seite 61); es wurde gemeinhin als »Schweizer Käse« bezeichnet. Es war in leuchtendem Rot oder Elfenbein erhältlich und erinnerte an eine schrille Designer-Handtasche, dazu bestimmt, in der Öffentlichkeit Aufmerksamkeit zu erregen, ähnlich wie ein Ghettoblaster. Wie bei der Handtasche, bei der das Statement im Vordergrund steht und nicht der Nutzen, schien der technische Aspekt beim RS 833S zur Nebensache zu verkommen. Das Gerät erinnerte eher an ein Spielzeug als an ein Stück Technik; es verzichtete auf ein Gehäuse aus gebürstetem Stahl und reduzierte die Bedienelemente auf das Allernötigste. Das RS 833S teilte die extravagante Pop-Art-Typografie anderer Panasonic-Modelle, wie sie in großen Ziffern auf der einzigen Anzeige zu sehen ist. Unauffällig war dagegen der Schlitz an der Seite des Geräts, der zum Einlegen der 8-Spur-Kassette diente.

Radiorekorder Sony CF-1980
Jahr: 1974
Design: Sony
Hersteller: Sony, Tokio, Japan
Abmessungen: 37,6 × 24,5 × 10,6 cm

Offiziell bezeichnete Sony die tragbare Kombination aus Kassettengerät und Radio als »Cassette Corder«. Später mutierte diese Form von Unterhaltungselektronik zum Ghettoblaster, auch als Boombox bekannt. Man konnte nicht nur passiv Radiosendungen oder Aufnahmen anhören, mit dem CF-1980 waren auch Live-Aufführungen und die Kreation neuer Musikstücke möglich. Sony betonte die authentischen Studiofunktionen, wie das »Wireless Mixing«, das den Einsatz eines drahtlosen Mono-Mikrofons mit einer Reichweite von rund 100 m ermöglichte. Die Bedienelemente erinnerten an ein Studiomischpult.

Der CF-1980 war ein Meilenstein in der Sony-Unternehmensgeschichte, ein Vorreitermodell in einem völlig neuen Marktsegment. Die zurückhaltende Optik baute auf einer reduzierten Geometrie – ein einfaches Rechteck mit zwei Kreisen – und einem matten Metallic-Finish auf. Diese unauffällige Formgebung wurde bald zugunsten einer deutlich drastischeren Gestaltung aufgegeben.

Radiorekorder JVC RC M-90

Jahr: 1981

Design: JVC

Hersteller: Matsushita Electric Industrial Co. Ltd für die Japan Victor Company, Yokohama, Japan

Abmessungen: 66,8 × 35 × 17,7 cm

Als Ende 2005 *Solid Gold Hits*, die Greatest-Hits-Compilation der Beastie Boys, auf den Markt kam, war der Ghettoblaster JVC RC M-90, der auf dem Cover prangte, bereits so veraltet, dass er als begehrtes Stück Vintage-Elektronik galt. Er verfügte über ein Radio und konnte Kassetten, aber noch keine CDs abspielen, die als digitale Vorboten das Ende der Analog-Ära ankündigten.

Das Gerät markierte einen Umbruch in der Musikkultur – was sich auch auf dem 1985 erschienenen Debütalbum des Rappers LL Cool J widerspiegelte. Der M-90 nahm fast die gesamte Bildfläche des Covers von *Radio* ein.

Die Grundidee des tragbaren Kassettenrekorders verkörperte das batteriebetriebene Philips-Gerät EL 3300 von 1963, das auch außerhalb geschlossener Räume verwendet werden konnte. Als Signal für eine urbane Jugendkultur bekam es eine ganz neue Bedeutung, wenn es am Schulterriemen getragen wurde, statt auf einem Tisch oder im Kinderzimmer zu stehen.

POWER
ON
8 BAND STEREO RADIO CASSETTE RECORDER
TREBLE
BALANCE
VOLUME
LOUDNESS
ON
OFF
REC LEVEL
LEFT
RIGHT
MIXING MIC LEVEL
TAPE
NORMAL
AUTO
MANU
TIMER STANDBY
MULTI MUSIC SCANNER
MULTI MUSIC SCANNER
STOP
REC
PAUSE
REVIEW
PLAY
CUE
REC MUTE
EJECT
FULL LOGIC CONTROL
MIXING MIC
REMOTE

Radiorekorder Sony CFS 500

Jahr: 1983

Design: Sony

Hersteller: Sony, Tokio, Japan

Abmessungen: 53,3 × 29,2 × 15,2 cm

Turnschuhe waren ursprünglich als einfaches Sportutensil gedacht und nahmen dennoch nach und nach den Charakter eines kulturellen Ausdrucksmittels an. Ähnliches galt für den aufwendigen Radiorekorder, der ursprünglich für gemeinsame Freizeitaktivitäten gedacht war, nun aber Zwecke erfüllte, für die sie nie gedacht waren. Während der Walkman Privatsphäre schuf und das Hörerlebnis von der Umgebung abschottete, erwies sich der Ghettoblaster – wie manche ihn bald etwas abschätzig bezeichneten – als Mittel zur Inanspruchnahme des urbanen Raums. Die Produktentwickler reagierten mit neuen Designs, die dieser neuen Identität gerecht wurden. Gemessen an den teilweise extravaganten Konzepten der Konkurrenz fiel die CFS-Reihe von Sony mit Radio, Kassettengerät und eingebauten Lautsprechern optisch eher bescheiden aus, was dem anspruchsvollen Designansatz des Unternehmens entsprach. Das CFS übernahm das für diesen Typus charakteristische glänzende Aluminiumfinish, blieb aber bei überschaubaren Proportionen.

Radiorekorder Philips Le Cube D-8080/02

Jahr: 1985

Design: Philips

Hersteller: Philips, Singapur

Abmessungen: 29 × 27 × 27 cm

Das niederländische Unternehmen Philips hat seinen festen Platz in der langen Geschichte innovativer Audio-Aufnahmetechnik. Allerdings gelang es dem eigens eingerichteten internationalen Designteam in der Zentrale in Eindhoven nie wirklich, den gleichen hohen visuellen Wiedererkennungswert wie bei Sony, zeitweilig Kooperationspartner von Philips, oder anderen direkten Konkurrenten zu schaffen.

Le Cube war der selbstbewusste Versuch, den Radiorekorder als stylisheres und weniger aggressiv wirkendes Objekt neu zu definieren. Anstelle der von LL Cool J populär gemachten Kofferform wählte man ein anderes Format. Das Gerät verzichtete auf die inzwischen übliche überwältigende, ja fast bedrohliche Anmutung. Es war in leuchtend gelben, weißen oder grünen Farben mit schwarzen Kontrastelementen erhältlich und erinnerte ein wenig an eine Kühlbox für die Grillparty am Badesee. Auffällig war Le Cube zwar, aber stilbildende Auswirkungen auf das Genre hatte dieses Designexperiment nicht.

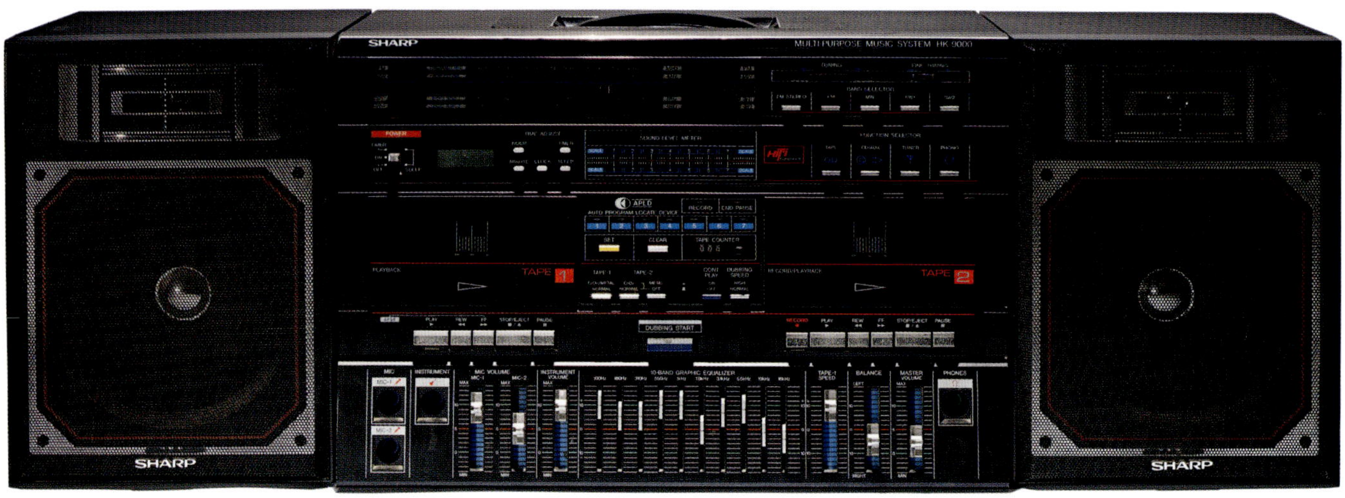

Radiorekorder Sharp HK 9000
Jahr: 1986
Design: Sharp Corporation
Hersteller: Sharp Corporation, Osaka, Japan
Abmessungen: 86 × 29 × 23 cm

Selbst ohne die zehn Monozellen, die für den mobilen Betrieb fernab des Stromnetzes benötigt wurden, brachte der Sharp HK 9000 bereits stolze 15 kg auf die Waage. Dieser Radiorekorder erweckte den Eindruck eines aus einzelnen Komponenten zusammengesetzten Phonosystems; er war aber tatsächlich ein einziges, ziemlich unhandliches Objekt von der Größe eines kleinen Koffers. Wer diesen Goliath guten Gewissens auf einer Schulter mit sich herumtragen konnte, gab schon eine Art Statement an sich ab.

Sharp quetschte verwirrend viele Funktionen in das Gerät. Es gab zwei Kassettenlaufwerke und einen grafischen Equalizer, mit dessen Hilfe man beim Einstellen angeblich Hi-Fi-Qualität erreichen konnte. Dazu gesellte sich eine optisch beeindruckende Reihe von Schiebereglern, die einen hohen technischen Standard suggerierten. Über eine Eingangsbuchse ließ sich sogar die E-Gitarre für die improvisierte Jamsession anstöpseln. Mehr demonstrative Redundanz war kaum möglich.

Radiorekorder Sharp QT-50

Jahr: 1986

Design: Sharp Corporation

Hersteller: Sharp Corporation, Osaka, Japan

Abmessungen: 24 × 58 × 29 cm

Das Unternehmen Sharp leitete seinen Namen vom »Ever-Ready Sharp«-Druckbleistift ab, den es bis 1923 herstellte. Nach dem Verkauf der Patentrechte sattelte es auf Rundfunkgeräte um. In den 1980er-Jahren machte man sich bei Sharp eine postmoderne Ästhetik zu eigen, um die Konkurrenz abzuhängen. Sony blieb beim Understatement und Panasonic setzte auf Pop-Art. Sharp dagegen verkündete: »Wer Stilgefühl hat, steigt jetzt auf Pastellfarben um. Wir bei Sharp haben als Erste Pastellfarben für alles, was einen Stecker hat. Stellen Sie sich auf schockierend bunte Farbtöne dort ein, wo es nie zuvor welche gab – an Mikrowellenherden, Radioweckern, Stereo-Radiorekordern, Telefonen, Taschenrechnern, Staubsaugern und Fernsehern –, mit fließenden Farbverläufen von der intensiven Strahlkraft eines tropischen Sonnenuntergangs. Das ist Lifestyle in bunt. Hightech wird zu Hottech. Klare Pastelltöne. Nichts daran wirkt mehr unauffällig.« Der QT-50 mischte Art-déco-Stil mit Bonbonfarben – ein Look, der es bis in die Designsammlungen trendiger Museen schaffte.

Bild

2. Kapitel

Die erste Fotografie der Welt wird Joseph Niépce zugeschrieben. Aus dieser Idee entwickelte der bekannte französische Künstler und Dioramenmaler Louis Daguerre 1839 die Daguerreotypie. Sie wird als das erste kommerzielle fotografische Verfahren bezeichnet. Daguerre konstruierte nach Niépces Prinzipien eine Kamera und verwendete versilberte Kupferplatten, die sich durch Belichtung und Entwicklung mithilfe von Chemikalien in ein dauerhaftes Direktpositivbild verwandelten. Die französische Regierung erwarb die Rechte an der Erfindung gegen lebenslange Renten für Daguerre und Niépces Sohn und erklärte das Verfahren für gemeinfrei. Der anschließende Innovationsschub machte die Fotografie einfacher und wirtschaftlicher. Zu diesem Prozess trugen Kunst und Wissenschaft gleichermaßen bei. Ein Höhepunkt kam 50 Jahre später mit George Eastmans Rollfilm und seinen erschwinglichen und einfach zu bedienenden Kodak-Kameras. Eine ganz neue Industrie war entstanden, zunächst in Frankreich, Deutschland und den USA, wo ein Großteil der Forschungsarbeiten durchgeführt wurde, dann auch in Japan und der Sowjetunion. Sie beschäftigte Hunderttausende von Menschen, von Filmentwicklern bis zu Glasschleifern, die die Objektive herstellten.

Daguerres Arbeit hatte langfristige Auswirkungen kultureller und kommerzieller Natur. Die neue Methode für eine scheinbar genaue Wiedergabe der Welt regte zu einer grundlegenden Neubewertung von Sinn und Zweck der Kunst an. Mitglieder der Académie française bezeichneten die naturgetreue Qualität von Daguerres Bildern als Wunder. Der einflussreiche viktorianische Kritiker John Ruskin begrüßte die Fotografie zunächst als die »wahrheitsgetreueste« Darstellungsform, änderte aber später seine Meinung und vertrat die Ansicht, dass sie niemals zur »Kunst« werden könne. Künstler wie Thomas Struth und Candida Höfer, die mit dem Medium Fotografie arbeiten, widerlegten diese Haltung überzeugend. Ihre Werke hängen in Museen für zeitgenössische Kunst und erzielen auf Auktionen siebenstellige Summen.

Bereits lange vor Struth und Höfer hatten so unterschiedliche Fotografen wie Man Ray, Alexander Rodtschenko und Henri Cartier-Bresson die kulturellen Wirkungsmöglichkeiten der Kamera ausgelotet. Die Fotografie war ein künstlerisches Ausdrucksmittel, aber auch ein Medium, mit dem Fotojournalisten alles, von der Brutalität der modernen Kriegsführung bis hin zu den schwelgerischen Exzessen der Prominenz, vermitteln konnten. Einzelne Fotos dokumentierten auf außerordentliche Weise historische Wendepunkte. Das Foto vom Hissen der amerikanischen Flagge durch US-Marines auf Iwo Jima 1945, kurz vor Ende des Pazifikkriegs gegen Japan, brachte dem Associated-Press-Fotografen Joe Rosenthal den Pulitzer-Preis ein. Das erschütternde Bild, das Nick Ut von der kleinen Vietnamesin Phan Thị Kim Phúc machte, wie sie nach einem Napalmangriff im Jahr 1972 nackt und von Schmerzen gequält auf den Fotojournalisten zuläuft, ging ebenfalls um die Welt.

1

(1) Kodak-Filmbehälter aus Blech für 35-mm-Filme aus den 1950er-Jahren

(2) Louis Daguerre entwickelte seine eigene Kamera, um die Bildherstellung zu beschleunigen.

(3) Daguerres 1838 entstandene Aufnahme vom Boulevard du Temple in Paris gilt als die erste, auf der ein Mensch zu sehen ist (die verwischte Figur in der linken unteren Ecke).

2

1826 Joseph Nicéphore Niépce nimmt die erste Fotografie auf. Sie erhält später den Titel *Blick aus dem Arbeitszimmer von Le Gras*.

1878 Eadweard Muybridge gelingt erstmals das Festhalten der einzelnen Phasen eines Bewegungsablaufs.

1888 Die erste erfolgreiche Rollfilm-Handkamera, die Kodak, kommt auf den Markt.

1927 *The Jazz Singer*, der erste abendfüllende Film mit synchronisiertem Dialog, auch »talking picture« genannt, kommt in die Kinos.

3

(4) Wie viele Pioniere der Fotografie vor ihm wollte auch Edwin Land die Filmentwicklung vereinfachen. Er brachte 1948 seinen Polaroid-Sofortfilm und die dazugehörigen Kameras auf den Markt (siehe Seite 120).

4

1929 John Logie Baird stellt das erste kommerzielle Fernsehgerät, das Model B Televisor, her.

1935 Kodachrome wird eingeführt, der erste erfolgreiche Farbfilm für den Massenmarkt (siehe Seite 118).

1948 Die erste Sofortbildkamera, das Model 95 von Edwin Land (siehe Seite 129), ist in einem Kaufhaus in Boston innerhalb von Minuten ausverkauft.

1953 Die Fernsehsender NBC und CBS nehmen regelmäßige Farbfernsehübertragungen unter Verwendung des »kompatiblen Farbsystems« des National Television System Committee (NTSC) auf.

5

6

(5) Eadweard Muybridge revolutionierte die Fotografie durch die Erforschung der Bewegung von Tieren und Menschen. Wie hier zu sehen, hielt er die Bewegung in einer Abfolge von Standbildern fest, indem er mehrere Kameras mit Hochgeschwindigkeitsverschlüssen verwendete.

(6) Die Anfänge der Fotografie und später des bewegten Bilds standen im Zeichen der Profis. Es folgten Geräte für Amateure, wie diese Filmo-Schmalfilmkamera (siehe Seite 149).

1959 Die Nikon F (siehe Seite 138) kommt auf den Markt. Als eine der historisch bedeutendsten Kameras aller Zeiten definiert sie die moderne professionelle Fotografie neu.

1960 Der Sony TV8-301 (siehe Seite 168) ist der erste reine Transistorfernseher der Welt.

1963 Einführung des Diaprojektors Kodak Carousel-S mit einem runden Magazin für 80 Dias (siehe Seite 122).

1975 Sony lanciert Betamax, ein Videoformat, das sich nicht nur an Profis richtet (siehe Seite 194). Betamax-Rekorder wurden noch bis August 2002 verkauft.

(7) Zur Erzeugung von Fernsehbildern setzte man Kathodenstrahlröhren ein. Ihre Größe machte die Apparate zwangsläufig sperrig. Deshalb orientierte sich die Gestaltung der Geräte häufig am Aussehen von Möbelstücken. Nur in seltenen Fällen spendierte man ihnen ein bewusst auffälliges Design wie bei diesem Modell von Panasonic aus dem Jahr 1973 (siehe Seite 178).

Die Kamera bekam eine eigene Bedeutung als Objekt. Wenn sie auf Augenhöhe angehoben wurde und das Gesicht wie eine unbeabsichtigt errichtete Barriere halb verdeckte, isolierte sie die Fotografierenden von ihrem Motiv. An einem Gurt um den Hals getragen oder in Hüfthöhe baumelnd wurde die Kamera zum Teil des Körpers.

Der englische Fotograf Eadweard Muybridge leistete in den 1880er-Jahren Pionierarbeit bei der Verwendung von Mehrfachbelichtungen für bewegte Bilder. Ihm folgten die Gebrüder Lumière in Frankreich, die die Ausrüstung für kurze Dokumentarfilme im Freien entwickelten. Zur gleichen Zeit arbeitete Thomas Edison in den USA an Stummfilmen, die Zirkusnummern zeigten.
Die Fotografie veränderte den Blickwinkel der Menschen auf die Welt und die Berichterstattung. Mit dem Kino entstand die vielleicht wirkmächtigste neue Kulturform des 20. Jahrhunderts; es wurde zu einem dominierenden Faktor der Populärkultur. Das Hollywood-System fand auch in Indien Nachahmung.

In seiner Blütezeit war das Kino ein sozialer Raum – ein Gemeinschaftserlebnis in einem abgedunkelten, von Zigarettenrauch geschwängerten Kinosaal mit 1000 Plätzen. Für das Goldene Zeitalter des Films stehen auch die spektakulären Kinobauten der 1930er- und 1940er-Jahre mit ihrer Architektur, die von der maurischen Alhambra bis zur chinesischen Pagode reichte. Sie war ebenso eskapistisch wie die Filme, die die Massen von den Entbehrungen der Weltwirtschaftskrise ablenkte.

Dem Kino erwuchs eine Konkurrenz durch das Fernsehen, das seit den 1940er-Jahren bewegte Bilder aus Studios in die Wohnzimmer übertrug. Der kleine Bildschirm wirkte weniger eindringlich, aber im Kontext der heimischen Privatsphäre entfaltete das neue Medium eine große Wirkung. Erst das von Sony und Philips entwickelte Heimvideo untergrub das auf Werbeeinnahmen angewiesene TV-Geschäftsmodell und die Vorstellung vom fortlaufend fremdkuratierten Erlebnis.

Film und Video sprachen Profis und Amateure gleichermaßen an. Kodak stellte Filmmaterial für Hollywood, aber auch für Hobbyfilmer her. Das Format, die Ausrüstung, die Ergebnisse und die Einstiegsschwellen waren jedoch unterschiedlich, auch wenn sie auf denselben Grundtechniken beruhten. Bei Video war es in den 1970er-Jahren nicht anders. Die japanischen Unternehmen begannen meist mit der Herstellung großer und teurer Videokameras, die sich nur Rundfunkanstalten oder Filmstudios leisten konnten, und brachten später einfachere und billigere Versionen für den Hausgebrauch heraus. Diese Innovationen wurden anfangs oft als Demokratisierung von Technologie dargestellt, als Weg zum Bürgerjournalismus und zur kreativen Selbstverwirklichung außerhalb des kommerziellen Hollywood-Systems. Doch diese Verheißungen erfüllten sich meist nicht. Mit Ausnahme des aufblühenden Markts für Pornografie konnten es Heimkino und Video nie mit den Produktionen und Budgets der großen kommerziellen Studios aufnehmen.

Die analoge Fotografie und das Filmemachen leben als Handwerk für Spezialisten fort, ähnlich wie bei Buchdruckern und -bindern, deren Arbeit von der Wertschätzung jener lebt, die die Raffinesse und das Können einer vordigitalen Welt bewundern.

7

1976 JVC bringt das VHS-Videoformat auf den Markt. Die Verkaufszahlen von VHS-Recordern überflügeln die von Betamax-Rekordern, obwohl sie einen Vorsprung auf dem Markt hatten.

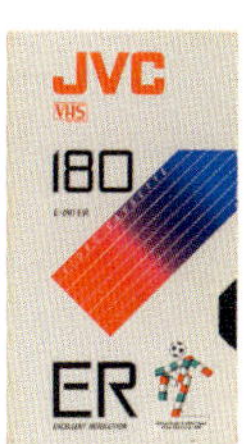

1985 Panasonic produziert den ersten VHS-Camcorder, den NV-M1. Er bedient die Nachfrage nach einem einfach zu bedienenden Videogerät mit eingebauter Kamera.

1986 Sony bringt den Profeel Pro heraus (siehe Seite 188): Der Bildschirm des neuartigen Fernsehers ist in einem offenen Würfel aus schwarzem Kunststoff untergebracht.

2012 Kodak ist mit 6,75 Milliarden Dollar überschuldet und meldet Konkurs an. Das Unternehmen erhält einen Notkredit von der Citibank.

Produktübersicht

Fotografie

Fotografieren ist ein komplexer Prozess. Zunächst wird die Kamera so eingestellt, dass sie den Lichtverhältnissen zum Zeitpunkt der Filmbelichtung Rechnung trägt. Der lichtempfindliche Film wird in einer Dunkelkammer in einem Entwicklungstank entwickelt. Das Bild auf dem Negativfilm wird mit einem Vergrößerungsgerät auf lichtempfindliches Papier projiziert und anschließend in einem chemischen Bad fixiert.

Kameras

Frühe Rollfilmkameras funktionierten entweder nach dem zweiäugigen oder dem Messsucherprinzip. Bei Kameras mit zwei Objektiven wurde der Film mit dem einen belichtet, während das andere bei der Bildkomposition unterstützte, wobei die Kamera in Hüfthöhe gehalten wurde. Messsucherkameras wurden auf Augenhöhe gehalten. Spiegelreflexkameras ermöglichen mithilfe eines Spiegels zwischen Objektiv und Bildebene einen Sucherblick durch das Objektiv. Beim Betätigen des Verschlusses klappt der Spiegel weg.

Amateur- und Schmalfilm

Schmalfilmkameras waren zunächst auf Profis zugeschnitten, wurden dann aber in vereinfachter und erschwinglicher Form für Amateure angeboten. Das Material war kostspielig, was die Hersteller dazu veranlasste, immer schmalere Formate anzubieten – von 35 mm schrittweise auf 8 mm reduziert, und zwar in Längen von 50 m, mit nicht mehr als vier Minuten Laufzeit. Um einen Film zu Hause zu betrachten, benötigte man einen Projektor und eine Leinwand. Analoge Videokameras, die an einen Fernsehbildschirm angeschlossen werden konnten, waren bequemer.

Fernsehen

Ab 1955 war das Fernsehen für fünf Jahrzehnte allgegenwärtig auf dem Planeten – an dieser Form der Unterhaltungselektronik kam man kaum vorbei. Während die in einem mehr oder weniger eleganten Gehäuse untergebrachte Kathodenstrahlröhre zunächst als Statussymbol galt, wurde sie bald zu einem universellen Objekt, das in fast jedem Haushalt zu finden war.

Video

Video war von der auf Magnetband basierenden Tonaufnahmetechnik abgeleitet. Seit den 1950er-Jahren erforschten viele amerikanische und japanische Unternehmen das Potenzial dieser Technologie. Es ging darum, die Aufnahmequalität zu verbessern und gleichzeitig Wege zu entwickeln, wie man die Bilder im Fernsehen ausstrahlen konnte. Es dauerte Jahrzehnte, bis ein geeignetes Format zur Verfügung stand, mit dem breite Verbraucherschichten ihre eigenen Inhalte erstellen oder vorbespielte Bänder betrachten konnten.

35-mm-Schwarz-Weiß-Film
Jahr: 1896
Design: William K. Dickson, Thomas Edison
Hersteller: Eastman Kodak, Rochester, USA
Abmessungen: 8,9 × 8,9 cm

George Eastman vereinfachte das Fotografieren von Einzelbildern, indem er die einzelnen Platten durch einen lichtempfindlichen Rollfilm für eine kontinuierliche Einzelbelichtung ersetzte. Dickson und Edison erkannten, dass sich damit auch bewegte Bilder erzeugen ließen. Durch die Perforation der Filmränder war es möglich, den Film in gleichmäßigem Tempo durch eine speziell entwickelte Kamera laufen zu lassen, um mehrere Standbilder nacheinander aufzunehmen. Die fortlaufende Projektion dieser Bilder erzeugte die Illusion von Bewegung.

Edison modifizierte Eastmans Standard-Filmmaterial, indem er jedem Bild vier Perforationslöcher hinzufügte, und arbeitete dann mit Dickson zusammen, um daraus Bilder für seine neue Erfindung, das Kinetoskop, zu machen. Das 35-mm-Format mit vier Transportlöchern pro Bild wurde zum weltweiten professionellen Kinostandard.

Farbdiafilm **Kodachrome**
Jahr: 1935
Design: Leopold Godowsky, Leopold Mannes
Hersteller: Eastman Kodak, Rochester, USA
Abmessungen: 5,1 × 5,1 cm

Kodachrome wurde 1935 zunächst als 16-mm-Kinofilm vermarktet; im gleichen Jahr kam auch der erste abendfüllende Hollywood-Farbfilm heraus. Erst danach brachte Kodak eine 35-mm-Variante auf den Markt, die für den Einsatz in Fotokameras bestimmt war. Dies beeinflusste tiefgreifend die Art und Weise, wie die Menschen mit Fotografien umgingen. Während herkömmliche Abzüge in Fotoalben oder als Einzelbilder aufbewahrt wurden, stellte Kodak nun Projektoren her, um Kodachrome-Dias zu betrachten.

Zunächst überließ Kodak es seinen Kunden, ihre Dias selbst zu rahmen. Allmählich ging man dazu über, die Dias zwischen dünne Glasscheiben zu legen, und führte später den allgegenwärtigen Papprahmen mit dem bekannten Logo und dem Datumsstempel ein.

"Life's a Joy"
£2645 for Happy Moments with a
Kodak
W. E.

Sofortbildfilm Type 40

Jahr: 1948

Design: Edwin Land

Hersteller: Polaroid Corporation, Cambridge, USA

Abmessungen: 8,3 × 10,8 cm (Abzüge)

Edwin Land begann 1943 mit der Arbeit an Sofortbildfilmen, nachdem ihn seine Tochter gefragt hatte, warum sie die Bilder, die er mit seiner Kamera aufnahm, nicht sofort ansehen könne. Zuerst musste die belichtete Filmrolle entwickelt werden, entweder nach dem Versand an ein Labor oder mühsam in einer Dunkelkammer zu Hause. Es dauerte fünf Jahre, bis Land einen Rollfilm, den sogenannten Type 40, entwickelt hatte, mit dem sich in weniger als einer Minute ein fertiger Abzug herstellen ließ. Land brachte ein fotografisches Trägerpapier auf ein chemisch beschichtetes Negativ auf. Sobald der Silberhalogenidfilm belichtet wurde, begannen die Chemikalien, das Bild auf dem Papier zu fixieren. Zunächst entstanden nur Sepia- und keine echten Schwarz-Weiß-Abzüge, deren Herstellung noch einige Jahre dauerte. Type-40-Film wurde in Schachteln mit sechs Rollen angeboten, die jeweils acht Abzüge ermöglichten.

Belichtungsmesser Ikophot Rapid

Jahr: 1956

Design: Zeiss Ikon

Hersteller: Zeiss Ikon, Stuttgart, BRD

Abmessungen: 7,62 × 6,35 × 1,9 cm

Zeiss Ikon versicherte seiner Kundschaft, dass dieser Belichtungsmesser leicht zu bedienen sei. Zwar entspreche der Ikophot Rapid neuesten wissenschaftlichen Erkenntnissen, bei der Benutzung müssten jedoch praktisch keine Berechnungen angestellt werden.

Belichtungsmesser verwenden eine Selenzelle, die bei Lichteinfall elektrischen Strom erzeugt und daher keine Batterie benötigt. Um Verschlusszeit und Blende zu berechnen, wird die Art des verwendeten Films auf dem Zifferblatt des Messgeräts eingestellt. Die Spannung aus der Selenzelle bewegt eine Markierungsnadel, um die für die jeweiligen Lichtverhältnisse erforderlichen Einstellungen anzuzeigen. Der Ikophot Rapid war in einem cremefarbenen Kunststoffgehäuse mit Etui untergebracht.

Belichtungsmesser Gossen Sixtino

Jahr: 1960

Design: Paul Gossen

Hersteller: Paul Gossen, Nürnberg, BRD

Abmessungen: 4,8 × 5,6 × 3 cm

Der Sixtino war klein, kompakt und wirkte moderner als die Produkte der Konkurrenz. Auch hier reagierte eine Selenzelle auf das Umgebungslicht und zeigte den Messwert mithilfe einer Markierungsnadel an. Jahrzehntelang stellte der Belichtungsmesser das Attribut anspruchsvollen Fotografierens dar, auch wenn viele Hersteller nach und nach in ihren Kameras Belichtungsmesser einbauten und das Produkt allmählich überflüssig machten.

Das 1919 gegründete Unternehmen Paul Gossen stellt noch heute Messgeräte her. Das Firmenmotto lautet noch immer »Tradition ist gut, Innovation ist besser«, aber die Technologie hat sich inzwischen vollkommen verändert.

Kassettenfilm Instamatic

Jahr: 1963

Design: Hubert Nerwin

Hersteller: Kodak, Rochester, USA

Abmessungen: 8,5 × 5,5 × 4,9 cm

Hubert Nerwin gehörte in den 1930er-Jahren zur führenden Gruppe von Wissenschaftlern, die Zeiss Ikon in Dresden leiteten. Nachdem er das Unternehmen nach dem Krieg im Westen wieder mit aufgebaut hatte, wurde Nerwin als einer von mehreren deutschen Experten von der amerikanischen Regierung im Rahmen der Operation Paperclip in die USA geschickt (das gleiche Programm, das Wernher von Braun vom V2-Raketenprogramm zur NASA brachte). Nerwin stieß 1955 zu Kodak und entwickelte seine Instamatic-Kassette, die ein – wie er erklärte – narrensicheres Bestücken der Kamera ermöglichte. Sie wurde zu einem der erfolgreichsten Produkte in der Geschichte des Unternehmens und ermöglichte es Kodak, seine Vorherrschaft in der Amateurfotografie für zwei weitere Jahrzehnte zu zementieren. Die Abfallberge, die durch Einweg-Plastikkassetten entstanden, waren damals noch kein Thema.

Diaprojektor Kodak Carousel-S
Jahr: 1963
Design: Hans Gugelot, Reinhold Häcker
Hersteller: Kodak AG, Stuttgart, BRD
Abmessungen: 15,2 × 28,6 × 27 cm

Der Aufschwung der Amateurfotografie, insbesondere nach der Entwicklung des Farbdias im 20. Jahrhundert ließ Projektoren zu einem immer beliebteren Mittel werden, um Fotos zu betrachten. Die ersten Modelle waren mit einem Träger ausgestattet, der für jeden Diawechsel herausgezogen und wieder hineingeschoben werden musste. Der italo-amerikanischer Erfinder Louis Misuraca bot Kodak das Patent für ein praktischeres kreisrundes Magazin an. Hans Gugelot integrierte die Neuerung in ein besonders wohlproportioniertes Gerät, das ganz dem funktionalistischen Stil entsprach, wie er an der Hochschule für Gestaltung Ulm gelehrt wurde.

Dieser Projektorbauart revolutionierte das Vortrags- und Vorlesungswesen, weil man nun ein vorsortiertes Diamagazin mitbringen konnte, vergleichbar einer PowerPoint-Präsentation auf einem USB-Stick von heute. Oft wurden mehrere Projektoren parallel eingesetzt, um durch provokante Gegenüberstellungen stärkere visuelle Argumente zu liefern.

Entwicklungstank Paterson System 4	
Jahr: 1968	
Design: Donald Paterson	
Hersteller: Paterson Products Ltd, London, Großbritannien	
Abmessungen: 14,1 × 14,1 × 16,5 cm	

Die große Mehrheit der Fotografierenden empfand das Einlegen von Roll- und Kleinbildfilmen in die Kamera als zu mühsam und entschied sich stattdessen für Instamatic-Kassetten. Dennoch stellten sich erstaunlich viele Menschen der weitaus schwierigeren Aufgabe, belichtete Filme in völliger Dunkelheit in einem Behälter zu entwickeln. Der gelernte Zahnarzt Donald Paterson, ein begeisterter Fotograf, ließ sich eine selbstladende Metallspirale patentieren, die in der Dunkelkammer das Abspulen eines belichteten Films erleichtern sollte. Sobald der Film in Position ist, kommt er in einen lichtdichten Entwicklungstank, der mit Chemikalien gefüllt wird, die die lichtempfindlichen Silberhalogenidkristalle fixieren. Paterson verfeinerte das Grundprodukt über viele Jahre hinweg, und sein Unternehmen verkaufte mehr als acht Millionen Entwicklungstanks.

Kamera Leica 1 Modell C
Jahr: 1930
Design: Oskar Barnack
Hersteller: Ernst Leitz, Wetzlar, Deutschland
Abmessungen: 6,6 × 13 × 6 cm

Ernst Leitz erbte das Ingenieurbüro seines Vaters, das sich auf optische Instrumente und Mikroskope spezialisiert hatte. Er wandte sich der Herstellung von Kameras zu, als Oskar Barnack, ein Mitarbeiter, der nicht nur ein begabter Fotograf, sondern auch ein Erfinder war, die Idee zu einer neuen leichten Kamera hatte. Sie verwendete den gleichen 35-mm-Film, den Kodak für bewegte Bilder entwickelt hatte. Damit waren 36 Aufnahmen möglich, ehe die Rolle gewechselt werden musste. Schon das erste Modell wies alle Merkmale auf, die die Kleinbildfotografie im analogen Zeitalter ausmachten. Der Film bewegte sich horizontal und nicht vertikal durch die Kamera. Mit dem Modell C wurde ein Wechselobjektiv eingeführt, das mehr Flexibilität beim Fotografieren zuließ.

Mit einer Leica schoss Robert Capa sein epochales Foto *Loyalistischer Soldat im Moment seines Todes*, das den Augenblickt festhielt, da ein republikanischer Milizionär im Spanischen Bürgerkrieg tödlich von einer Kugel getroffen wurde.

Kamera Baby Brownie	
Jahr: 1934	
Design: Walter Dorwin Teague	
Hersteller: Eastman Kodak, Rochester, USA	
Abmessungen: 7,1 × 7,1 × 8,4 cm	

Das Berufsbild des Industriedesigners verdanken wir Menschen wie Walter Dorwin Teague. Er studierte Malerei an der Art Students League in New York und arbeitete als Illustrator und Grafikdesigner. Er war vier Jahre lang für die bahnbrechende Werbeagentur Calkins & Holden tätig. Deren Mitbegründer Earnest Elmo Calkins hatte das Prinzip der geplanten Obsoleszenz formuliert. Er sah die Aufgabe von Design darin, Produkte begehrenswert zu machen, um anschließend etwas noch Begehrenswerteres zu schaffen, damit sich das konsumierende Publikum davon überzeugen ließ, unnötigerweise etwas Neues zu kaufen. Im Lauf seiner langen Karriere bei Eastman Kodak folgte Teague dieser Strategie, unter anderem, indem er den Produkten des Unternehmens attraktive Farben und Formen gab. Die Art-déco-Baby-Brownie mit ihrem Bakelit-Gehäuse war eine seiner erfolgreichsten Kameras, und ihre Form wurde zu einem Synonym für die Marke Kodak.

Kodak

Der junge Bankangestellte George Eastman kaufte 1877 ohne jede technische Erfahrung seine erste Kamera. Er brachte sich bei, wie man Bilder aufnimmt und entwickelt, zunächst mit dem Nassplattenverfahren, bei dem jede Glasplatte unmittelbar vor der Aufnahme mühsam mit einer Chemikalienmixtur präpariert wurde. Die Entwicklung musste sofort stattfinden, bevor die Beschichtung trocknete.

Eastmans erste Innovation bestand darin, eine Maschine zu bauen und zu patentieren, die vorgefertigte »trockene« Platten herstellte, was die Entwicklung der Negative vereinfachte. In den nächsten 20 Jahren vollbrachten Eastman und sein Unternehmen Kodak (benannt nach dem ersten eigenen Kameramodell) in der Fotografie das, was Steve Jobs und Apple ein Jahrhundert später für die Computertechnik leisteten. Die Fotografie verlor jene Komplexität, die Fachleute erforderte, sondern konnte von jedermann ausgeübt werden. Eastman entwickelte sowohl die Software – leichter handhabbare Zelluloid-Rollfilme anstelle von Glasplatten und später Farbfilme – als auch die Hardware, die Kameras, unablässig weiter.

Vor Eastman waren die Kameras klobig und benötigten eine tragbare Dunkelkammer. Es gelang ihm, eine Kamera so klein zu machen, dass sie unauffällig und intuitiv zu bedienen war. Die erste Kodak Brownie wurde im Jahr 1900 angeboten, kostete einen Dollar und war ein durchschlagender Erfolg: Im ersten Jahr konnten mehr als 150 000 Stück abgesetzt werden. Die Brownie blieb viele Jahre lang der Bestseller von Kodak. Der bedeutende amerikanische Industriedesigner Walter Dorwin Teague verwandelte die Pappschachtel in eine stromlinienförmige Art-déco-Ikone aus gegossenem Bakelit. Teague begann 1929 für Kodak zu arbeiten und entwarf eine ganze Reihe von Brownie-Kameras für das Unternehmen.

Eastman hatte ein Talent für Marketing und Technologie. Er erfand den Slogan: »Sie drücken den Knopf, wir machen den Rest.« Die Marke Kodak hatte Weltgeltung, produziert wurde auch in Großbritannien und Deutschland. Auf dem Höhepunkt beschäftigte das Unternehmen 78 000 Mitarbeiter. Den Großteil der Einnahmen generierten nicht die Kameras, auch wenn diese millionenfach produziert wurden, sondern der Verkauf des Filmmaterials. Nach dem Zelluloid-Rollfilm begann das Unternehmen mit der Herstellung eines 35-mm-Films, der zunächst für die Filmindustrie bestimmt war. Anschließend machte Kodak den Farbfilm allgemein verfügbar.

Nach Eastmans Tod im Jahr 1932 entwickelte sich das Unternehmen zur weltweit dominierenden Kraft auf den Gebieten Kamera, Film und Filmentwicklung. In den Nachkriegsjahren ließ die Instamatic-Kamera mit den Kassettenfilmen die Brownie weit hinter sich.

Kodak erkannte das Potenzial der Digitalfotografie sehr wohl, experimentierte seit den 1970er-Jahren mit der notwendigen Technologie und arbeitete mit Steve Jobs in der Anfangsphase der Entwicklung der Quick Take zusammen, der ersten Digitalkamera von Apple. Das Unternehmen fand jedoch keine Mittel und Wege, den Niedergang seines Geschäftsmodells zu stoppen. Kodak verschwand praktisch von der Spitze des Fotomarkts, um als viel kleineres, spezialisiertes Unternehmen wieder aufzutauchen.

1

(1) George Eastman (links) mit Thomas Edison bei der Demonstration der Verwendung des Kodachrome-Schmalfilms. Eastman brachte seine erste Kamera, die Kodak, 1888 auf den Markt.

(2) Das Design der Brownie-Kameras wechselte, wie bei der von Arthur Crapsey entworfenen Hawkeye (im Bild), aber der traditionsreiche Name blieb bis in die 1980er-Jahre erhalten.

(3) Die ursprüngliche Brownie-Kamera wurde 1900 von Frank Brownell im Hinblick auf einen möglichst niedrigen Verkaufspreis entworfen. Der verniedlichende Name sollte unterstreichen, dass die Kameras keine Respekt einflößenden technischen Geräte, sondern erschwinglich und einfach zu bedienen waren.

(4) Ab 1951 verwendete Kodak die Marke Brownie für sein Sortiment von Schmalfilmkameras. Fünf Jahre später folgte das verbesserte Modell 2 (im Bild).

BROWNIE Kodak HAWKEYE
CAMERA
BROWNIE Kodak HAWKEYE
CAMERA Flash MODEL

2

ROCHESTER, N.Y. U.S.A.
EASTMAN KODAK Co's
BROWNIE
CAMERA.

3

Kodak
Brownie
Brownie MOVIE CAMERA
Model 2
WITH FINE, EXTRA FAST f/2.3 LENS
No. 77

4

Miniaturkamera Minox Riga

Jahr: 1938

Design: Walter Zapp

Hersteller: VEF, Riga, Lettland

Abmessungen: 8 × 2,7 × 1,6 cm

Die Ursprungsidee von Walter Zapp bestand in der Entwicklung einer Kamera, die klein genug war, um sie als individuelles multifunktionales Werkzeug überallhin mitnehmen zu können. Nach Form und Details stellt die Minox Riga einen Präzedenzfall für das Smartphone dar, das 70 Jahre später unter einer vergleichbaren Prämisse entstand. Die winzige Minox erregte unweigerlich die Aufmerksamkeit der Geheimdienste weltweit, deren Agenten sie zum heimlichen Ablichten von Dokumenten nutzten. In den 1930er-Jahren galt eine 35-mm-Spiegelreflexkamera noch als Kleinbildkamera, also wurde die Minox als Subminiaturkamera mit einem nur 9,2 mm breiten Film entworfen. Zapp beauftragte eine Fabrik in Lettland mit der Produktion. Das Kamerachassis war ursprünglich aus Messing, umhüllt von einem Gehäuse aus rostfreiem Stahl. Beim Aufschieben des Gehäuses kam das Objektiv zum Vorschein, beim Schließen wurde der Film zum nächsten Bild transportiert.

1948 nahm Zapp die Minox-Produktion in der westdeutschen Stadt Wetzlar wieder auf. Diese Kameras ähnelten äußerlich den ursprünglichen Riga-Modellen, waren aber aus Aluminium gefertigt.

Sofortbildkamera Polaroid 95 Land

Jahr: 1948

Design: Edwin Land, Walter Dorwin Teague

Hersteller: Polaroid Corporation, Cambridge, USA

Abmessungen: 26 × 14 × 21 cm

Edwin Land erfand in den 1930er-Jahren einen Vielkristall-Polarisationsfilter aus Kunststoff, den sogenannten Polaroid-Filter, und gründete noch als Student sein erstes eigenes Unternehmen. Er nutzte seine Patente, um preiswert polarisierende Folien herzustellen, die für Sonnenbrillen und Mikroskope verwendet wurden. Im Jahr 1948 verwirklichte er schließlich sein langjähriges Ziel, einen selbstentwickelnden Fotofilm herzustellen. Dieser lieferte etwa eine Minute nach dem Drücken des Auslösers einen fertigen Abzug des Fotomotivs. Gemessen an den Stunden, die man normalerweise in der Dunkelkammer verbrachte, um Negative zu entwickeln und Papierabzüge herzustellen (ganz zu schweigen von der Woche, die das Einschicken eines belichteten Films an eine professionelle Entwicklungsanstalt und die Rücksendung dauerte), war die Bezeichnung als Sofortbildkamera absolut gerechtfertigt.

Während Land die Kamera erfand, stammte das Design von Walter Dorwin Teague, der nach einer Laufbahn in der Werbebranche für Eastman Kodak gearbeitet hatte, wo er ein Modell der Brownie-Kamera entwarf. Teague blieb für den Rest seines Lebens Angestellter bei Polaroid.

Kamera Asahiflex 1

Jahr: 1952

Design: Yoshida Nobuyuki, Ryohei Suzuki

Hersteller: Asahi Optical Co. Ltd, Tokio, Japan

Abmessungen: 14,7 × 7,3 × 4,8 cm

Der Optikspezialist Asahi produzierte zunächst Brillengläser und später Objektive für japanische Kamerahersteller. Im Jahr 1950 begann man damit, eigene Kameras zu entwickeln. Japans wirtschaftlicher Erfolg nach dem Zweiten Weltkrieg beruhte zu einem Großteil auf dem Kopieren westlicher Produkte, insbesondere von Kameras. Wie der Name schon andeutet, orientierte sich Asahi für seinen ersten Prototyp an der Praktiflex, einer in Deutschland hergestellten Kamera aus dem Jahr 1939. Mit der Asahiflex 1 kam das Prinzip der Spiegelreflexkamera zum ersten Mal in Japan zum Tragen. Sie verfügte über einen Sucher mit einem Spiegel, der einen Blick durch das Objektiv der in Hüfthöhe gehaltenen Kamera erlaubte, um die Bildkomposition zu überprüfen. Der Spiegel war mit dem Auslöser verbunden, sodass er aus dem Bild schwenkte, sobald der Verschluss ausgelöst wurde.

Kamera Zenit E, 35mm

Jahr: 1952

Design: Krasnogorski Mechanitscheski Sawod

Hersteller: Krasnogorski Mechanitscheski Sawod (KMZ), Krasnogorsk, Sowjetunion

Abmessungen: 13,7 × 9,2 × 5,3 cm (ohne Objektiv)

Die sowjetische Fotoindustrie nutzte deutsche Technologie und Produktionsanlagen, die sie in der Sowjetischen Besatzungszone, der späteren DDR, als Kriegsreparationen beschlagnahmt hatte. Die Zenit E war ein früher Einstieg in die Sparte der 35-mm-Spiegelreflexkameras. Sie nutzte den sowjetischen Zorki-Entfernungsmesser, der seinerseits Elemente von Leica-Kameras aus deutscher Produktion übernahm.

Kamera Nikon S2

Jahr: 1954

Design: Nippon Kogaku K.K.

Hersteller: Nippon Kogaku K.K., Tokio, Japan

Abmessungen: 13,6 × 7,9 × 4,4 cm

Nikon hat seine Wurzeln in Nippon Kogaku, einem Unternehmen für optische Geräte, das nach der Herstellung von Mikroskopen zur Produktion von Objektiven für Kameras im Auftrag von Canon überging. Der erste Prototyp einer eigenen Nikon-Kamera wurde 1946 entwickelt und kam schließlich zwei Jahre später in Japan auf den Markt. Die Nikon basierte auf der Contax-Kamera, einem Modell, das mehr als ein Jahrzehnt zuvor von Zeiss Ikon in Dresden hergestellt worden war. Sie wurde mit dem vom Zeiss-Konkurrenten Leica entwickelten Messsucher gekoppelt, um die Fokussierung des Objektivs zu verbessern.

Das Kameradesign entwickelte sich schnell weiter, und auf diese ursprüngliche Nikon folgten eine Reihe weiterer Modelle, die die Fortschritte der europäischen Hersteller aufgriffen. Das Gehäuse der S2 war aus einer Aluminiumlegierung gefertigt, und der Film wurde mit einem Hebel anstelle eines Drehrads vorwärts bewegt.

Kamera Hasselblad 500 C

Jahr: 1957

Design: Victor Hasselblad

Hersteller: Victor Hasselblad AB, Göteborg, Schweden

Abmessungen: 17 × 10,9 × 10,4 cm

Eine Hasselblad funktionierte nach dem Prinzip austauschbarer Komponenten, mit denen man die eigene Kamera nach eigenen Wünschen konfigurieren konnte. Manche bevorzugen das Halten der Kamera in Hüfthöhe und den Blick in den Sucher von oben. Andere blicken lieber durch einen Sucher in Augenhöhe, was durch die Platzierung des Verschlusses im Objektiv ermöglicht wurde. Sucher, Filme und Kameragehäuse konnten bei der Hasselblad rasch gewechselt werden, auch inmitten einer Fotosession. Die 500 C verfügte über keinerlei Elektronik und benötigte daher auch keine Batterien. Zur Bestimmung der Lichtverhältnisse war ein externer Belichtungsmesser erforderlich. Der Mittelformatfilm (5,7 × 5,7 cm) ermöglichte größere Negative und damit eine höhere Auflösung und schärfere Abzüge. Zwischen 1957 und 1970 wurden fast 80 000 Exemplare hergestellt, und der Astronaut Walter Schirra nahm 1962 eine 500 C auf seiner Reise mit mit dem Mercury-Raumschiff in die Erdumlaufbahn mit.

Kamera Rolleicord Va

Jahr: 1957

Design: Franke & Heidecke

Hersteller: Franke & Heidecke, Braunschweig, BRD

Abmessungen: 10 × 9,9 × 14,2 cm

Franke & Heidecke war ursprünglich ein Hersteller von optischen Präzisionsgeräten, eines von mehreren deutschen Unternehmen, die später zu bedeutenden Kameraherstellern aufstiegen. Bekanntheit erlangte Franke & Heidecke mit den zweiäugigen Spiegelreflexkameras, deren professionelle Versionen den Namen Rolleiflex trugen und die von Fotografen wie Helmut Newton, Diane Arbus und David Bailey benutzt wurden. Die Modelle für ein breiteres Publikum wurden als Rolleicord-Kameras vermarktet, funktionierten aber ähnlich.

Bei der zweiäugigen Kamera leitet ein Objektiv das Licht auf den Film, um ein Bild aufzunehmen. Das zweite Objektiv, das sich direkt über dem ersten befindet, ermöglicht die Bildkomposition. Im Gegensatz zu einer Spiegelreflexkamera mit einem Sucher auf Augenhöhe wird diese Art Spiegelreflexkamera meist an einem Trageriemen befestigt vor der Hüfte gehalten. Das Bild des zweiten Objektivs wird auf einen Sucher an der Oberseite der Kamera reflektiert.

Kamera Asahi Pentax
Jahr: 1957
Design: Asahi Optical Co. Ltd
Hersteller: Asahi Optical Co. Ltd, Tokio, Japan
Abmessungen: 14,5 × 9,2 × 5 cm

Die Pentax von Asahi war Japans erste Spiegelreflexkamera, die zwei Jahre vor den beiden größten Konkurrenten – Canon und Nikon – auf den Markt kam. Sie war so erfolgreich, dass sich das Unternehmen in Pentax umbenennen konnte. Das Problem bei der Verwendung eines Spiegelsystems in einer Kamera besteht darin, dass es das Bild im Sucher auf den Kopf stellt. Asahi Optical war nicht das erste Unternehmen, das ein Pentaprisma verwendete, um das Problem zu lösen; diese Innovation kam aus Deutschland. Sobald Asahi allerdings das fünfseitige Prisma für seine Kameras übernahm, hatte dies einen sichtbaren Einfluss auf die Gestaltung und die Funktionsweise von Spiegelreflexkameras. Die Pentax wurde zum Vorbild für andere Produzenten. Asahi brachte noch andere Innovationen hervor, wie z. B. einen Schnelltransporthebel für den Film und ein Mikroprisma zum Fokussieren des Objektivs.

Miniaturkamera Totschka 58-M

Jahr: 1958

Design: Allunions-Forschungsinstitut für optische Technik

Hersteller: Krasnogorski Mechanitscheski Sawod (KMZ), Krasnogorsk, Sowjetunion

Abmessungen: 8,3 × 2,8 × 2 cm

In der Sowjetunion bestand die Hauptaufgabe jeder Fabrik darin, Ausrüstung für die Streitkräfte zu liefern. Gleichzeitig entstanden Produkte, um die Nachfrage der Verbraucher im Inland zu decken und auf den Exportmärkten harte Devisen zu erwirtschaften.

Die Totschka 58-M war ein Beispiel für diese zweigleisige Produktion. Ihr Subminiaturformat basierte auf der Minox-Kamera und wurde ursprünglich für sowjetische KGB-Spione hergestellt. Anders als bei der Minox, bei der sich das Objektiv an der Vorderseite der Kamera befand, war das Objektiv der Totschka oben angebracht und benötigte einen internen Spiegel, um das Bild auf den Film im Inneren zu projizieren.

Kamera Instamatic 100

Jahr: 1963

Design: Frank Zagara

Hersteller: Eastman Kodak, Rochester, USA

Abmessungen: 10,8 × 6,2 × 5,4 cm

George Eastman wollte die Bedienung einer Kamera so einfach wie das Halten eines Bleistifts machen. Die Brownie-Kamera von 1900 stellte einen Durchbruch dar. Walter Dorwin Teague verwandelte die ursprünglich spartanische Brownie in eine Art-déco-Skulptur aus Bakelit. Die Instamatic 100 war ihr moderner Nachfahre: eine noch einfacher zu bedienende Kamera zum simplen Draufhalten und Knipsen, ohne allzu hohen Ansprüchen genügen zu müssen. Der Film wurde in Plastikkassetten geliefert, die man in nahezu jeder Lebenslage ins Gehäuse einsetzen konnte, ohne sich Sorgen machen zu müssen, dass das Tageslicht den Film ruinieren könnte. Diese simple Formel war extrem erfolgreich, und die Instamatic ging mehr als 50 Millionen Mal über die Ladentische.

Kamera Zenit Fotosnaiper FS-3
Jahr: 1965
Design: Wawilow-Institut für Optik (GOI)
Hersteller: Krasnogorski Mechanitscheski Sawod (KMZ), Krasnogorsk, Sowjetunion
Abmessungen: 14 × 23,5 × 56 cm

Der Zenit Fotosnaiper war die ausgesprochen exotische Spielart einer einfachen Spiegelreflexkamera, der Zenit E, deren Beliebtheit darauf beruhte, dass sie billig, einfach und strapazierfähig war. Beim Fotosnaiper FS-3 waren der Sucher und der Verschluss der Zenit E leicht modifiziert, dazu kamen ein verlängerter Pistolengriff sowie ein Tele- und ein Standardobjektiv und einige Filter. Das Ensemble war in einem stählernen Aktenkoffer untergebracht, der wie die Ausrüstung für einen Profikiller wirkte und nicht nur namensmäßig die Assoziation mit Scharfschützen suchte (das englische »Sniper« mutierte im slawischen Sprachraum zum »Snaiper«). Die Geschichte des Fotosnaiper beginnt im Zweiten Weltkrieg; er wurde vom Staatlichen Optischen Institut für militärische Überwachungszwecke entwickelt und nur in wenigen Hundert Exemplaren hergestellt. Die Serienversion FS-3 war für die sowjetischen Nachrichtendienste immer noch interessant. Ihr größter Vorteil bestand darin, mit einem schweren und großen Objektiv ohne Verwackeln fotografieren zu können.

AIPER 12

Kamera Nikon F Photomic
Jahr: 1967
Design: Masahiko Fuketa, Yusaku Kamekura
Hersteller: Nippon Kogaku K.K., Tokio, Japan
Abmessungen: 14,6 × 10,2 × 9,5 cm

Die F-Reihe von Nikon begann 1959 und wurde über viele Jahre hinweg kontinuierlich weiterentwickelt. Die Photomic mit einem Belichtungsmesser im Prisma war Teil einer breiten Palette von Objektiven und Zubehörteilen, darunter eines für die perspektivische Korrektur und ein elektrischer Winder, der vier Bilder pro Sekunde ermöglichte. Zwei Eigenschaften machten die Nikon F Photomic im Fotojournalismus beliebt: Sie war einfacher zu bedienen als eine Leica und hatte den Ruf, äußerst zuverlässig und robust zu sein. In der Endphase des Vietnamkriegs war sie allgegenwärtig und hatte denkwürdige Auftritte in Filmen, die an diese Ära erinnern, darunter *Apocalypse Now* und *Full Metal Jacket*. Einige standesbewusste Fotografen überklebten das Markenzeichen von Nikon. Bei längerem intensivem Gebrauch zeigte die schwarze Lackierung irgendwann Abnutzungserscheinungen, die Spuren der darunter liegenden Aluminium- und Messingteile erkennen ließen – ein Effekt, der den Kameras den gleichen Charme verlieh wie verwaschenen Jeans.

Sofortbildkamera Polaroid SX-70

Jahr: 1972

Design: Edwin Land, Henry Dreyfuss

Hersteller: Polaroid Corporation, Cambridge, USA

Abmessungen: 25,4 × 12,7 × 17,8 cm

Selbst nach einem halben Jahrhundert ist diese Sofortbildkamera von Edwin Land noch immer ein schönes und zeitgemäßes Objekt, das mit seinem farbigen Ledereinsatz und dem Gehäuse aus gebürstetem Stahl wie ein vornehmes Zigarrenetui wirkt. Die 1972 auf den Markt gebrachte SX-70 markierte den Höhepunkt von Lands Feldzug gegen die Dunkelkammern dieser Welt. Selten war die analoge Fotografie näher am heutigen digitalen Echtzeiterlebnis. Die SX-70 war wie Zauberei: Man drückte auf den Auslöser, hörte das Zischen der Filmkassette und sah, wie das Bild Gestalt annahm.

Auf dem Höhepunkt erzielte Polaroid in den 1980er-Jahren einen Umsatz von drei Milliarden Dollar und beschäftigte 21 000 Mitarbeiter. Kaum 20 Jahre später ging das Unternehmen in Konkurs, weil es sich dem digitalen Wandel verweigert hatte. Interessanterweise werden heute wieder Polaroid-Filme und -Kameras hergestellt, um die Sehnsucht nach Dingen zu stillen, die man anfassen und fühlen kann – als Gegenmittel zur glatten Flüchtigkeit der Pixel.

Kamera Asahi Spotmatic F

Jahr: 1973

Design: Asahi Optical Co. Ltd

Hersteller: Asahi Optical Co. Ltd, Tokio, Japan

Abmessungen: 14,3 × 9,3 × 4,9 cm

Auch wenn das moderne Kameradesign seine Wurzeln in Deutschland bei Leica und Zeiss Ikon hatte, kam es in den 1960er- und 1970er-Jahren am besten zum Ausdruck, als japanische Hersteller die Führungsrolle übernahmen. Sie brachten sowohl technische Innovationen als auch die traditionelle japanische Liebe zum Detail mit. Asahi begann 1964 mit der Herstellung von Kameras mit eingebautem Belichtungsmesser. Der Name Spotmatic geht auf die ursprüngliche Idee einer Belichtungshilfe mithilfe von Punktmessungen durch das Objektiv zurück. Bevor die Spotmatic auf den Markt kam, entschied sich Asahi jedoch für eine einfachere Methode der Belichtungsmessung, behielt aber den ursprünglichen Namen bei. Die Spotmatic-Kameras zeichneten sich durch die raffinierten Details bei den Bedienelementen aus.

Kompaktkamera Olympus XA

Jahr: 1979

Design: Yoshihisa Maitani

Hersteller: Olympus Corporation, Tokio, Japan

Abmessungen: 10,2 × 6,4 × 4 cm

Als eines der ersten japanischen Unternehmen, das sich auf die Herstellung von Kameras spezialisierte, bediente Olympus über viele Jahre hinweg alle Sparten des Marktes – vom Profi bis zum Schnappschuss-Amateur. Die XA markierte den Höhepunkt der langen Bemühungen des Chefdesigners Yoshihisa Maitani, eine Kleinbildkamera zu entwickeln, die in eine Hemdtasche passte, ohne Kompromisse bei der Qualität einzugehen.

Die XA war hübsch anzusehen und mit ihrem schützenden Schiebedeckel vor dem Objektiv so glatt wie ein mattschwarzes Ei. Ein piezoelektrischer Verschlussmechanismus ersetzte den mechanischen Auslöser. Die kompakte Größe der Kamera wurde durch Maitanis ausgeklügelte Neukonfiguration des Objektivs mit einer internen Scharfstellung ermöglicht, die den sperrigen Objektivtubus überflüssig machte.

Elektronische Standbildkamera

Sony Mavica

Jahr: 1981

Design: Sony

Hersteller: Sony, Tokio, Japan

Abmessungen: 13 × 8,9 × 5,3 cm

Sony stieg erst nach der Entwicklung von Heimvideogeräten in den Kameramarkt ein und stützte sich dabei auf sein Know-how, das auf der langjährigen Dominanz bei Magnetbändern beruhte. Die Mavica (der Name leitet sich von »Magnetic Video Camera« ab) war ein analoges Gerät, auch wenn sie keinen fotografischen Film verwendete. Stattdessen speicherte sie analoge Bildsignale, die von einem Sensor erfasst wurden, auf einer Diskette. Um die Bilder zu betrachten, war ein spezieller Adapter erforderlich, mit dem das Gerät an einen Fernseher angeschlossen werden konnte.

Die Mavica entstand in einer Zeit des raschen Technologiewandels, noch vor der Entwicklung tragbarer Digitalkameras Ende der 1980er-Jahre, aber zu einer Zeit, als die Presse verstärkt auf den Einsatz von digitalen Hilfsmitteln zu setzen begann. Sony sah in der Kamera eine Brücke zwischen den beiden Technologien, die es ermöglichte, fotografische Bilder problemlos für Druck und Rundfunk zu übertragen.

Sofortbildkamera Polaroid Sun 660
Jahr: 1981
Design: Polaroid Corporation
Hersteller: Polaroid Corporation, Cambridge, USA
Abmessungen: 18,8 × 17,8 × 17,8 cm

Die Sun 660 kombinierte ein von Polaroid patentiertes Autofokussystem, das mithilfe von Schallwellen die Entfernung zum Motiv maß und die Bildschärfe automatisch anpasste, mit dem neuen 600er-Hochgeschwindigkeitsfilm und einem eingebauten Blitz. Die ausklappbare Blitzvorrichtung verdeckte das Objektiv, wenn die Kamera nicht benutzt wurde.

Das Objektiv bestand aus einer festen und vier auf einer rotierenden Scheibe im Inneren montierten Linsen. Der Sonar-Autofokus in Form eines goldenen kreisförmigen Wabengitters auf der Vorderseite der Kamera bestimmte die Entfernung zum Objekt, auf das die Kamera gerichtet war, und wählte eine von fünf Optionen für den Fokus, die von 5 cm bis unendlich reichten. Unter den vielen innovativen Produkten von Polaroid war dies das ausgeklügeltste, das in kürzester Zeit außergewöhnlich gute Bilder lieferte.

Kamera **Kodak Disc 4000**
Jahr: 1982
Design: Eastman Kodak
Hersteller: Eastman Kodak, Rochester, USA
Abmessungen: 12 × 7,9 × 3,2 cm

Die Disc 4000 sollte die Zukunft von Kodak sichern. Nachdem sich das Unternehmen zwei Jahrzehnte lang auf den Dauerläufer Instamatic verlassen konnte, brauchte man in den 1980er-Jahren etwas Neuartiges, um attraktiv für die Kundschaft zu bleiben. Das Unternehmen entwickelte einen Miniaturfilm auf einer flachen Scheibe, der ganze 15 Belichtungen im Format 10 × 8-mm zuließ und nur in einer neuen, speziellen Kamera funktionierte.

Zu dieser Zeit hatte Kodak noch einen überragenden Ruf und wurde als Vorreiter gesehen, aber die Disc-Kameras erwiesen sich als Fehlschlag. Mit ihrem schlanken, rechteckigen Format in einem Gehäuse aus gebürstetem Aluminium sahen sie zwar elegant und modern aus, aber die winzigen Negative schlugen sich in qualitativ schlechten Abzügen nieder. Die Zeitschrift *Forbes* bezeichnete das neue Produkt als »Flop – eine Demütigung wie beim Edsel«, eine Anspielung auf den Versuch von Ford, zwischen 1957 und 1960 eine neue Mittelklasse-Automarke zu lancieren, der als Paradebeispiel für eine gescheiterte Produkteinführung gilt. Im Jahr 1999 stellte Kodak die Produktion des Films ein, nachdem die Kamera bereits Jahre zuvor aufgegeben worden war.

Kamera Canon T90	
Jahr: 1986	
Design: Luigi Colani, Kunihisa Ito	
Hersteller: Canon Inc., Tokio, Japan	
Abmessungen: 15,3 × 12,1 × 6,9 cm	

Luigi Colani arbeitete in verschiedenen deutschen Autostyling-Studios, bevor er sich dem Möbel- und Industriedesign zuwandte. Er war fasziniert von in der Natur vorkommenden, organischen Formen, die seiner Meinung nach günstig herzustellen waren und eine starke ästhetische Note verströmten. In den 1980er-Jahren wurde er von Kunihisa Ito für Canon angeworben und entwickelte eine Vielzahl von Konzeptstudien, die Formen aus der Natur auf das Kameradesign übertrugen. Colani schlug eine Unterwasserkamera vor, deren Form an ein Meerestier erinnerte. Canon bat ihn, die T90 zu gestalten, die als High-End-Kamera gedacht war und mit Colanis Signatur auf den Markt kam. Das Spritzgussverfahren für das Gehäuse ermöglichte fließendere Formen als bei damals üblichen Herstellungsmethoden. Ito setzte Colanis Ideen in eine Form um, die Canon zur Produktionsreife bringen konnte.

Elektronische Standbildkamera
Konica KC-400
Jahr: 1987
Hersteller: Konica, Tokio, Japan
Abmessungen: 18,6 × 11,3 × 10,5 cm

Die Idee für Standbild-Videokameras stammte ursprünglich von Sony, doch andere Unternehmen folgten, darunter auch Konica, ein alteingesessener japanischer Kamerahersteller. Die KC-400 richtete sich an professionelle Anwender wie Fotojournalisten, die es sich leisten konnten, 4000 Dollar (heute etwa 10 000 Euro) für ein komplettes System zu bezahlen. Dazu gehörten speziell angefertigte 5-cm-Disketten, auf denen die Bilder in Form von analogen Abtastzeilen gespeichert wurden. Mit ihrem langen Objektiv und dem kastenförmigen seitlichen Auswuchs hatte die KC-400 wenig mit der Form einer herkömmlichen Fotokamera gemein. Sie war ein Grenzgänger zwischen zwei völlig unterschiedlichen Technologien, weder Fotokamera noch vollwertige Videokamera. Mit ihrem mattschwarzen, unaufgeräumten Äußeren wirkte die KC-400 eher sperrig und technisch als verführerisch und verbraucherorientiert.

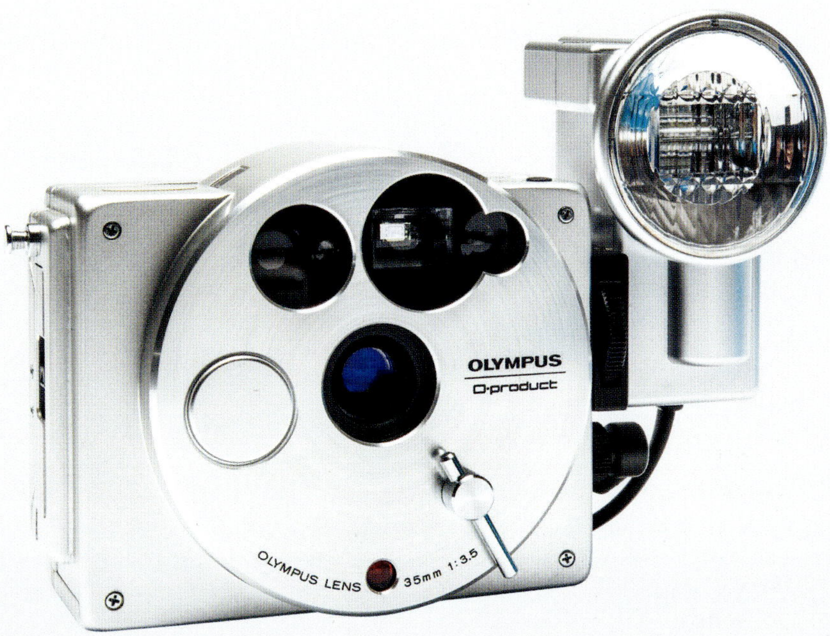

Kamera **Olympus O-Product**
Jahr: 1988
Design: Naoki Sakai
Hersteller: Olympus, Tokio, Japan
Abmessungen: 9,8 × 8,3 × 4,9 cm

»Limitierte Auflagen« kennt man aus der Kunstwelt, wo Lithografien, Holzschnitte, Kupferstiche oder Bronzegüsse traditionell in kleinen und kleinsten Auflagen verkauft werden, um eine hohe Qualität zu garantieren. Mit dem Konzept O-Product als limitierte Auflage kokettierte Olympus mit einem Gegenentwurf zur Massenproduktion, bei der es naturgemäß um die Demokratisierung von Produkten durch die Herstellung einer unbegrenzten Anzahl identischer Kopien geht. In diesem Fall war die Produktion auf 20 000 Exemplare begrenzt.

Olympus zog Naoki Sakai als externen Berater hinzu, um einem eher langweiligen Produkt eine auffällige neue Identität zu geben. Er packte die technischen Komponenten der Infinity Jr., eine einfache Kleinbildkamera, in ein Aluminiumgehäuse, das mit seiner puristischen Geometrie die Formensprache historischer Kameras zitiert und nostalgische Gefühle weckt.

Kamera **Canon Photura**

Jahr: 1990
Design: Canon Inc.
Hersteller: Canon Inc., Tokio, Japan
Abmessungen: 10 × 7,4 × 15,6 cm

Die letzten Tage der analogen Fotografie in den 1990er-Jahren gingen mit einer Welle von neuen Formen und Formaten einher – ein kreativer Wirbel barocker Ideen, während der Film seinem unvermeidlichen Aussterben entgegenging. Die Kyocera Samurai und die Canon Photura waren beide von der innovativen Form der Handycam von Sony aus dem Jahr 1989 beeinflusst, auch wenn keines der beiden Modelle bewegte Bilder aufnahm. Sie übernahmen lediglich die ergonomische Form der Sony-Kameras, die mit nur einer Hand bedient werden konnten.

Die Photura, die auf den europäischen Märkten von Canon als Epoca und in Japan als Autoboy Jet vermarktet wurde, fiel durch ihre besondere Form auf: röhrenförmig, aus Kunststoffspritzguss, mit einer seitlichen Befestigung für den Trageriemen – ein verspieltes Objekt mit einem druckknopfbetätigten Dreifachzoom, mit neuem Objektiv und cleverer Autofokus-Funktion.

Kamera Olympus Écru

Jahr: 1991

Design: Naoki Sakai, Shunji Yamanaka

Hersteller: Olympus, Tokio, Japan

Abmessungen: ca. 4 × 10,6 × 8,8 cm

Die Écru, die auf den Teilen der Olympus-Kompaktkamera µ-1 basierte, war Naoki Sakais zweites Projekt für Olympus. Sie zeigt deutliche Anklänge an die Art-déco-Bakelit-Ära der von Kodak in den 1940er-Jahren hergestellten Box Brownies (siehe Seite 125). Der cremefarbene Kunststoff, die fassadenartige Front, die nahezu rechteckige Form der Kamera und die verchromten Bedienelemente spielten auf Objekte aus der Vergangenheit an, ohne ein spezielles Modell nachzuahmen. Auf ungewöhnlich subtile und kreative Weise erfand Sakai eine Historie, die tatsächlich nie stattgefunden hatte. Er machte deutlich, wie Design uns manipulieren kann, indem es bei uns nostalgische Gefühle unter falschen Voraussetzungen weckt. Die Écru wurde in einer limitierten Auflage von 20 000 Stück hergestellt.

Kamera Kenox FX-4

Jahr: 1994

Design: Ferdinand Alexander Porsche

Hersteller: Samsung, Seoul, Südkorea

Abmessungen: 14,9 × 8,3 × 7,4 cm

Nachdem Japan in den 1970er-Jahren die europäischen Hersteller von Unterhaltungselektronik und Kameras überholt hatte, verlagerte es die Produktion in Fabriken in anderen Teilen Asiens, um die Kosten zu senken. Die größte Herausforderung kam aus Südkorea. Zunächst bot Samsung kostengünstige generische Produkte an, begann dann aber, innerhalb der Wertschöpfungskette aufzusteigen, indem es eine eigene Markenidentität aufbaute und Sony überholte. Die Kenox FX-4 demonstrierte diesen Prozess in Vollendung. Samsung, das 1938 als Handelsunternehmen gegründet worden war, hatte zuvor keine Erfahrung in der Herstellung von Kameras. Doch gerade als die Ära des analogen Films zu Ende ging, gründete Samsung seine eigene Marke Kenox und beauftragte das Porsche Design Studio damit, seinem Flaggschiff, der FX-4, ein unverwechselbares Aussehen zu geben.

Kamera Olympus IS 500

Jahr: 2002

Design: Olympus

Hersteller: Olympus, Tokio, Japan.
Hergestellt in China

Abmessungen: 12,5 × 8,7 × 12,4 cm

Olympus ist bekannt dafür, neue Formate in seine Produktpalette aufzunehmen. Die IS 500 sollte eine Kamera sein, die alles selbst erledigte – etwa die Einstellung von Fokus und Blende – und gleichzeitig Bilder lieferte, die ein gewisses Maß kreativer Entscheidungsfähigkeit voraussetzten, ähnlich wie bei ernst zu nehmenden Kameras. Gewissermaßen eine frühe Form künstlicher Intelligenz. Dieser Ehrgeiz spiegelte sich auch in der klobigen und aggressiv anmutenden Formgebung der Kamera wider.

Hier waren eindeutig ehrgeizigere Ziele im Spiel als nur das Anfertigen von Schnappschüssen, und dabei wurde kaum mehr vorausgesetzt, als einen Knopf zu drücken. Olympus baute eine ganze Reihe von Funktionen ein, die nachahmten, was geübte Fotografen mit einer herkömmlichen einäugigen Spiegelreflexkamera zu leisten vermochten.

Amateurfilmkamera

Bell & Howell Filmo 70A

Jahr: 1923

Design: Albert Howell, Donald Bell

Hersteller: Bell & Howell, Chicago, USA

Abmessungen: 2,3 × 17 × 27,9 cm

Der Erfinder Albert Howell und der ehemalige Filmvorführer Donald Bell gründeten vor dem Ersten Weltkrieg die Firma Bell & Howell, um Ausrüstung für die Filmindustrie herzustellen. Ihre Produkte trugen zur Verbreitung des 35-mm-Formats bei. 1917 entwarfen sie eine Kamera, die eine günstigere Alternative zum 35-mm-Film bot, indem sie diesen einfach in zwei Hälften teilten und als 17,5-mm-Film verwendeten. Als Kodak das Angebot machte, mit seinem neuen 16-mm-Format zu arbeiten, erkannten Bell und Howell die Vorteile einer Partnerschaft mit einem national tätigen Unternehmen und konstruierten ihr ursprüngliches Produkt um. Das Ergebnis war die Filmo-Schmalfilmkamerareihe, die auf den Amateurmarkt zielte.

Die 70A war die erste Kamera einer Serie, die bis in die 1950er-Jahre hinein produziert wurde. Sie hatte einen Federwerkantrieb und fasste 30 Meter Film, der bei 16 Bildern pro Sekunde etwa vier Minuten lief.

16-mm-Amateurfilm **Eastman Kodak**

Jahr: 1923

Design: Eastman Kodak

Hersteller: Eastman Kodak, Rochester, USA

Abmessungen: 7,6 cm Durchmesser

George Eastman versuchte, laufend neue Märkte für die Produkte aus seinen Fabriken zu erschließen. Die Herstellung von teurem 35-mm-Film für kommerzielle Kinostudios genügte ihm nicht. Das bewegte Bild sollte auch für Privatpersonen erschwinglich sein. Sie verfügten zwar weder über die Mittel noch über die Fähigkeiten, einen abendfüllenden Film zu drehen, hätten aber gerne ein schönes Andenken an die ersten Schritte ihrer Enkelkinder oder die Schulabschlussfeier ihrer Töchter gehabt. Diese Zielgruppe benötigte keine besonders scharfen Bilder und konnte sich nur begrenzte Mengen von Film leisten. Kodak produzierte 1923 für dieses Publikum seinen ersten 16-mm-Film. Die 35-mm-Filme, die für Hollywood hergestellt wurden, verwendeten eine hochentzündliche Nitratbasis, während Kodak für seine 16-mm-Filme Celluloseacetat verwendete, auch als »Sicherheitsfilm« bekannt.

8-mm-Schmalfilm **Cine Kodak Eight**

Jahr: 1932

Design: Eastman Kodak

Hersteller: Eastman Kodak, Rochester, USA

Abmessungen: 7,6 cm Durchmesser

War bereits der 16-mm-Schmalfilm eine erschwingliche Alternative zum professionellen 35-mm-Format, führte Kodak nun das kostengünstige 8-mm-Format ein. Bei vorhandenem 16-mm-Filmmaterial wurden zusätzliche Löcher an den Rändern eingestanzt. Der so entstandene Film wurde zweimal durch die Kamera geführt, wobei jedes Mal nur eine Hälfte belichtet wurde. Nach dem Entwickeln wurde der Film mittig durchgeschnitten und der zweite Teil an den ersten angeklebt. Mit 7,6 m Filmmaterial konnte ein 15,2 m langer Film oder eine vier Minuten lange Sequenz gedreht werden, wenn die Kamera auf eine Geschwindigkeit von 16 Bildern pro Sekunde eingestellt war.

16-mm-Amateurfilmkamera **Bolex H16**
Jahr: 1935
Design: Paillard-Bolex
Hersteller: Paillard-Bolex, Genf, Schweiz
Abmessungen: ca. 32 × 12 × 26 cm

Der Name des Erfinders und Kameraspezialisten Jacques Bogopolsky lebte in den ersten beiden Buchstaben der Marke Bolex weiter. Seine Patente hatte er allerdings bereits fünf Jahre vor der Premiere der Bolex H16 im Jahr 1935 an die Firma Paillard verkauft. Diese stellte eine breite Palette von Produkten her, darunter Hermes-Schreibmaschinen und Thorens-Plattenspieler.

Die H16 war die Erste in einer langen Reihe von Schmalfilmkameras, die die Kluft zwischen Profi- und Amateurbereich überbrückten. Das Grundformat und die Qualität der Objektive waren vergleichbar, während die einzelnen Modelle mit einer Auswahl an Objektiven und Bedienelementen angeboten wurden, um Filme mit unterschiedlichen Geschwindigkeiten einzusetzen. Im Lauf der Jahre wurde die H16 weiter verbessert, insbesondere was die Einstellung der Bildschärfe anging.

Schmalfilmkamera Pathé Duplex Lido
Jahr: 1954
Design: Roger Tallon
Hersteller: SCI Pathé, Paris, Frankreich
Abmessungen: 5,6 × 12,6 × 16 cm

Während die meisten Hersteller von Schmalfilmkameras für den Amateurbereich auf das 8-mm-Format setzten, stellte Pathé seit den 1920er-Jahren 9,5-mm-Film her. Im Gegensatz zum 8-mm-Film von Kodak, der an beiden Rändern perforiert wurde, gab es bei Pathé nur zwischen den einzelnen Bildern Transportlöcher, was eine viel größere Bildfläche und qualitativ bessere Ergebnisse ermöglichte.

Um den Absatz des Formats anzukurbeln, kam Pathé auf die Idee, den Film nicht vertikal, sondern horizontal durch die Kamera laufen zu lassen. Er war breit genug, um die Kamera zweimal zu durchlaufen, und nach der Entwicklung wurde der Film in zwei Hälften geteilt, was eine doppelt so lange Laufzeit ermöglichte. Das Produkt bot ein attraktives Preis-Leistungs-Verhältnis, und mit einem eleganten Gehäuse, das von dem aufstrebenden Designer Roger Tallon entworfen wurde, glaubte Pathé an einen sicheren Erfolg. Tatsächlich fiel das Gerät zu kompliziert aus, um erfolgreich zu sein, und die nachfolgenden Modelle der Lido wurden vereinfacht.

Schmalfilmkamera Nizo Heliomatic 8 S2R

Jahr: 1954

Design: Richard Fischer, Robert Oberheim, Dieter Rams

Hersteller: Niezoldi & Krämer, München, BRD

Abmessungen: ca. 60 × 125 × 165 cm

Das Traditionsunternehmen Niezoldi & Krämer gehörte zu den Pionieren der deutschen Filmkamerabranche. Es war bekannt für seine technischen Innovationen und dafür, dass alle Geräte in Handarbeit hergestellt wurden. Die in den 1950er-Jahren hergestellte Heliomatic 8 hatte ein Aluminiumgehäuse, einen Federwerkantrieb und einen Pistolengriff als Auslöser. An der Oberseite befand sich ein Griff, eine lederne Tragetasche gehörte zum Lieferumfang.

Schmalfilmkamera Mamiya 8mm Super GL

Jahr: 1958

Design: Mamiya

Hersteller: Mamiya Optical Co. Ltd, Tokio, Japan

Abmessungen: 19 × 12,7 × 6,3 cm

Mamiya hatte sich auf Fotokameras spezialisiert, stellte aber in den späten 1950er- und 1960er-Jahren auch eine Reihe von Filmkameras her. Die ersten Schmalfilmkameras nutzten Federwerke, um den Film, der in 15,2 m langen Rollen geliefert wurde, zu transportieren. Mit maximal vier Minuten Aufnahmekapazität ließen sich zwar keine Spielfilme produzieren, aber man konnte Familienereignisse nach Schnappschussart festhalten, etwa so, wie wir es heute mit dem Smartphone tun. Anders als heute brauchte man für diese Filme allerdings einen Projektor und in der Regel eine Leinwand zum Aufstellen. Die Mamiya verfügte bereits über einen batteriebetriebenen Elektromotor zum Antrieb des Laufwerks, einen eingebauten Belichtungsmesser und ein robustes Metallgehäuse.

Schmalfilmkamera Kodak Brownie
Jahr: 1960
Design: Eastman Kodak
Hersteller: Eastman Kodak, Rochester, USA
Abmessungen: 6,35 × 14 × 14 cm

Der traditionsreiche Name Brownie sagt es schon: Kodak wollte mit dieser Schmalfilmkamera die Herstellung bewegter Bilder so vereinfachen, wie es zuvor die Original-Brownie in der Fotografie ermöglicht hatte. Die Kamera mit einem Fixfokus-Objektiv und Federwerkantrieb wurde für ursprünglich nur 24,50 Dollar (das entspricht heute inflationsbereinigt etwa 250 Euro) angeboten. Maximal konnten 7,6 m Film – ausreichend für etwa zwei Minuten – belichtet werden. Das Gehäuse der Kamera bestand aus Polystyrol, mit einer Kunstharz-Frontplatte, die sowohl das Objektiv als auch den Verschlussmechanismus aufnahm. Die Belichtung wurde mit einem Rad am Objektiv eingestellt, das für alle, die mit den entsprechenden Blendenzahlen nicht vertraut waren, Symbole für die entsprechenden Lichtverhältnisse zeigte. Die Blendenzahlen zeigen die Öffnung der Objektivblende an, um sowohl die Lichtmenge, die auf den Film trifft, als auch die Schärfentiefe des Bildes bestimmen zu können.

Schmalfilmkamera Yashica U-matic
Jahr: 1961
Design: Yashica
Hersteller: K.K. Yashica, Nagano, Japan
Abmessungen: 25,4 × 6,3 × 16,7 cm

Das Unternehmen Yashica wurde 1949 als Zulieferer gegründet und stellte zunächst elektrische Uhren her, bevor es sich auf die Herstellung von Kameras verlegte. In den 1950er-Jahren stieg Yashica in die Fabrikation von Schmalfilmkameras ein und etablierte mit der U-matic eine moderne Produktreihe. Das Geschäft wuchs schnell und wurde 1983 von Kyocera, einem anderen japanischen Unternehmen, übernommen, das die Marke 2005 einstellte. Angeregt von der Wiederbelebung der Polaroid-Produktion durch das Impossible Project starteten die neuen Eigentümer von Yashica 2017 eine Crowdfunding-Kampagne, um die Marke wiederzubeleben und für die Vorzüge des analogen Films zu werben.

Schmalfilmkamera **Bell & Howell 414 PD**	
Jahr: 1961	
Design: Bell & Howell	
Hersteller: Bell & Howell, Chicago, USA	
Abmessungen: 14,5 × 7 × 17 cm	

Die Bell & Howell 414 PD-Schmalfilmkamera war für den gehobenen Amateurmarkt bestimmt und kostete 189 Dollar (das entspricht heute inflationsbereinigt etwa 1800 Euro). Sie wurde berühmt durch den 26-sekündigen Film, auf dem der Amateur Abraham Zapruder am 22. November 1963 in Dallas zufällig die Ermordung von Präsident John F. Kennedy festgehalten hatte. Die Sequenz gehörte viele Jahre lang zu den bedeutendsten bewegten Bildern der Weltgeschichte. Ihr Urheber verkaufte sie an die Zeitschrift *Life*, die sie mit einer Ausnahme Bild für Bild abdruckte. Diese Bilder wurden in der Folge zu einem zentralen Bestandteil der Ermittlungen zum Attentat, zu denen auch eine forensische Untersuchung des Designs und der Eigenschaften der Kamera gehörte, um die von ihr aufgenommenen Bilder besser auswerten zu können.

Schmalfilmkamera Minolta Zoom 8
Jahr: 1962
Design: Minolta Camera Co. Ltd
Hersteller: Minolta Camera Co. Ltd, Osaka, Japan
Abmessungen: 22,1 × 18,6 × 7 cm

Um Neukunden zu gewinnen, warben die Hersteller von Schmalfilmkameras mit deren Benutzerfreundlichkeit und Erschwinglichkeit. Die Werbekampagnen von Minolta zeigten glamouröse Umgebungen wie Skipisten. Sie unterstrichen die vielseitigen Einsatzgebiete, aber auch die technischen Möglichkeiten des Produkts und die Tatsache, dass es keiner Fachkenntnisse bedurfte: »Filmen Sie jetzt bei jedem verfügbaren Licht. Anvisieren und Auslösen, mehr nicht«, hieß es in der Reklame. Zugleich wurde den potenziellen Nutzerkreisen versichert, dass niemand Abstriche bei der Bildqualität machen müsse. Die einfache zweifarbige Kastenform der Minolta Zoom 8 bedeute nicht, dass sie nicht »genauso akkurat wie die Handbelichtungsmesser der Profis« funktioniere. Das Objektiv könne bis auf 1,5 m genau fokussieren. »Vergleichen Sie die Funktionen und dann den Preis«, forderte Minolta in seiner Werbung die Kundschaft auf.

Schmalfilmkamera Minolta Autopak-8 D4	
Jahr: 1970	
Design: Minolta Camera Co. Ltd	
Hersteller: Minolta Camera Co. Ltd, Osaka, Japan	
Abmessungen: 7 × 12,7 × 20 cm	

Minolta richtete sich mit seiner Autopak-8 D4 an eine anspruchsvollere Benutzergruppe. Die Werbung versprach »einen bedeutenden Schritt vorwärts in Richtung einer kreativen 8-mm-Revolution« und behauptete, dass die Autopak dank ihrer besonderen Merkmale und ihres Zubehörs wie dem elektromagnetischen Auslöser anstelle eines mechanischen Knopfs Qualität auf 16-mm-Niveau biete. Außerdem verfügte sie über ein sogenanntes »Intervallometer«, einen automatischen Wiederholungsmechanismus, der eine Einzelbildbelichtung in acht verschiedenen Zeitintervallen ermöglichte.

Minolta regte an, mit diesen Funktionen Naturstudien von blühenden Blumen oder dahinziehenden Wolken durchzuführen. Es gab sogar eine Fernbedienung, mit der Amateurkameraleute sich selbst ins Bild setzen konnten, und die Option, die Kamera mit einem Kassettenrekorder zu synchronisieren, um dem bewegten Bild Ton hinzuzufügen.

Schmalfilmkamera Braun Nizo 801

Jahr: 1975

Design: Richard Fischer, Robert Oberheim, Dieter Rams

Hersteller: Braun AG, Frankfurt, BRD

Abmessungen: 21 × 27 × 7 cm

Der deutsche Kamerahersteller Niezoldi & Krämer hatte aufgrund seines geringen Umsatzes mit finanziellen Schwierigkeiten zu kämpfen und wurde 1962 von Braun übernommen. Dieses Unternehmen hatte sich in den Jahren nach dem Zweiten Weltkrieg nicht nur einen Ruf als Hersteller solider Elektrogeräte erarbeitet, sondern stand inzwischen auch an der Spitze zeitgenössischen Industriedesigns.

Braun selbst wurde später zur Tochtergesellschaft eines amerikanischen Mischkonzerns, aber in den folgenden 18 Jahren brachte die Kombination aus gestalterischer Stringenz (Braun) und technischer Expertise (Nizo) eine Reihe von bemerkenswert raffinierten Geräten hervor. Die Nizo 801 mit dem ergonomisch gestalteten Handgriff war eines der eindrucksvollsten davon und gab der Marke Nizo ein neues Image, das den Eindruck robuster Technik aus früheren Zeiten (siehe Seite 153) endgültig hinter sich ließ.

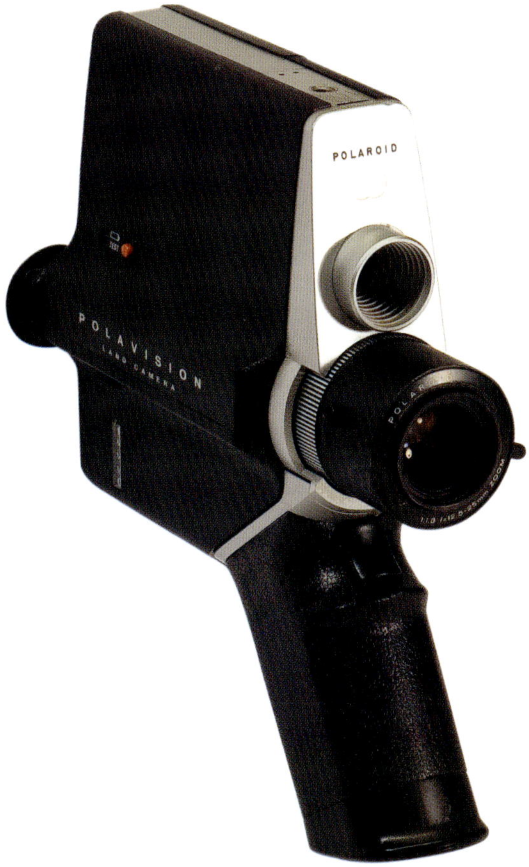

Schmalfilmkamera Polaroid Polavision

Jahr: 1977

Design: Edwin Land

Hersteller: Polaroid Corporation, Cambridge, USA

Abmessungen: Projektor: 28,5 × 29,2 × 42,7 cm; Kamera: 21,6 × 6,4 × 18,4 cm

Das Polavision-System war Edwin Lands letztes, sehr ehrgeiziges Projekt für Polaroid. Das Gerät bestand aus drei Komponenten: einer Kamera, einer Filmkassette und einem Projektor von der Größe eines tragbaren Fernsehers. Während 8-mm-Schmalfilme zur Entwicklung in ein Labor geschickt werden mussten, konnten Polavision-Filme in weniger als einer Minute angesehen werden, da die Entwicklung im Inneren des Projektors stattfand. Dieser verfügte über eine Öffnung zum Einlegen der Kassette, die auf den Bildschirm projiziert wurde und bis zu dreieinhalb Minuten bewegte Farbbilder bot – für damalige Verhältnisse ausreichend und zweifellos genial. Das Problem war, dass die Polavision keinen Ton aufzeichnen konnte und die Farbwiedergabe weit weniger beeindruckend ausfiel als beim Modell SX-70 (siehe Seite 139). Das System war ein desaströser und kostspieliger Misserfolg. Polaroid schrieb 68 Millionen Dollar ab, und Land verließ schließlich sein eigenes Unternehmen.

Der Durchbruch des Fernsehens

Die Technologie ist beim Fernsehen eine Sache. Sie so zu nutzen, dass etwas Sehenswertes dabei herauskommt, eine andere. Je mehr das Programmangebot wuchs, desto größer war der Anreiz, ein Gerät zu kaufen. Und je größer das erreichbare Publikum war, gemessen an der Zahl der Fernsehbildschirme, desto eher waren die Fernsehsender bereit, in die Inhalte zu investieren. Von Anfang an gab es zwei verschiedene Modelle für das Fernsehen – ein öffentlich-rechtliches, das Nachrichten und Kulturprogramme ausstrahlte, und ein kommerzielles, das die Inhalte durch den Verkauf von Werbezeiten im Programm finanzierte.

In den sieben Jahren zwischen der Aufnahme von Fernsehsendungen durch die BBC und deren Einstellung zu Beginn des Zweiten Weltkriegs 1939 wurden in Großbritannien gerade einmal 20000 Geräte verkauft. Im Jahr 1950 besaßen nur vier Prozent der britischen Haushalte einen Fernseher; 1957 waren es mehr als 50 Prozent. In den 1960er-Jahren verfügten drei von vier Haushalten über ein Gerät, und schließlich stand mindestens ein Fernseher in 95 Prozent der Haushalte. In den USA verlief das Wachstum sogar noch schneller. Dort stieg die Zahl von 6000 Geräten im Jahr 1946 auf zwölf Millionen 1951. Bis 1955 besaß die Hälfte aller US-Haushalte einen Fernseher.

Im Jahr 2012 hatte die BBC ihren Fünfjahresplan zur Abschaltung analoger Sendungen abgeschlossen, damit waren alle Geräte technologisch veraltet. Digitales Fernsehen bietet mehr Flexibilität; der Anteil des Publikums, der jede Woche lineare Fernsehsendungen nutzt, geht steil zurück und lag 2022 bei 79 Prozent.

Anfang der 1960er-Jahre gab es in Großbritannien nur zwei BBC-Kanäle und einen einzigen kommerziellen Konkurrenten, die jeweils nur eine begrenzte Zeit auf Sendung waren. Trotzdem veränderte das Fernsehen die Kultur. Die Geräte waren groß und teuer, eher Möbelstücke, die einen unübersehbaren Platz im Zentrum des Wohnzimmers einnahmen. Fernsehen war ein Gemeinschaftserlebnis für die ganze Familie, bevor kleinere, billigere Geräte in Schlaf- und Kinderzimmern Einzug hielten.

Noch dramatischer war der Einfluss des Fernsehens auf die Politik; es brachte Hunger und Krieg in die Wohnzimmer. Das wirkte mit der Zeit abstumpfend, aber in den USA lösten die Bilder aus Vietnam – dem ersten Krieg, der auch im Fernsehen geführt wurde – Massenproteste aus. Regierungen, die um ihre Wählerschaft besorgt waren, versuchten zunehmend, die politischen Inhalte mehr oder weniger taktvoll zu kontrollieren.

Weltweit hatte die wachsende Verfügbarkeit des Fernsehens enorme Auswirkungen auf die Kinobranche: Die Zahl der Kinobesucher ging fast sofort um ein Drittel zurück, was die Existenz der alten Kinopaläste mit 1000 Plätzen infrage stellte und die Produktion der Studios veränderte.

1

(1) Nur wenige Erfindungen basieren auf einer einzigen technischen Idee. Ohne die 1884 erfundene Nipkow-Scheibe wäre der schottische Ingenieur John Logie Baird nicht in der Lage gewesen, sein Modell C30, das er hier 1934 vorführt, zu entwickeln.

(2) Die politische Wirkung des Fernsehens wurde während des US-Präsidentschaftswahlkampfs 1960 deutlich. Mehr als 70 Millionen Menschen verfolgten die erste im Fernsehen übertragene Debatte zwischen John F. Kennedy und Richard Nixon.

(3) In den 1950er-Jahren gehörten Fernseher dank Kredit- und Ratenkauf in den meisten Haushalten bald zu den unverzichtbaren Haushaltsgeräten. Hersteller warben mit intelligenter Technik.

(4) Der französische Hersteller Grandin spielte darauf an, dass seine Fernsehgeräte in Bezug auf Präzision und Leistung in der gleichen Liga spielten wie ein Mirage-Kampfjet.

2

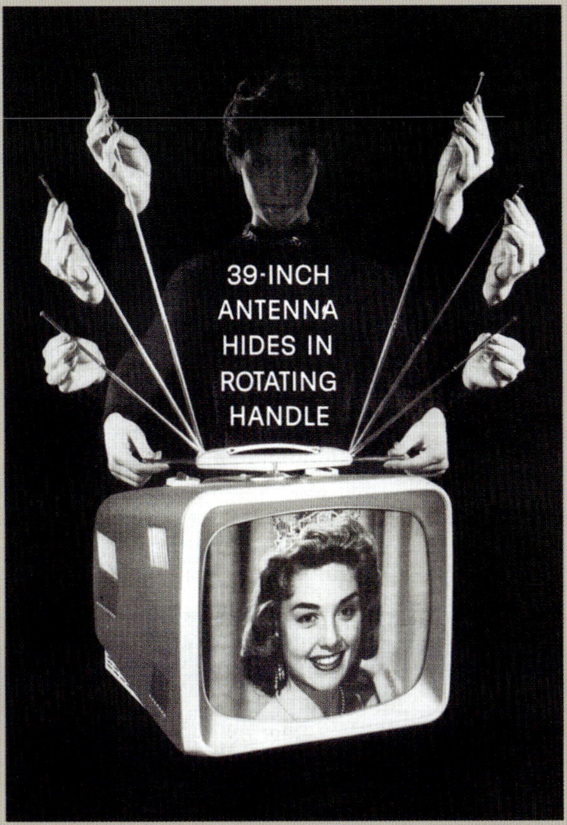
39-INCH
ANTENNA
HIDES IN
ROTATING
HANDLE

3

GRANDIN
TELEVISION
VÉRITÉ DE L´IMAGE

4

Fernsehgerät Bush TV22

Jahr: 1950

Design: Bush Radio Ltd

Hersteller: Bush Radio Ltd, Plymouth, Großbritannien

Abmessungen: 39 × 40 × 32 cm

Dass Empfänger wie der Bush TV22 das Fernsehen zum ersten Mal in viele britische Haushalte brachten, war vor allem der live übertragenen Krönung von Königin Elisabeth II. im Juni 1953 zu verdanken. Dieses Modell zeigte ein alles andere als scharfes Schwarz-Weiß-Bild auf einem aus heutiger Sicht winzigen Bildschirm mit 22,9 cm Diagonale. Zur Wahl standen 1950 zwei BBC-Sender. Als 1955 das kommerzielle Fernsehen in Großbritannien eingeführt wurde, stellte Bush einen UHF-Konverter her, mit dem die vorhandenen Geräte für den Empfang der neuen Stationen umgerüstet werden konnten. Der Bush TV22 wurde in einem Bakelitgehäuse in dunkler Walnussholzoptik geliefert, dessen geschwungene Form noch stark an den Art-déco-Stil erinnerte.

Konsolen-Fernsehgerät **Panoramic 111**	
Jahr: 1957	
Design: Philippe Charbonneaux	
Hersteller: Téléavia, Toulouse, Frankreich	
Abmessungen: 140 × 63 × 59 cm	

Sud Aviation baute nicht nur Frankreichs erstes ziviles Düsenflugzeug, die Caravelle, das Unternehmen versuchte, auch in der Unterhaltungselektronik Fuß zu fassen, und gründete Téléavia, ein Unternehmen, das später von Thomson übernommen wurde. Eines der ersten Produkte, der Panoramic, war ein frühes Beispiel für ein kommerziell produziertes Fernsehgerät mit hoher Bildschirmauflösung. Es verband fortschrittliche Technologie mit ästhetischem Radikalismus. Vereinzelt wird das Design dem Italiener Flaminio Bertoni zugeschrieben, der den größten Teil seiner Karriere in Frankreich verbrachte, wo er eng mit dem Autofabrikanten André Citroën zusammenarbeitete. Das Centre Pompidou, das ein Exemplar des Fernsehers in seiner Sammlung aufbewahrt, ist sich jedoch sicher, dass es sich um ein Werk von Philippe Charbonneaux, einem anderen Autodesigner, handelt.

Die beiden Teile des Geräts scheinen äußerlich und technisch kaum etwas gemein zu haben. Der schalenförmige zweifarbige Bildschirm ist drehbar über dem unteren Element, einem kantigen Nussbaummöbel, angeordnet, das den Empfänger, die Bedienelemente und den Lautsprecher enthält. Das Ganze steht auf vier schlanken Beinen, die mit Rollen ausgestattet sind.

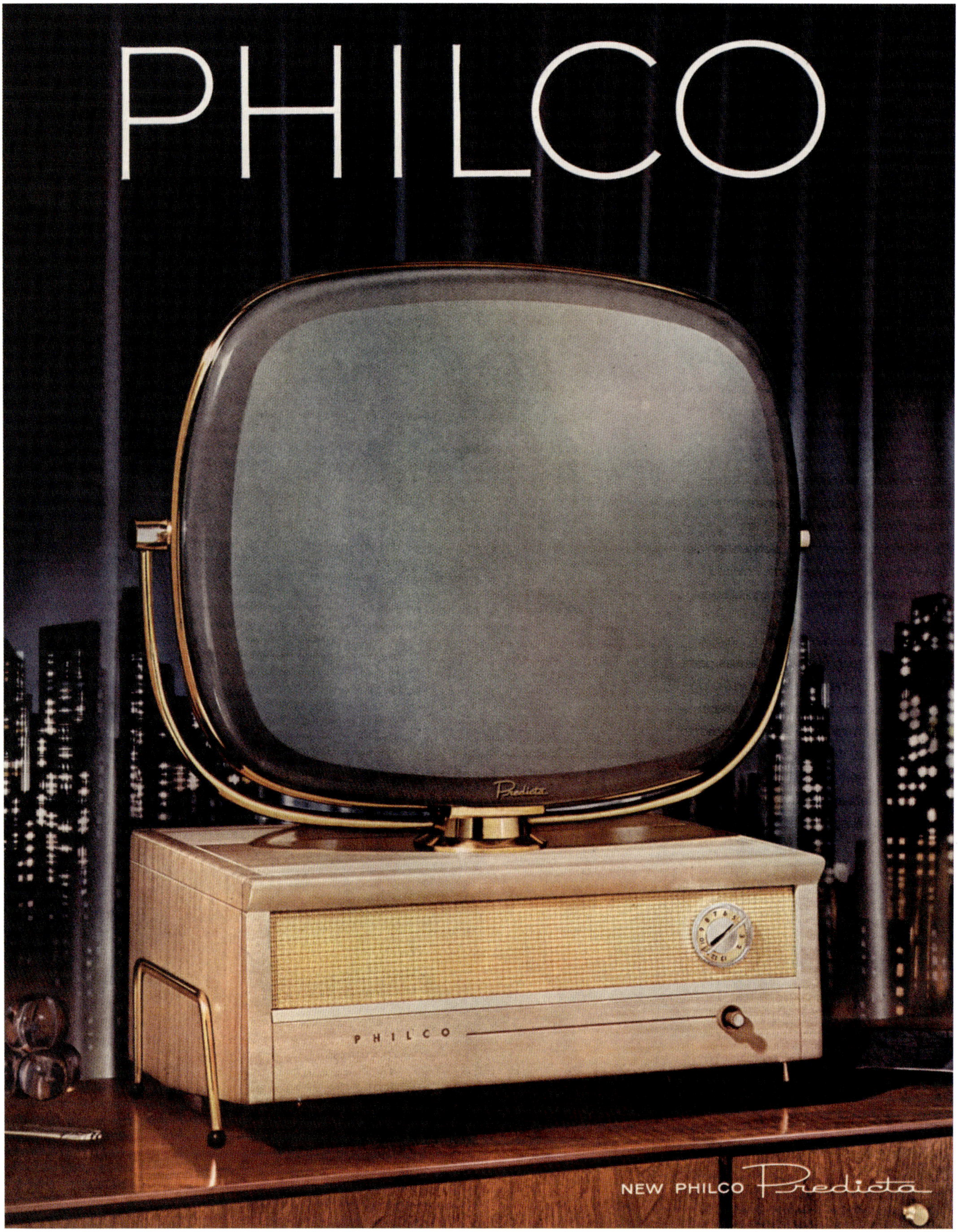
PHILCO
Predicta
PHILCO
NEW PHILCO Predicta

Fernsehgerät Philco Predicta Princess 3410

Jahr: 1959

Design: Herbert Gosweiler, Catherine Speyer Winkler, Severin L. Jonassen, Richard J. Whipple

Hersteller: Philco (Philadelphia Storage Battery Company), Philadelphia, USA

Abmessungen: 62,2 × 62,5 × 27,3 cm

Das Unternehmen Philco war schon früh mit seinen Schwarz-Weiß-Fernsehgeräten erfolgreich, wurde aber auf dem US-Markt von RCA überholt. Das Modell Predicta Princess mit seinem radikalen Design und dem Anspruch auf fortschrittliche Technologie nahm den Fehdehandschuh auf. Die Werbekampagne verkündete atemlos, die Princess käme aus der Welt von morgen. Ähnlich wie beim Panoramic 111 von Téléavia (siehe Seite 165) waren bei der Predicta Princess Bildschirm, Lautsprecher und Bedienelemente auf zwei getrennte Elemente verteilt. Catherine Speyer Winkler, eine der wenigen Frauen im Industriedesign, entwarf für den 3410 ein kühnes Äußeres, indem sie den Bildschirm in einem messingfarbenen Rahmen anordnete, der ein Kippen und Drehen ermöglichte. Es gab eine Reihe von Sockeln, von denen einige für die Aufstellung in einem Regal oder auf einem Tisch bestimmt waren, während andere auf den Boden gestellt werden konnten. Einige Untersätze waren aus Holz, andere aus lackiertem Metall oder farbenfrohem Kunststoff gefertigt.

Fernsehgerät Sony TV8-301
Jahr: 1960
Design: Shimada Satoshi
Hersteller: Sony, Tokio, Japan
Abmessungen: ca. 22 × 21 × 25 cm

Der erste tragbare Fernseher von Sony entstand Ende der 1950er-Jahre aus der Überzeugung des Mitbegründers Masaru Ibuka heraus, dass die Zukunft des Unternehmens trotz seines Erfolgs mit Tonbandgeräten und Transistorradios vom Einstieg in den Fernsehmarkt abhängen würde. Der TV8-301 wurde als »ein tatsächlich tragbares, voll transistorisiertes Gerät« angepriesen.
Die Wahrheit sah anders aus: Das Gerät wog schwere 6 kg, die Batterien brachten weitere 1,8 kg auf die Waage. Das längliche Gehäuse mit der Blende über dem Bildschirm war eine Neuerung bei Fernsehgeräten. Es orientierte sich an der Form der Kathodenstrahlröhre, die bei stationären Geräten normalerweise in einem großen, kastenförmigen Behälter verborgen blieb. Das Innenleben war tatsächlich größtenteils transistorisiert, aber ganz ohne Elektronenröhren kam es nicht aus. Die frühen Transistoren waren anfällig für Temperaturschwankungen, was den TV8-301 zu einem unzuverlässigen Produkt machte. Die Produktion lief nach nur zwei Jahren aus.

Tragbares Fernsehgerät **Doney**	
Jahr: 1962	
Design: Marco Zanuso, Richard Sapper	
Hersteller: Brionvega, Mailand, Italien	
Abmessungen: 29,8 × 34,9 × 29,8 cm	

Der Doney gehörte zu den ersten Fernsehern, bei denen die voll transistorisierte Elektronik ein viel kleineres Gehäuse als beim vergleichbaren Röhrengerät ermöglichte. Der Architekt Zanuso und der Industriedesigner Sapper reduzierten das Gehäuse auf ein Minimum und schnitten es genau auf die Abmessungen des Bildschirms mit 35,6 cm Diagonale an der Vorderseite zu, wo sie auf die bildrahmenähnliche Umrandung verzichteten, die viele zeitgenössische Fernsehgeräte kennzeichnete. Das glänzende Kunststoffgehäuse war leicht verjüngt und mit tiefen Schlitzen versehen, um die Wärme der Kathodenstrahlröhre abzuleiten. Das Gerät konnte auf einen Tisch oder in ein Regal gestellt werden, besaß aber auch verstellbare Füße aus verchromtem Stahl, um es auf den Boden zu stellen. In das Gehäuse war ein versenkbarer Tragegriff aus Metall eingelassen.

Tragbares Fernsehgerät **Sony TV5-303**	
Jahr: 1962	
Design: Sony	
Hersteller: Sony, Tokio, Japan	
Abmessungen: 14 × 20 × 19 cm	

Der TV5-303 zog die Lehren aus dem Misserfolg des Vorgängers TV8-301. Das Gerät wurde bis an den Rand der Zerstörung getestet, um zu sehen, wie es Vibrationen, Feuchtigkeit und Temperaturschwankungen standhielt. Es war kleiner, leichter und viel zuverlässiger. Der Entwicklungsprozess verlief außerordentlich aufwendig und beinhaltete die Herstellung einer neuartigen Kathodenstrahlröhre. Sie wurde streng geheim gehalten, damit die Konkurrenz keinen Wind von der neuen Strategie bekam. Als der TV5-303, der das Fernsehen revolutionierte, in Sonys New Yorker Niederlassung zum Verkauf angeboten wurde, konnte das Unternehmen die Nachfrage kaum bedienen.

Das neue Modell war bedeutend besser gestaltet als Sonys vorhergehender Versuch: ein rechteckiges Gehäuse mit einem Bedienfeld auf der rechten Seite des Bildschirms.

Fernsehgerät Portavia P111	
Jahr: 1963	
Design: Roger Tallon	
Hersteller: Téléavia, Toulouse, Frankreich	
Abmessungen: 39 × 52 × 30 cm	

Nur sechs Jahre nach dem skurrilen Fernsehgerät von Philippe Charbonneaux (siehe Seite 165) wirkt der Entwurf von Roger Tallon für Téléavia, der die gleiche Modellbezeichnung trägt, wie ein selbstbewusstes Stück Modernismus. Interessanterweise entschied sich der Hersteller für einen anderen Designer. Charbonneaux hatte in der Automobilindustrie gearbeitet, Tallon kam aus dem Transportwesen und war später für das Industriedesign der französischen Hochgeschwindigkeitszüge, der TGVs, verantwortlich.

Die Téléavia-Reklame schlug die Brücke zum Mutterkonzern. In einer Anzeige wurde der weiße Kunststoff-Fernseher von kleinen Silhouetten des Überschallflugzeugs Concorde begleitet, das sich damals noch in der Entwicklungsphase befand. Eine Anzeige in einer Zeitschrift zeigte eine elegante Frau im Chanel-Kostüm und mit weißen Handschuhen, die den Fernseher trug, ein Hinweis auf das geringe Gewicht des Geräts. Laut Tallon griffen beim P111 »zum ersten Mal Form, Funktion und Material absolut ineinander«.

l'élégance de ce prestigieux "portable" fera votre conquête

venez le voir chez l'un de nos 3.000 dépositaires (liste sur demande 48 Avenue Victor Hugo PARIS)

en voiture... en week-end... en caravane... d'une pièce à l'autre... en réunion ECRAN 41 cm - FILTRAVIA - 2 CHAINES

Fernsehgerät Braun FS 80-1

Jahr: 1964

Design: Dieter Rams

Hersteller: Braun AG, Frankfurt, BRD

Abmessungen: 66 × 106,5 × 59 cm
(inkl. Ständer)

Der FS 80 – die Initialen verweisen auf **F**ern**S**eher – war vielleicht das formal kühnste unter den von Braun produzierten Fernsehgeräten, eine Serie, die 1955 mit dem FS-G von Hans Gugelot begann. Dieter Rams war darauf bedacht, die Rückseite des FS 80 ebenso sorgfältig zu gestalten wie die Front. Das Gerät war als unaufdringliches, frei stehendes Objekt konzipiert, das drehbar auf einem Stahlrohr mit drei Füßen montiert war. Das Ganze erinnerte an den Lounge Chair von Charles und Ray Eames. Rams ließ den gewölbten Glasschirm der Kathodenstrahlröhre nur ein wenig aus der Vorderseite des kastenförmigen Gehäuses herausragen. Sowohl der Kasten als auch der Bildschirm haben abgerundete Ecken, wobei der Bildschirm eine weichere Kurve beschreibt. Die Rückseite ist mit zwei rechteckigen Gittern zur Wärmeableitung versehen und frei von jeglichem Kabelwirrwarr.

Tragbares Fernsehgerät Algol	
Jahr: 1964	
Design: Marco Zanuso, Richard Sapper	
Hersteller: Brionvega, Mailand, Italien	
Abmessungen: 27,5 × 26,1 × 35,8 cm	

Nach dem Doney (siehe Seite 169) war der Algol von Zanuso und Sapper ein verspielteres und auch anspruchsvolleres tragbares Fernsehgerät – allerdings noch immer mit Schwarz-Weiß-Bild. Der Doney steht parallel zum Boden, während beim Algol der Bildschirm eine Aufwärtsbiegung beschreibt. Zanuso meinte, er sei wie ein Haushund, der vom Boden aus zu seinem Besitzer aufschaut.

Wie viele der ursprünglichen Produkte von Brionvega wurde auch der Algol mit moderner Elektronik wiederbelebt und wird noch heute produziert. Äußerlich hat er die gleiche Form, im Inneren benötigt er aktuelle Technologie, um seinen Zweck noch erfüllen zu können.

Fernsehgerät Wegavision 2000

Jahr: 1964

Design: WEGA

Hersteller: WEGA (Württembergische Radio-Gesellschaft mbH), Stuttgart, BRD

Abmessungen: 64 × 60 × 42 cm

Der deutsche Radio-, Fernseh- und Plattenspielerproduzent WEGA versuchte sich mit dem Vision 2000 nach einer Reihe von konventionellen Geräten an einem modern aussehenden Fernseher. WEGA war zwar nicht der einzige Hersteller, der die Bedienelemente und den Lautsprecher vom Bildschirm getrennt anordnete, aber hier fiel das Ergebnis wohl am überzeugendsten aus. Für die rechteckige Konsole wurde Teakholz verwendet, mit einem weißen Kunststoffeinsatz für das Bedienfeld. Der Bildschirm war in einem Kunststoffgehäuse untergebracht, das schwenkbar auf einer Stange aus der Konsole herausragte. Das Gerät blieb nicht lange in Produktion, nahm aber den grundsätzlichen Aufbau von Desktop-Computern der 1980er-Jahre vorweg. Ein Prototyp des Wegavision 2000 aus dem Jahr 1962 befindet sich in der Neuen Sammlung – The Design Museum München und erregte die Aufmerksamkeit von Hartmut Esslinger, der später für Apple Computer designen sollte.

Fernsehgerät Radiola RA 2870
Jahr: 1968
Design: Radiola
Hersteller: Radiola, Dreux, Paris, Frankreich
Abmessungen: 37 × 38 × 37 cm

Radiola, nicht zu verwechseln mit dem gleichnamigen schwedischen Hersteller von Radios und Fernsehgeräten, war zum Zeitpunkt der Produktion des RA 2870 von Philips aus den Niederlanden übernommen worden. Das zweifarbige, kugelförmige Kunststoffgehäuse hob sich von der übrigen Produktpalette von Radiola ab, die zumeist aus konventionell aussehenden, rechteckigen Gehäusen mit Holzoberfläche bestand. Die Kugelform, die damals bei vielen Herstellern elektronischer Geräte en vogue war, verkörperte einen futuristischen Ansatz, der von den ersten Satelliten beeinflusst war, die den Wettlauf ins All zwischen UdSSR und USA ausgelöst hatten. Technisch unterschied sich der RA 2870 jedoch nicht von seinen Konkurrenten.

Fernsehgerät Sony KV-1310 Trinitron
Jahr: 1968
Design: Sony-Ingenieurteam, geleitet von Masaru Ibuka und Yoshida Susumu
Hersteller: Sony, Tokio, Japan
Abmessungen: 38,1 × 38,1 × 45 cm

Als Sony sein erstes Trinitron-Gerät auf den Markt brachte, sendeten japanische und amerikanische Fernsehsender bereits seit fast einem Jahrzehnt in Farbe. Das Problem bestand darin, erschwingliche und qualitativ hochwertige Empfangsgeräte herzustellen. Im Jahr 1960 gab es in ganz Japan nicht mehr als 1000 Farbfernsehgeräte, die in heutige Preise umgerechnet 15 000 Euro kosteten. Die frühe Farbfernsehtechnik basierte auf einer »Elektronenkanone«, die über drei Austrittslöcher die Farben ansteuerte. Sie war kompliziert in der Herstellung, schwer in Serie zu produzieren, alles andere als zuverlässig und lieferte keine scharfen Bilder oder leuchtenden Farben. Sonys Trinitron-System vereinfachte die Herstellung und lieferte ein besseres Bild. Der Preis sank um ein Drittel auf 1200 Dollar, und Sony verkaufte 280 Millionen Geräte mit dieser Technologie.

Fernsehgerät Brionvega ST 201 Black Cube
Jahr: 1969
Design: Marco Zanuso, Richard Sapper
Hersteller: Brionvega, Mailand, Italien
Abmessungen: 25 × 31,1 × 29,4 cm

Der Designer Marco Zanuso sagte über den ST 201, dass »anstelle eines Dialogs zwischen Betrachter und Objekt eine surreale Spannung entsteht. Ausgeschaltet wird der Gegenstand zum abstrakten Ding, das einen auf Distanz hält; im eingeschalteten Zustand löst er sich auf und wird nur durch ein Bild ersetzt.« Tatsächlich sollte der Acrylwürfel nicht nur den Bildschirm, sondern auch das Innenleben des Geräts verbergen. Ursprünglich wurde es mit einem ebenso elegant geformten Kunststoffgehäuse in einer kontrastierenden schneeweißen Farbe geliefert.

Miniaturfernsehgerät Panasonic TR-001
Jahr: 1970
Design: Panasonic
Hersteller: Matsushita Electric Industrial Co. Ltd, Osaka, Japan
Abmessungen: 11 × 19 × 6 cm

Natürlich bewarb Panasonic den TR-001 als kleinstes Fernsehgerät der Welt; es ging vor allem darum, einen möglichst kleinen Bildschirm zu bauen. Mit einer Diagonale von nur 3,8 cm benötigte man eine Vergrößerungslinse, um von den Fernsehbildern etwas zu sehen. Die Linse steckte in einem abnehmbaren, kastenförmigen Vorsatz. Der TR-001 bezog seinen Strom aus eingebauten Akkus.

1971 gewann das Gerät den Designpreis des deutschen Vereins Die gute Industrieform. Dabei ist er ein skurriles Gerät, bei dem die Bedienelemente auf der flachen Blechplatte an der Seite und der Bildschirm vorne platziert sind. Irgendwie wird man nie den Eindruck los, dass das Gerät immer in die falsche Richtung schaut.

Tragbares Fernsehgerät Rigonda VL 100M

Jahr: 1972

Design: Meson-Werke

Hersteller: Meson-Werke, Leningrad, Sowjetunion

Abmessungen: 53,3 × 38,1 × 58,4 cm

Die Bezeichnung VL, angeblich eine Hommage an Wladimir Lenin, spiegelt wider, wie sehr sich das Produktdesign in der Sowjetunion von dem der zeitgenössischen kapitalistischen Welt unterschied. Unterhaltungselektronik wurde in der Sowjetunion entweder für den Export hergestellt, um dringend benötigte Devisen zu erwirtschaften, oder meist an verdiente Arbeitskräfte und Mitglieder der Kommunistischen Partei abgegeben. Was übrig blieb, wurde über monatelange Wartelisten in Kaufhäusern verkauft, die meist durch leere Auslagen glänzten. Auf beiden Märkten blieb wenig Spielraum für Produktgestaltung. Sowjetische Produkte wurden im Westen verkauft, weil sie mit Abstand am billigsten waren. In der Heimat musste man nehmen, was man bekam.

Die tragbaren Fernseher von Rigonda legen kein besonders verlockendes Erscheinungsbild an den Tag. Dennoch besitzen sie einen gewissen naiven Charme.

Fernsehgerät Panasonic TR-005 Orbitel
Jahr: 1973
Design: Panasonic
Hersteller: Matsushita Electric Industrial Co. Ltd, Osaka, Japan
Abmessungen: 30,5 × 25,4 × 25,4 cm

Dieses Gerät war eindeutig von Stanley Kubricks Film *2001: Odyssee im Weltraum* inspiriert. In der Werbung wurde behauptet, dass es sich um einen Besucher aus einer außerirdischen Zivilisation handelte: »Achtung, Erdbewohner. Ich werde Orbitel genannt. Meine Nummer ist TR-005. Ich komme direkt aus dem Weltraumzeitalter und meine Technologie beweist es. Mein fortschrittlicher Electro Tuner bewegt Sie von VHF nach UHF, ohne dass Sie einen Regler anfassen müssen. Das Bild meines Schwarz-Weiß-Bildschirms mit einer Diagonale von 12,7 cm ist so detailliert, dass es Ihnen den Kopf verdreht. Aber das muss gar nicht sein, denn ich bin auf meinem schönen Stativfuß um 180 Grad drehbar.«

Fernsehgerät BeoVision 3500
Jahr: 1974
Design: David Lewis, Henning Moldenhawer
Hersteller: Bang & Olufsen, Struer, Dänemark
Abmessungen: 61 × 41 × 42 cm

David Lewis löste Jacob Jensen als Chefdesigner bei Bang & Olufsen ab. Er teilte die Vorliebe seines Vorgängers für Einfachheit und reine Linienführung, fügte aber seine eigene, unverwechselbare Designnote hinzu. Dank dieser Kontinuität und des Rufs, technische Innovation mit hoher Qualität zu verbinden, konnte Bang & Olufsen seine eigenständige Identität bewahren, lange nachdem die meisten europäischen Konkurrenten wie Braun, WEGA und Brionvega die ihre verloren hatten.

Der BeoVision 3500 mit seinem schlanken weißen Kunststoffgehäuse, dem sorgfältig gestalteten Bedienfeld und dem kreisrunden Standfuß aus gebürstetem Stahl war ein Novum für das Unternehmen und markierte eine Abkehr vom traditionellen Werkstoff Holz. Das Gerät sollte als Solitär betrachtet werden, dessen Vorder-, Rück- und Seitenflächen sich behutsam in den jeweiligen Kontext einfügen.

Fernsehgerät Euromatic 405
Jahr: 1976
Design: Kauno Radijo Gamykla
Hersteller: Kauno Radijo Gamykla, Vilnius, Litauen, Sowjetunion
Abmessungen: 24,5 × 16,5 × 25,5 cm

Nach der Eingliederung Litauens in die Sowjetunion während des Zweiten Weltkriegs entstand die Kauno Radijo Gamykla, kurz KRG, als staatliches Werk. Es stellte Unterhaltungselektronik für die Sowjetunion und ihre Satellitenstaaten her. Zunächst wurden Radios ohne Kurzwellenfrequenzen produziert, da diese den Empfang westlicher Sendungen ermöglicht hätten. Die Produktpalette wurde um Tonbandgeräte und ab 1973 auch um Schwarz-Weiß-Fernsehgeräte erweitert. Diese waren auf dem heimischen Markt Luxusgüter, die unter den Namen Silelis oder Elektronika liefen. In Westeuropa wurden sie unter der Marke Euromatic billig verkauft, um Devisen zu beschaffen.

Fernsehgerät Panasonic TR-535
Jahr: 1976
Design: Panasonic
Maunfacturer: Matsushita Electric Industrial Co. Ltd, Osaka, Japan
Abmessungen: 32,4 × 12,7 × 25,4 cm

Der TR-535 gehörte zu einer Reihe von batteriebetriebenen tragbaren Fernsehgeräten. Im Gegensatz zum kleinsten Gerät, dem TR-515, das einen winzigen Bildschirm an der Vorderseite des Gehäuses hatte, verfügte der TR-535 über einen etwas größeren Bildschirm, der oben aus dem Gehäuse ausklappte und so einen besseren Blickwinkel bot. Um das Gerät am Griff zu tragen, konnte er wieder hineingedrückt werden.

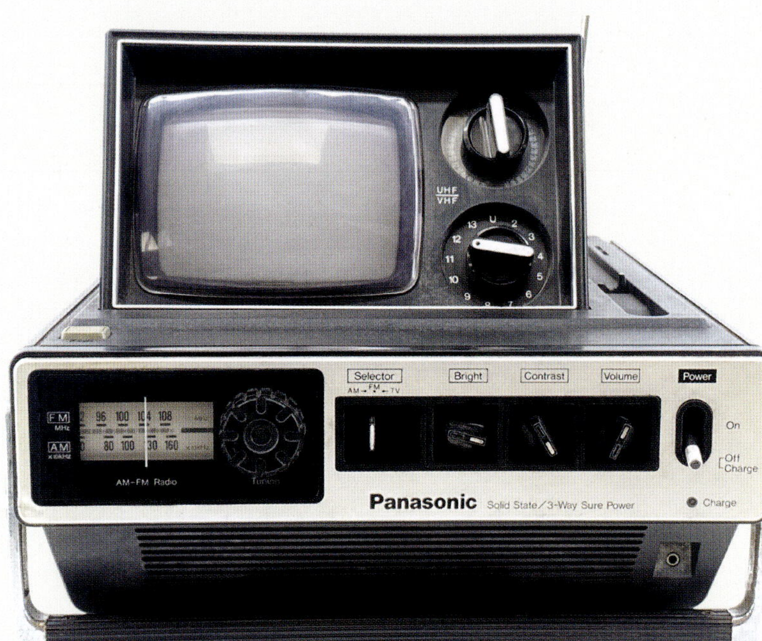

Tragbares Fernsehgerät **Sony KV-1375**

Jahr: 1977

Design: Sony

Hersteller: Sony, Tokio, Japan

Abmessungen: 33,7 × 43,7 × 36,6 cm

Der Erfolg von Sony mit dem Trinitron baute auf technischen Vorzügen und Erschwinglichkeit auf. Ende der 1970er-Jahre schien der Markt für Farbfernsehgeräte in Japan und Amerika allerdings gesättigt zu sein. Der KV-1375, bekannt als Citation, sollte neue Kundenkreise erschließen. Der Name war beim neuen Geschäftsreiseflugzeug Cessna Citation entlehnt und sollte für Modernität, Glamour und Effizienz stehen.

Das Gerät wurde als »persönliches« Fernsehgerät vermarktet – eine überdeutliche Einladung an die Kunden, mehr als ein Gerät für ihr Heim zu kaufen. Der KV-1375 war sowohl für die Küche als auch für das Schlafzimmer oder das Studentenwohnheim und das Wohnzimmer gedacht. Der Griff des Geräts diente zugleich als Antenne, aber die angebliche Gewichtsersparnis war bei fünf Kilogramm Gewicht kaum spürbar.

Fernsehgerät **WEGA 3050**

Jahr: 1978

Design: Hartmut Esslinger

Hersteller: WEGA (Württembergische Radio-Gesellschaft mbH), Stuttgart, BRD

Abmessungen: ca. 64 × 67 × 48 cm

Als Hartmut Esslinger bei WEGA anfing, war das Unternehmen noch ein familiengeführtes Elektronikunternehmen mit Sitz in Stuttgart, wo er studiert hatte. WEGA befand sich inmitten eines Generationswechsels und suchte nach einer neuen Designsprache für seine Produkte. Esslinger, der bald darauf das Designbüro Frog gründete, war gerne bereit, diese Aufgabe zu übernehmen. Die Zusammenarbeit führte zu einigen bemerkenswerten Entwürfen, doch WEGA konnte seine Unabhängigkeit nicht bewahren. Im Jahr 1975 wurde das Unternehmen von Sony übernommen. Esslingers Engagement für die Marke WEGA überdauerte den Besitzerwechsel, und das Fernsehgerät 3050 stammt aus dieser Zeit.

Taschenfernsehgerät
Sinclair Microvision TV1A
Jahr: 1978
Design: John Pemberton
Hersteller: Sinclair Radionics Ltd, Cambridge, Großbritannien
Abmessungen: 17 × 10,4 × 4,4 cm

Clive Sinclairs Vorstellungen davon, wie man Technologie miniaturisieren und noch preiswerter machen könnte, wurden von dem Industriedesigner John Pemberton in visueller Hinsicht überzeugend umgesetzt. Das Modell Microvision war ein Beleg dafür. Die Herstellungslizenz für Sinclairs ersten Miniaturfernseher wurde später an Binatone verkauft. Dort ersetzte man das elegante Metallgehäuse, das Pemberton für das Original entworfen hatte, durch ein billig wirkendes Plastikgehäuse. Eine spätere Sinclair-Version verbrauchte weniger Strom, verfügte aber noch immer über jene elektronischen Bauelemente, mit denen das Gerät überall auf der Welt benutzt werden konnte.

Handfernsehgerät Sony Watchman FD-210
Jahr: 1982
Design: Sony
Hersteller: Sony, Tokio, Japan
Abmessungen: 8,7 × 19,8 × 3,3 cm

Die Marke Watchman sollte für das individuelle Fernsehen das bewirken, was der Walkman für den Musikkonsum geleistet hatte. Das erste Modell hatte einen 5 cm großen Schwarz-Weiß-Bildschirm und wog etwa 650 Gramm. Eine Flüssigkristallanzeige (LCD) hätte flache und hochwertige Miniaturbildschirme ermöglicht, aber Sony arbeitete weiter mit platzraubenden Kathodenstrahlröhren. Immerhin gelang es den Ingenieuren, deren Volumen zu verkleinern, indem sie die »Elektronenkanone« und die Röhre im Watchman parallel anordneten.

Sony produzierte eine Reihe von Watchman-Modellen in verschiedenen Ausführungen und mit unterschiedlichen Funktionen. Sie wechselten von Schwarz-Weiß- zu Farbbildschirmen, boten wasserfeste Sportmodelle an und legten an Größe zu.

Armbandfernsehgerät Seiko LCD
Jahr: 1982
Design: Seiko Epson Corporation
Hersteller: Seiko Epson Corporation, Suwa, Nagano, Japan
Abmessungen: 3,2 × 3,2 cm (Bildschirm)

Für Seiko war die Idee eines Armbandfernsehers sowohl ein Marketingvehikel als auch ein praktisches Konsumprodukt. Es kam ein Jahr nach seiner Vorstellung in Japan auf den internationalen Markt, nachdem James-Bond-Darsteller Roger Moore das Gerät im Film *Octopussy* verwendet hatte. Der LCD-Bildschirm hatte eine Zeitanzeige; um ihn als Fernseher zu benutzen, musste er an einen separaten Tuner von der Größe eines Transistorradios angeschlossen werden. Der Ton kam über Kopfhörer. Die Seiko-Bedienungsanleitung schlug vor, den Tuner in eine Jackeninnentasche zu stecken und die Kabelverbindung zur Uhr durch den Jackenärmel zu führen.

Das Armbandfernsehgerät war eigentlich nur eine Spielerei, aber dennoch wies es die Richtung, in die sich die Technologie entwickeln würde. Als Apple erfolgreich seine Wearables einführte, wählte man die vertraute Form einer Armbanduhr.

Fernsehgerät Sinclair Flatscreen TV80

Jahr: 1983

Design: Rick Dickinson

Hersteller: Sinclair Research Ltd, Cambridge, Großbritannien

Abmessungen: 40 × 10 × 18 cm

Die Firma Sinclair Research Ltd bezeichnete ihren TV80 als Flachbildfernseher, aber in Wirklichkeit war hinter einer flachen Plexiglasscheibe eine speziell angefertigte Kathodenstrahlröhre verbaut. Zu diesem Zeitpunkt war dies eine veraltete Technologie, da man bereits mit Flüssigkristallanzeigen (LCDs) experimentierte. Der Fernseher war wirklich klein – so klein, dass eine vergrößernde Fresnel-Linse vor dem 5 cm großen Bildschirm angebracht wurde, um das winzige Bild größer erscheinen zu lassen, als es tatsächlich war.

Das technisch fortschrittlichste Merkmal des TV80 war seine hohe Mobilität, weil man zwischen den vier verschiedenen, weltweit verwendeten Rundfunksystemen umschalten konnte. Sinclair nutzte auch als einer der ersten Hersteller Lithium-Batterien für den TV80, eine Innovation, die man mit Polaroid-Kameras gemeinsam hatte.

Miniaturfernsehgerät Epson ET-10

Jahr: 1984

Design: Seiko Epson Corporation

Hersteller: Seiko Epson Corporation, Suwa, Nagano, Japan

Abmessungen: 16 × 80 × 3,1 cm

Das 1942 gegründete Unternehmen Seiko war eigentlich ein Uhrenhersteller; es entwickelte schon früh neue Technologien zur Zeitmessung und stellte ab 1969 Quarzuhren her. Im Jahr 1973 entwickelte Seiko eine bahnbrechende Digitaluhr mit Flüssigkristallanzeige, was den Anstoß für ein fortlaufendes Forschungsprogramm bildete, das auf eine kommerzielle Aktiv-Matrix-Flüssigkristallanzeige abzielte, wie sie heute bei Flachbildschirmen eingesetzt wird. Dies ermöglichte Seiko einen späten Einstieg in den heiß umkämpften Markt der Fernsehproduktion. Der Epson ET-10 hatte einen 5 cm großen rechteckigen Bildschirm, der in einem stark an ein Transistorradio erinnernden Gehäuse untergebracht war. Er war in den USA als Epson Elf und in Japan als Televian bekannt.

Miniaturfernsehgerät Panasonic TR-1030P

Jahr: 1984

Design: Panasonic

Hersteller: Matsushita Electric Industrial Co. Ltd, Osaka, Japan

Abmessungen: 15 × 8 × 4 cm

Es war eine beachtliche Leistung, so viele komplizierte Schaltkreise auf so kleinem Raum zu konzentrieren. Doch der TR-1030P von Panasonic, auch bekannt als Travelvision, überzeugte nicht wirklich. Wie die meisten Miniaturfernseher wurde auch er mit einer Vergrößerungslinse geliefert, die über den Schwarz-Weiß-Kathodenstrahl-Bildschirm gestülpt wurde, um ein akzeptables Bild zu erhalten. Das Gehäuse hatte einen ausklappbaren Fuß, mit dem der Bildschirm, der bündig mit der Vorderseite des Geräts abschloss, zum Betrachter hin aufgestellt werden konnte.

Fernsehbildschirm

Panasonic Alpha Tube TH28-DM03

Jahr: 1985

Design: Panasonic

Hersteller: Matsushita Electric Industrial Co. Ltd, Osaka, Japan

Abmessungen: 69 × 64 × 59,2 cm

Mit dem Alpha-Tube-Bildschirm reagierte Panasonic auf die Profeel-Reihe von Sony (siehe Seite 188). Dahinter stand die Erkenntnis, dass das Publikum vom ausschließlich linearen Fernsehen verstärkt zum Einsatz von Video übergingen. Sowohl Sony als auch Panasonic rechneten damit, dass sich Video in ähnlicher Weise wie der Phonomarkt entwickeln und zu Komponentensystemen führen würde. Designtechnisch war für den Alpha Tube die Form der Kathodenstrahlröhre maßgeblich. Das Gerät versuchte gar nicht erst, die Bildröhre in einem mehr oder weniger attraktiven Gehäuse zu verstecken. Vielmehr war die Röhre das Gerät. Panasonic ging bei der Entwicklung von einer nackten, auf dem Boden liegenden Kathodenstrahlröhre aus. Der Bildschirm wurde um zehn Grad nach oben geneigt, sodass er von einer auf dem Boden sitzenden Person bequem wahrgenommen werden konnte. Die Form des Alpha Tube orientierte sich an der japanischen Kultur, in der Tatami-Matten und Futons direkt auf dem Boden liegen.

Miniaturfernsehgerät **Sharp 3 LS 36**	
Jahr: 1986	
Design: Sharp	
Hersteller: Sharp Corporation, Osaka, Japan	
Abmessungen: ca. 15,2 × 25,4 × 17,8 cm	

Mitte der 1980er-Jahre wurde das Industriedesign von einer postmodernen Welle überrollt. Die Zeiten, in denen Fernsehgeräte oder Musikanlagen eine funktionale, hochtechnologische Anmutung benötigten, die als stilles Verkaufsargument die Kundschaft überzeugen sollte, war vorbei. Man konnte sich auf die Zuverlässigkeit der Produkte verlassen. Stattdessen zeigten die Geräte nun eine verspieltere Gestaltung. Sharp galt in dieser Hinsicht als Vorreiter, wie auch der Miniaturfernseher 3 LS 36 zeigt. Ohne ersichtlichen Grund besteht er aus zwei Elementen – einem Sockel und einem Bildschirm, die durch ein Scharnier miteinander verbunden sind, was dem Gerät etwas Roboterhaftes verleiht. Aber vor allem das schockierende Pink zog die Aufmerksamkeit auf sich. Puristen wie Dieter Rams, die daran glaubten, man müsse Haushaltsgeräte so unauffällig wie möglich gestalten, reagierten konsterniert.

Fernsehgerät Sony Profeel Pro KX-21HV1

Jahr: 1986

Design: Haryuki Kato

Hersteller: Sony, Tokio, Japan

Abmessungen: 40,5 × 30,4 × 50,6 cm

Der Profeel verfolgte einen radikal neuen Ansatz für Fernsehbildschirme, sowohl durch sein Äußeres als auch durch sein Konzept. Er wurde von Sony entwickelt, um den wachsenden Bedürfnissen verschiedenster bildlicher Inputs Rechnung zu tragen. Der Fernsehbildschirm wurde nicht mehr nur zum Fernsehen verwendet, und die Grenzen zwischen beruflicher und privater Nutzung verwischten sich ebenfalls.

Der Profeel sollte eine hochwertige Bildschirmwiedergabe als Teil eines Komponentensystems bieten, das die gleichen Möglichkeiten für Videoinhalte eröffnete wie ein Hi-Fi-System im Phonobereich. Der Monitor konnte entweder mit einem Empfänger, einem Videorekorder oder einem PC gekoppelt werden.

Gerade bei der Gestaltung ging der Profeel neue Wege. Die Form des offenen Würfels machte ihn im Ausstellungswesen beliebt, wo viele Einzelgeräte zu einer Videowand aufgestapelt werden konnten, die entweder mehrere Bilder oder ein einziges großes Bild zeigte.

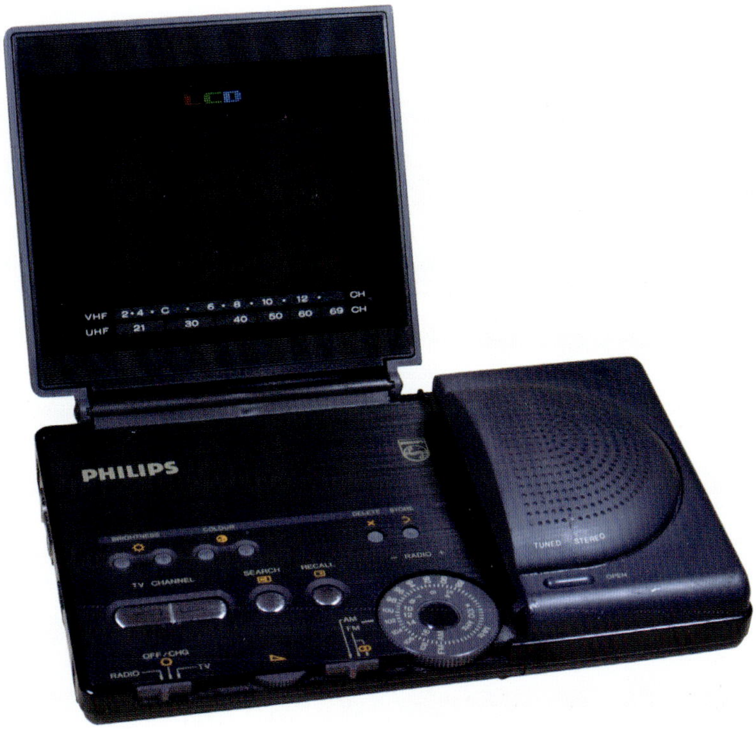

Taschenfarbfernsehgerät
Philips LCD 3LC2050

Jahr: 1990

Design: Philips

Hersteller: Philips, Eindhoven, Niederlande. Hergestellt in Japan.

Abmessungen: 16,3 × 3,7 × 11,5 cm

Wie ein Laptop hatte das Fernsehgerät 3LC2050 einen aufklappbaren Deckel, in dem sich der Bildschirm sowie einzelne Bedienelemente befanden, weitere waren darunter im Gehäuse angeordnet. Der Lautsprecher neben dem Bildschirm konnte auch zum Empfang von Radiosendungen genutzt werden.

Tragbares Fernsehgerät Jim Nature

Jahr: 1994

Design: Philippe Starck

Hersteller: Saba, Villingen, Deutschland, für Thomson Consumer Electronics, Frankreich

Abmessungen: 37,1 × 40,2 × 38,1 cm

Saba begann als Radiohersteller und stellte 1951 sein erstes Fernsehgerät her. Die Marke wurde 30 Jahre später von dem französischen Mischkonzern Thomson übernommen, aber das fusionierte Unternehmen kämpfte mit der asiatischen Billigkonkurrenz. Der letzte Ausweg bestand darin, Philippe Starck mit dem Design einer Reihe radikal neuer Produkte zu beauftragen. Der Jim Nature mit seinem Gehäuse aus Spanholzformteilen (eine Anspielung auf die Holzgehäuse der frühen Fernsehgeräte) gehörte zu den interessanteren. Es gab einen Tragegriff aus Stoff, und in das Gehäuse war ein Bedienfeld aus Kunststoff eingelassen, dessen glatte Oberfläche einen starken Kontrast zur rauen Umgebung bildete. Flachbildschirme machten die bewährte Kathodenstrahlröhre im Jim Nature bald überflüssig, und Thomson überlebte nicht mehr lange als Fernsehhersteller.

Philippe Starck

Philippe Starcks erfolgreiche Karriere als Möbeldesigner begann mit einem Auftrag des französischen Präsidenten François Mitterrand für seine Suite im Élysée-Palast. Als die Thomson-Gruppe Starck als Kreativdirektor einstellte, hatte er sich bereits einen Namen gemacht, indem er Nachtclubs und modebewusste Hotels und Restaurants für Ian Schrager, den Erfinder des Boutique-Hotels, entwarf. Starck war eines der Aushängeschilder des Designerjahrzehnts der 1980er-Jahre, ließ sich ständig für Titelbilder fotografieren und rechtfertigte augenzwinkernd seine dreibeinigen Café-Stühle – ein Bein weniger, über das die Kellner stolpern könnten, behauptete er.

Beim verzweifelten Versuch, das angeschlagene, von der französischen Regierung verstaatlichte Elektronikkonglomerat Thomson durch eine radikal neue Identität zu retten, sollte Starck sowohl seine Starqualitäten als auch seine technischen Fähigkeiten ausspielen. Eine Zeit lang verkörperte er die Rolle des Designers als Showman. Ein Hauch von Starck-Feenstaub sollte Thomson dabei helfen, den Einheitslook seiner Produkte aufzubrechen.

Starck entwickelte einen verspielten, unverwechselbaren Stil – eine Art aktualisiertes Art déco mit einem Hauch von Surrealismus – und eine Vorliebe dafür, seinen Produkten ungewöhnliche Namen zu geben. Einen seiner Radiowecker nannte er Coo Coo, ein anderes Gerät Moa Moa. Er verwarf die herkömmliche Kastenform beim Radio zugunsten einer trompetenförmigen Alternative, die er Lalala nannte. Das Moosk war ein an der Wand hängendes wolkenförmiges Kunstobjekt mit Mittelwellen- und UKW-Empfang.

Starck brach auch mit den Konventionen des Fernseherdesigns und mischte Holz mit Kunststoff. Das tragbare Gerät Jim Nature (siehe Seite 189) verkleidete er mit Spanholzformteilen, aber er experimentierte auch mit glänzendem Furnier – eine Reminiszenz an die frühen Fernsehgeräte, die eher wie Salonmöbel aussehen sollten. Bei einem Projekt befreite er sogar die Kathodenstrahlröhre aus ihrem üblichen Behälter und ließ sie auf dem Boden hin und her wippen.

Thomson stellte Fernsehgeräte her, die Starck für die Tochtergesellschaft Saba entworfen hatte, belieferte Telefunken mit Radiorekordern und Radios und Alessi mit Uhren. Starcks Kreationen verkörperten eine Art Spätbarock der europäischen Elektronikindustrie, die dem Druck der asiatischen Hersteller kaum noch standhielt. Selbst Starcks Einfallsreichtum der Jahre 1995 bis 1997 konnte Thomson nicht aus dem bedrohlichen Zangengriff befreien, in den das Unternehmen durch die Konkurrenz der Billiganbieter und den Investitionsbedarf zur Bewältigung der rasanten technologischen Entwicklung geraten war.

1

(1) Philippe Starck (hier porträtiert im Oktober 2022 in Paris) trug mit seiner unermüdlichen Energie und seinem unablässigen Strom neuer Produkte dazu bei, dass die 1980er-Jahre als das Jahrzehnt der Designer bekannt wurden.

(2) Der originellste unter Starcks Entwürfen für den französischen Elektronikhersteller Thomson war das Fernsehgerät Jim Nature (siehe Seite 189). Auf dem Markt war dieses Gehäuse aus Spanholzformteilen mit dem beim Militär entliehenen Griff aus Gurtband einzigartig.

(3) Starcks Coo-Coo-Uhr, die Thomson für Alessi herstellte, sah eher nach Uhr als nach Radio aus, vereinte aber in ihrem bunten Gehäuse beide Funktionen.

(4) Das Ola-Telefon, ebenfalls von Thomson hergestellt, erinnerte mit seiner fließenden Form an eine außerirdische Lebensform (oder an einen Duschkopf).

2

3

4

Videorekorder Sony CV-2000 VCR	
Jahr: 1965	
Design: Nobutoshi Kihara	
Hersteller: Sony, Tokio, Japan	
Abmessungen: 58 × 41 × 44 cm	

Die Pionierrolle der ersten Videoaufzeichnungsgeräte von Sony wurde von der Werbekampagne, die das Unternehmen für das neue Produkt lancierte, unterstrichen. Der Kundschaft musste genau erklärt werden, wofür sie dieses ausgesprochen kostspielige Gerät eigentlich verwenden konnte. Tatsächlich handelte es sich nicht nur um ein einzelnes Gerät – zum Lieferumfang gehörten eine Kamera, ein Bildschirm sowie ein Spulen-Aufnahme- und Abspielgerät, alles in einheitlich gestalteten Koffern verpackt.

Sony zufolge war der CV-2000 VCR sowohl ein »Fernsehrekorder für den Hausgebrauch«, als auch für »geschäftliche, schulische und wissenschaftliche Zwecke« bestimmt. In der Reklame hieß es sogar: »Sie können alles, was Sie sehen oder hören, elektronisch aufzeichnen und sofort wieder abspielen. Sie können das Band sofort löschen und wiederverwenden oder es unbegrenzt aufbewahren.«

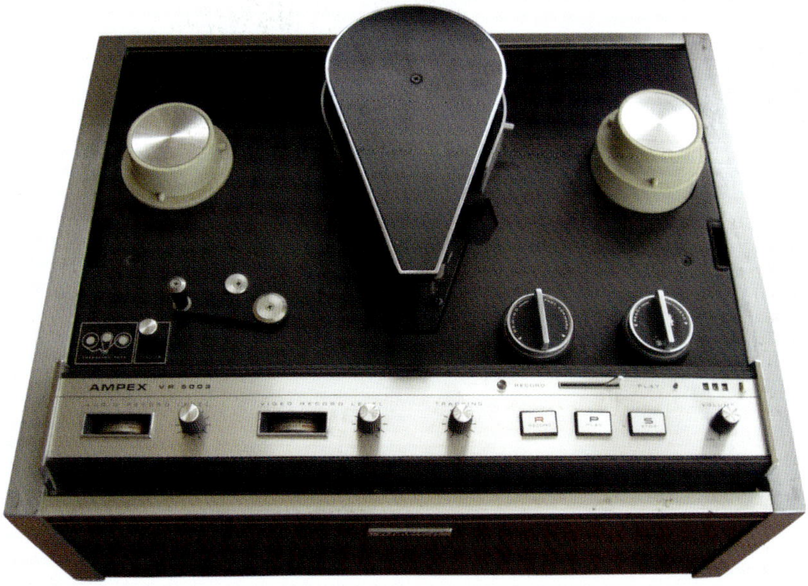

Videorekorder Ampex VR 5003 VCR

Jahr: 1965

Design: Ampex

Hersteller: Ampex, Redwood City, USA

Abmessungen: ca. 28 × 45 × 40 cm

Ampex hatte bereits beträchtliche Erfahrungen im Bereich der Tonaufzeichnung gesammelt, bevor sich das Unternehmen der Videotechnik zuwandte. Die ersten Videogeräte waren für den professionellen Markt bestimmt. Die US-Marine kaufte sie für die Aufzeichnung von Starts und Landungen auf ihren Flugzeugträgern, aber von Anfang an war das Unternehmen bestrebt, den heimischen Markt zu erobern. Bereits 1963 bot Ampex über die Nobelkaufhauskette Neiman Marcus einen 30 000 Dollar (inflationsbereinigt heute etwa 300 000 Euro) teuren Videorekorder für den Hausgebrauch an, der samt Monitor in einer 2,7 Meter langen Konsole eingebaut war. Inbegriffen in den Kaufpreis war ein Team von Ampex-Ingenieuren, das ins Haus kam, um das Gerät fachgerecht zu installieren. Der wohlwollend als »tragbar« bezeichnete VR 5003 mit 2,5-cm-Spulen-Videoband blieb eine Rarität.

Videorekorder Philips LDL 1002 VCR

Jahr: 1969

Design: Philips

Hersteller: Philips, Wien, Österreich

Abmessungen: 42 × 19,5 × 34 cm

Lange vor der Videokassette verwendete der LDL 1002 offene Bandspulen zur Aufnahme und Wiedergabe von Videos. Das Gerät war so konstruiert, dass es nur liegend und nicht auf der Schmalseite stehend verwendet werden konnte. Es hatte eine durchsichtige Plexiglasabdeckung und ähnelte in seinem Format den damaligen Stereo-Plattenspielern. Der LDL 1002 war bald technisch überholt und blieb nur zwei Jahre in Produktion.

Videorekorder Sony SL-6300 Betamax VCR

Jahr: 1975

Design: Sony

Hersteller: Sony, Tokio, Japan

Abmessungen: 45 × 21 × 40 cm

Ehe Sony nach dem Kauf eines US-Filmstudios im Jahr 1989 den Wandel hin zur Produktion von Inhalten einleitete, beruhte der Erfolg des Unternehmens auf kontinuierlichen technischen Innovationen, die vom Transistorradio zum Fernsehen und weiter zum Videorekorder führten. Das Unternehmen begann 1971 mit dem Verkauf der sperrigen und hochpreisigen U-Matic-Videogeräte. Sony setzte sich das Ziel, eine Kassette für den Videorekorder zu produzieren, die nicht größer als ein Taschenbuch war. Das Ergebnis war das technisch beeindruckende Betamax-System. Es kam ein Jahr vor der Einführung des konkurrierenden VHS-Systems von JVC auf den Markt. Trotz seiner klaren technischen Überlegenheit wurde Betamax von VHS verdrängt, vor allem, weil Sony seine Produkte zu teuer anbot und es ausnahmsweise nicht schaffte, sie effektiv zu vermarkten. Der SL-6300-Videorekorder wurde in zwei Varianten verkauft: als Einzelgerät und in Kombination mit einem Trinitron-Farbfernsehgerät mit 45,7 cm Diagonale.

Videokamera Sony HVC-F1

Jahr: 1981

Design: Sony

Hersteller: Sony, Tokio, Japan

Abmessungen: ca. 34 × 62 × 25 cm

Die HVC-F1-Videokamera nahm Bewegtbilder mit einem Fixobjektiv mit Blende 1.4 und 6-fachem optischem Zoom auf. Sie wurde als radikale Neuerung angesehen – die *New York Times* bezeichnete sie als filmlose Fotografie –, aber der Vizepräsident von Kodak, John R. Robertson, erklärte der *Times*, dass elektronische Bildgebung »nur schwer an die kostengünstige und qualitativ hochwertige klassische Fotografie herankommen wird, und eine Verlagerung des Massenmarkts in diese Richtung ist nicht erkennbar«.

Die HVC-F1 war groß und unhandlich und musste per Kabel mit einem separaten Videorekorder verbunden werden. In ihr steckte die von Sony patentierte MF-Trinicon-Bildröhre, eine Weiterentwicklung der Kathodenstrahlröhre. Die HVC-F1 wurde nur zwei Jahre später aufgegeben, als Sony mit dem Betamax-Format seine erste Videokamera mit eingebautem Rekorder auf den Markt brachte.

Camcorder JVC GR-C1

Jahr: 1984

Design: JVC

Hersteller: JVC, Yokohama, Japan

Abmessungen: 10,8 × 13,6 × 31,4 cm

JVC erfand das VHS-Format, das 1976 als direkte und letztlich erfolgreiche Konkurrenz zu Sonys Betamax-System (siehe Seite 194) lanciert wurde. Anfänglich wurden mehrere mit Kabeln verbundene Einzelgeräte benötigt. Der GR-C1, der acht Jahre später auf den Markt kam, war das erste All-in-One-Gerät, das eine Kamera und einen Rekorder kombinierte und ein spezielles 30-Minuten-VHS-Band verwendete. Mithilfe eines Adapters konnte diese Kassette in einem Standard-Videorekorder abgespielt werden. Der Sucher des GR-C1 diente auch als Miniaturbildschirm zum Betrachten der Aufnahmen.

Camcorder Sony CCD-TRV35E

Jahr: 1999

Design: Sony Design Studio

Hersteller: Sony, Tokio, Japan

Abmessungen: 10,7 × 10,7 × 20,9 cm

Sony nannte seine Camcorder (Videokameras zum Amateurgebrauch) Handycams, um zu betonen, wie klein sie im Vergleich zu jenen der Konkurrenz waren – Videokameras, die so groß und schwer waren, dass sie auf der Schulter abgestützt werden mussten. Mit dem 8-mm-Videoband konnte Sony viel kleinere Kameras herstellen, die man in der Handfläche tragen und mit einer Hand bedienen konnte. Sony beschrieb seine ersten Transistorgeräte als »Taschenformat«. Die Handycam wurde als »so groß wie ein Reisepass« vermarktet.

Camcorder Panasonic M50/M40 VHS

Jahr: 1996

Design: Panasonic

Hersteller: Matsushita Electric Industrial Co. Ltd, Osaka, Japan

Abmessungen: 13 × 24,5 × 47,9 cm

Der M50 von Panasonic war groß und daher eher mühsam zu transportieren. Er war zudem teuer und empfindlich. Deshalb wurde er in einem Koffer geliefert, der ihn vor Beschädigungen schützte und in dem alle Adapter, das Ladegerät für die Lithiumbatterien, die Kabel und weiteres Zubehör Platz fanden.

Mit dem M50 bekamen Studierende an Filmhochschulen alle grundlegenden Werkzeuge in die Hand, die sie für einen professionell wirkenden Film benötigten. Außerdem bot diese Kamera Journalisten die Möglichkeit, eigene Berichte in Sendequalität ohne einen Tross von Technikern zu erstellen. Leider ließ die Qualität der Bilder im Vergleich zum klassischen Film zu wünschen übrig. Diese Modellreihe wurde bald von der Digitaltechnik überholt.

Kommunikation

3. Kapitel

SEPPELT
M-ROOF
B-LIGHT
FRIDGE
DEEP IMAGE COLOUR

Von allen neuen analogen Technologien, die im 19. Jahrhundert entwickelt wurden, hatte die Nachrichtenübertragung mittels elektrischem Strom über Kupferdraht die weitreichendsten Folgen. Sie veränderte unser Verhältnis zu Zeit und Entfernung und die Art und Weise, wie wir miteinander kommunizieren.

Die Höhe der für die ersten Telegrafennetze erforderlichen Investitionen setzte die Mobilisierung von staatlichen Ressourcen oder Geldern von kapitalkräftigen Unternehmen voraus. Die Netze wurden militärisch, staatlich und geschäftlich genutzt und zählten zur strategischen Infrastruktur. Das Publikum hatte nur über die Postanstalten begrenzten Zugang zu dieser Technologie.

Bereits installierte Kupferdrähte konnten auch für analoge Technologien genutzt werden, die komplexer waren als die umständlichen Morsenachrichten. Je mehr Daten übertragen werden sollten, desto mehr Kupfer wurde allerdings benötigt. Ende des 19. Jahrhunderts waren die New Yorker Straßen von einem dichten Spinnennetz aus Telefonleitungen mit mehreren Stockwerken aus Kupferdraht überzogen.

Auf die Fernsprecher folgten Telexgeräte, mit denen Geschäftsleute schnell große Mengen Text austauschen konnten. Faksimilegeräte wandelten Bildvorlagen in elektrische Impulse um, die auch über Kupferdrähte übertragen und von einer in großer Entfernung aufgestellten Maschine ausgedruckt werden konnten.

(1) Telefonleitungen in New York, 1887. Die einfachste Art, ein Telefon- und Telegrafennetz zu errichten, bestand darin, Kupferdraht von Mast zu Mast entlang von Straßen- und Eisenbahnlinien zu verlegen. In amerikanischen Städten führte dies zu einem unansehnlichen Kabelverhau, bis die Drähte später unterirdisch verlegt wurden.

(2) Bei den ersten Telefonen erzeugte eine Handkurbel den Strom, der die Klingel am anderen Ende der Leitung läuten ließ.

1

2

1838 Samuel Morse, ein amerikanischer Kunstprofessor und Erfinder, demonstriert sein Telegrafiesystem, das auf britischen Vorläufern aufbaut.

1874 Die erste kommerzielle Schreibmaschine von Sholes und Glidden (siehe Seite 222) wird in Amerika für 125 Dollar verkauft (inflationsbereinigt entspricht dies heute 3100 Euro).

1876 Alexander Graham Bell ruft mit dem ersten Telefonanruf seinen Assistenten Thomas Watson zu sich.

1926 Der Architekt Gilbert Scott entwirft die gusseiserne K2-Telefonzelle für die öffentlichen Münzfernsprecher in den Straßen Großbritanniens.

(3) Die erste kommerzielle mechanische Schreibmaschine wurde 1874 von der Firma Remington in Ilion, New York, hergestellt. Remingtons selbstbewusstes Plakat von 1939 suggerierte, dass die eigenen Produkte die Welt beherrschten.

(4) Ein reisender US-Vertreter in der Region Belutschistan im heutigen Pakistan vor dem Ersten Weltkrieg. Das Kamel trägt Kisten mit Remington-Schreibmaschinen und ein Werbeschild. Remington war ursprünglich eine Waffenfabrik, die sich mit Nähmaschinen ein neues Geschäftsfeld erschloss. Der Name wurde zum Synonym für Schreibmaschinen, nachdem die Marke an die konkurrierende Standard Typewriter Manufacturing Company verkauft worden war.

4

3

Das Telegramm übermittelte zwar dringende Nachrichten, aber die Technologie selbst fand nie Eingang in die privaten Haushalte. Zum Versand und Empfang wurden geschulte Fachkräfte benötigt, dazu – teilweise motorisierte – Boten der Post, die die Nachricht überbrachten. Die Betreiber der Kupferleitungen verlangten eine Gebühr pro Wort, was zur Entwicklung des »Telegrammstils« führte – einer Sprache, die maximale Inhaltsdichte in möglichst kurze Texte packte – ein Vorläufer von SMS und Tweets.

Die ersten kommerziell hergestellten Schreibmaschinen kamen in den USA 1874 auf den Markt, kurz vor der Entwicklung des Telefons. Ihre Erfindung ermöglichte die moderne Wirtschaft und Bürokratie. Die Schreibmaschinen sind zwar weitgehend verschwunden, aber sie überleben in den Tastaturen unserer Computer. Die Buchstabenfolge QWERTY (darauf aufbauend QWERTZ im deutschen, ASERTY im französischen Sprachraum) wurde von Christopher Latham Sholes für die Schreibmaschine entwickelt (siehe Seite 220).

1931 Der norwegische Künstler Jean Heiberg entwirft mit dem Ericsson DBH (siehe Seite 206) die moderne Form des Tischtelefons.

1935 IBM nimmt den Verkauf seiner ersten elektrischen Schreibmaschine Modell 01 auf.

1946 Motorola beginnt mit der Vermarktung von Autotelefonen, die auf Funktechnologie basieren.

1959 Xerox, zunächst unter dem Namen Haloid Xerox bekannt, geht von der »nassen« chemischen zur trockenen Fotokopie über.

5

6

(5) AT&T führte seinen Picturephone-Dienst (siehe Seite 209) auf der New Yorker Weltausstellung 1964 vor, wo Kabinen mit Bildtelefonen aufgestellt waren. Eine ähnliche Installation stand in Disneyland. Prognosen, dass man damit bis 1980 eine Million Nutzer erreichen würde, erfüllten sich nicht. Auch der Einsatz in Stanley Kubricks Film *2001: Odyssee im Weltraum* verhinderte den kommerziellen Flop nicht.

(6) Eine Telefonzelle an der Ecke 42nd Street und Lexington Avenue, New York, fotografiert in einem unbekannten Jahr. Telefonzellen aus Aluminium, Stahl und Glas stellten während des 20. Jahrhunderts für die meisten Menschen die einzige Möglichkeit dar, unterwegs zu telefonieren. Das britische Pendant aus Gusseisen erlangte Legendenstatus.

(7) Das DynaTAC von Motorola (siehe Seite 213), das erste kommerzielle Mobiltelefon, wurde 1983 vorgestellt. Nach zehn Stunden Ladezeit konnte man bis zu 30 Minuten telefonieren.

(8) Festnetztelefone, selbst mit modern aussehenden Handapparaten wie dem Trimline von 1965 (siehe Seite 210), verschwinden gerade. Im Jahr 2023 nutzten weniger als 25 Prozent der US-Bevölkerung ein Festnetztelefon.

1959 Olivetti kauft den größten US-Schreibmaschinenhersteller Underwood mit dem Ziel, IBM Konkurrenz zu machen.

1960 In den USA werden erstmals Anrufbeantworter angeboten.

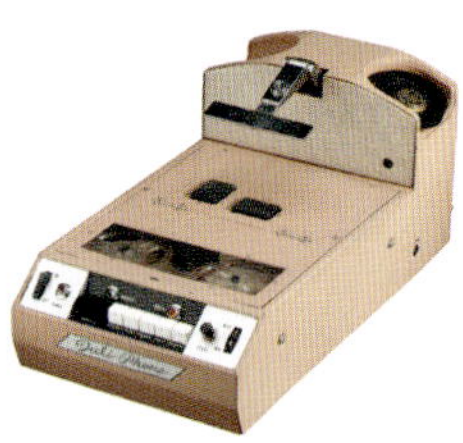

1964 Xerox beginnt mit der Herstellung von Telefon-Faksimilegeräten, zunächst mit dem Long Distance Xerography (LDX), das bis zu acht Seiten pro Minute übertragen kann.

1973 Ein Motorola-Manager tätigt den ersten mobilen Telefonanruf auf einer Straße in Manhattan.

Wer genau das Telefon erfunden hat, ist umstritten. In einer Resolution aus dem Jahr 2002 sprach das US-Repräsentantenhaus dieses Verdienst dem italo-amerikanischen Erfinder Antonio Meucci aus dem 19. Jahrhundert zu, der das Prinzip etwa gleichzeitig mit dem Deutschen Philipp Reis erkannt und umgesetzt hatte. Das kanadische Parlament wiederum sieht einen Landsmann, den berühmteren, in Schottland geborenen Alexander Graham Bell, der zeitweilig Meuccis ehemaliges Labor und dessen Gerätschaften nutzte, als Erfinder. Jedenfalls veränderte das Telefon die Welt, zusammen mit dem Telegrafen von Samuel Morse, der zum ersten Mal eine unmittelbare Kommunikation über große Entfernungen erlaubte.

Das Telefon ermöglichte die Sprachkommunikation über große Entfernungen und war ein Vorläufer des Radios. In großen Teilen der Welt blieben die Telefonnetze als systemrelevante Dienstleistung lange Zeit in öffentlichem Besitz. Bis zur Privatisierungswelle des ausgehenden 20. Jahrhunderts wurden Telefonapparate von Regierungsbehörden oder, wie in den USA, von einem Monopolunternehmen gemietet. Sie waren kein Konsumgegenstand; ihr Design war daher gleichförmig, zweckorientiert und robust.

Außerhalb des Haushalts oder des Büros gab es nur Telefonzellen – Objekte von architektonischem Zuschnitt. Das erste wirklich tragbare Telefon, das Mobira Cityman 900 von Nokia, benötigte sechs Stunden, um seinen Nickel-Cadmium-Akku aufzuladen, und bot höchstens eine Stunde Gesprächszeit. Die meisten frühen Mobiltelefone bezogen ihre Energie aus schweren Autobatterien – sicher war sicher.

Das Ende des staatlichen Monopols auf Kupferleitungen veränderte das Wesen des Telefons und des Faxgeräts und machte beide zu Konsumgütern. Die etablierten Anbieter sahen sich der Konkurrenz mit neuen Marktteilnehmern wie Swatch und Alessi ausgesetzt – Unternehmen, die viel mehr Erfahrung damit hatten, Käuferschichten anzusprechen, und eine Vorstellung davon besaßen, wie man Technik ansprechend verpacken könnte.

7

8

1984 Die Telefondienste in Großbritannien werden privatisiert. Das staatliche Monopol wird beendet und der Markt für Mobiltelefone geöffnet.

1984 In den USA wird das Telefonmonopol von AT&T aufgehoben.

1989 Die Schweizer Uhrenfirma Swatch stellt ihr erstes Telefon her und unterstreicht damit, dass Telefone Modeartikel sein können.

2011 Die letzte Fabrik zur Herstellung von klassischen Schreibmaschinen in Indien – Godrej and Boyce in Mumbai – wird geschlossen.

Produktübersicht

Telefone

Von den ersten Apparaten bis zur endgültigen Verdrängung durch das Smartphone – 2007 brachte Apple das erste iPhone auf den Markt – durchlief das analoge Telefon mehrere unterscheidbare Bauformen: Kästen mit getrennter Hör- und Sprecheinrichtung zur Wandmontage oder in Pultform; die ersten Selbstwähler mit Wählscheibe; Tischgeräte, die an Kerzenleuchter erinnerten; schließlich das moderne Tischgerät mit Handapparat für Mikrofon und Hörmuschel. Jean Heibergs klassischer Entwurf von 1932 ließ alle bisherigen Typen hinter sich und gestaltete Hörer und Gehäuse als organische Form. Auch dieses klassische Modell erfuhr eine Reihe von Verbesserungen, u. a. wurde die Wählscheibe durch Drucktasten ersetzt, bevor es durch das erste, noch ziegelsteingroße Mobiltelefon abgelöst wurde.

Schreibmaschinen

Die Schreibmaschine brachte frischen Wind in die Büros und ermöglichte Ende des 19. Jahrhunderts leicht lesbare Aufzeichnungen und Kopien in Form von Durchschlägen zur Ablage in Akten. Sie schuf ein ganz neues Arbeitsfeld vornehmlich für junge Frauen; das Berufsbild der »Schreibkraft« überdauerte fast ein Jahrhundert. Während die Schreibmaschine als kreatives Werkzeug vor allem für Journalisten und Schriftsteller diente, überlebt das Prinzip ihrer Tastatur im digitalen Zeitalter als Schnittstelle für alle unsere Interaktionen mit der virtuellen Welt.

Präge-Etikettiergerät
Der Dymo-Marker war eine neue Produktkategorie, die zum Prägen von Klebeetiketten verwendet wurde. Die Buchstaben auf der Auswahlscheibe waren im Gegensatz zu Schreibmaschinen alphabetisch angeordnet. Mittels eines Pistolengriffs prägte man einen Buchstaben nach dem anderen in das Band und schuf so eine unverwechselbare Beschriftung.

Kopiergeräte
Der Designer Raymond Loewy verlieh dem Gestetner Duplicator 66 von 1929 ein beeindruckendes neues Aussehen und schuf ein frühes Statussymbol für das Büro. Die nachhaltigste Wirkung des erschwinglichen Kopierers war jedoch politischer Natur. In der Ära des Kalten Kriegs fühlten sich repressive Regime durch jede Technologie bedroht, die die Verbreitung abweichender Meinungen zuließ, weswegen sie versuchten, diese Geräte unter Kontrolle zu behalten. Schreibmaschinen und Kopierer unterlagen einer strikt gehandhabten Registrierung.

Fernschreiber und Faxgeräte
Der Fernschreiber war nie mehr als ein Bürogerät. Er war sperrig, teuer, laut, auf Robustheit ausgelegt und für den Hausgebrauch zu anspruchsvoll. Das Faxgerät war anders. Es erforderte keine langwierige Tastatureingabe; wer telefonieren konnte, konnte auch ein Fax verschicken. Diese Benutzerfreundlichkeit machte die Technik konsumententauglich. Ein Nachteil war jedoch die mangelnde Dokumentenechtheit der Faxausdrucke auf Thermopapier, die schnell verblassten.

Tischtelefon Western Electric 20B

Jahr: 1904

Design: Western Electric

Hersteller: Western Electric, New York, USA

Abmessungen: 16,5 × 29,5 × 25,1 cm

Diese Art von Telefonen kam in den späten 1890er-Jahren auf und ähnelte Kerzenhaltern (daher auch ihr Spitzname »Candlestick« im angloamerikanischen Sprachraum). Western Electric, eine Tochtergesellschaft der American Telephone and Telegraph Company (AT&T), war das erste Unternehmen, das ein Patent für diese Bauform erhielt. Die Sprechmuschel für das Mikrofon war schwenkbar auf einem Rohr angebracht. Der Hörer wurde an einer horizontal aus dem Schaft herausragenden Gabel befestigt, die als Schalter diente. Das Gerät war mit einem an der Wand montierten Kasten mit Glocke verbunden, die einen eingehenden Anruf signalisierte. Im Gehäuse verbaut waren die elektrischen Schaltungen und der Anschluss zu den Kupferdrähten, die den Apparat mit der Telefonzentrale verbanden. Weil es noch keine automatischen Vermittlungsstellen gab, besaßen solche frühen Modelle noch keine Wählscheibe.

Tischtelefon Ericsson DBH 1001

Jahr: 1931

Design: Johan Christian Bjerknes, Jean Heiberg

Hersteller: Norsk Elektrisk Bureau, Oslo, Norwegen

Abmessungen: 13,7 × 22,5 × 17,5 cm

Johan Christian Bjerknes und Jean Heiberg schufen eine Telefonform, die ein halbes Jahrhundert lang bestimmend blieb und sogar den Übergang von der Wählscheibe zum Tastenwählfeld überlebte. Heiberg, der auch als Maler und Bildhauer tätig war, verwendete für seinen Entwurf den frei modellierbaren Werkstoff Bakelit. Mit Bjerknes' technischer Unterstützung verlieh Heiberg dem Hörer einen anderen Charakter als dem Apparatteil, der auch die Klingelvorrichtung enthielt, dazu eine raffiniert integrierte Ablage zur Aufbewahrung von Telefonnummern und Nachrichten. Die Gestaltung des Hörers weist deutlich auf die unterschiedlichen Funktionen von Sprech- und Hörmuschel hin. Seine abgerundete Form verbindet sich harmonisch mit dem pyramidenförmigen Aufbau des Gehäuses mit seinen scharf akzentuierten geschwungenen Seiten.

Tischtelefon Ericofon
Jahr: 1954
Design: Ralph Lysell, Hugo Blomberg
Hersteller: LM Ericsson, Karlskrona, Schweden
Abmessungen: 21,6 × 9,8 × 11,1 cm

Das Ericofon hatte seine Wurzeln im Jahr 1941. Der gerade von einem Amerika-Aufenthalt nach Schweden zurückgekehrte Designer Ralph Lysell wurde von Hugo Blomberg, dem Chefingenieur von Ericsson, beauftragt, ein Telefon zu entwickeln, bei dem Wählscheibe, Hör- und Sprechmuschel in einem einzigen Gehäuse vereint waren. Lysells erste, aus Ton modellierten Entwürfe waren im Art-déco-Stil gehalten und erinnerten an die Form einer sich aufbäumenden Schlange (daher auch der Spitzname »Kobra«). Ursprünglich sollte das Gehäuse aus Bakelit gegossen werden, vermutlich in Schwarz, aber bis Ericsson sich für die Produktion entschied, waren Thermoplaste verfügbar (in diesem Fall ABS-Kunststoff), die eine differenzierte Farbpalette ermöglichten. Lysell nutzte die Zeit, um dem Ericofon eine abstraktere Form zu geben. Nach der Freigabe des Prototyps im Jahr 1954 ging es 1956 in Serie und wurde in der Folgezeit weltweit mehr als zwei Millionen Mal verkauft.

Anrufbeantworter Ansafone KH-90CD
Jahr: 1960
Design: Kazuo Hashimoto
Hersteller: Pioneer Corp, Tokio, Japan,
für Ansonics, Inc, El Segundo, USA
Abmessungen: 22,8 × 20,3 × 35,5 cm

Mit seinem schlachtschiffgrauen Metallgehäuse, dem Kippschalter und dem Bakelit-Drehknopf vermittelte dieses Gerät einen militärisch-zweckmäßigen Eindruck. Dagegen sprach allerdings das extravagante, in Goldfarbe und erhaben ausgeführte Ansafone-Logo, das eher an eine Musikbox erinnert. Die erste Generation von Anrufbeantwortern war für den gemeinsamen Betrieb mit normalen Tischtelefonen ausgelegt, die auf das Ansafone-Gehäuse gestellt wurden. Bei einem eingehenden Anruf schob sich ein Paar Metallarme unter den Hörer und hob ihn von der Gabel. Der Anrufbeantworter verfügte über zwei Tonbänder: Eines spielte eine aufgezeichnete Nachricht ab, die den Anrufer aufforderte, eine Nachricht zu hinterlassen, und ihn gleichzeitig darauf hinwies, dass er 30 Sekunden Zeit dafür hätte; auf einem zweiten Band ließ sich die Nachricht aufzeichnen und später abspielen.

Bildtelefon AT&T Picturephone

Jahr: 1964

Design: Henry Dreyfuss & Associates

Hersteller: Western Electric für AT&T, New York, USA

Abmessungen: Bildschirm: 13,4 × 12,7 cm

Das Picturephone wurde erstmals 1964 auf der Weltausstellung in New York vorgestellt und 1970 in zwei amerikanischen Städten (Pittsburgh und Chicago) auf den Markt gebracht. Lange vor dem Smartphone bot das Picturephone eine Zwei-Wege-Videokommunikation in Schwarz-Weiß mit Freisprechfunktion über eine Freisprecheinrichtung, die über die normalen Kupferleitungen des Netzbetreibers funktionierte. AT&T stellte das Picturephone in öffentlichen Telefonzellen zur Verfügung. Das Unternehmen bewarb den Dienst als eine Mischung aus Telefon und Fernsehen und glaubte an einen großen Erfolg. Prognostiziert wurden eine Million verkaufte Geräte innerhalb der ersten Jahre. Tatsächlich erwies sich die Technologie von Anfang an als Flop. AT&T kam zu dem Schluss, dass Menschen keinen Wert darauf legen, sich beim Telefonieren zu sehen, und gab das Projekt innerhalb von zwölf Monaten auf.

Funktelefon Motorola TLD 1100
Jahr: 1964
Design: Motorola
Hersteller: Motorola, Chicago, USA
Abmessungen: ca. 22,9 × 12,7 × 10,2 cm

Motorola lieferte seit 1930 Funkgeräte für Polizeifahrzeuge im US-Bundesstaat Illinois. Dieses fortschrittliche System basierte auf einer drahtlosen Verbindung vom fahrenden Benutzer zu einer Vermittlungsstelle. Bei den ersten Autotelefonen in den 1940er-Jahren drückte man eine Taste, um die Vermittlung zur Weiterleitung des Anrufs aufzufordern. Jedem Autotelefon wurde eine spezielle fünfstellige Nummer zugewiesen, die von einer Festnetzstation angerufen werden konnte. Die Kürze der Nummern verdeutlicht die sehr begrenzte Kapazität dieses Systems. Das Motorola TLD 1100 war wesentlich flexibler; es hatte eine siebenstellige Rufnummer wie im übrigen Festnetz. Das Gerät bestand aus zwei Bauteilen: Das eine war für die Installation im Armaturenbrett eines Autos vorgesehen und verfügte über eine Wählscheibe; das andere enthielt die Schaltungen, mit denen die verfügbaren Funkkanäle gesucht wurden.

Telefon Trimline 220
Jahr: 1965
Design: Henry Dreyfuss, Donald Genaro
Hersteller: Western Electric, New York, USA
Abmessungen: 8,9 × 21,6 × 7 cm

Das Trimline 220 stellte die radikalste Neuinterpretation des Telefons seit Jean Heibergs skulpturalem Bakelitmodell mehr als 30 Jahre zuvor dar. Dreyfuss' Designbüro arbeitete gemeinsam mit Bell Labs, der Forschungsabteilung des US-Telefonmonopolisten, an einem kompakteren und handlicheren Telefon. Dreyfuss setzte zugunsten einer schlanken, fließenden Form spritzgegossenen ABS-Kunststoff ein. Die große Neuerung bestand darin, das Gerät zu verkleinern und die Wählscheibe vom Apparatteil in den Hörer zu verlegen, was mehr Bewegungsfreiheit beim Telefonieren gestattete. Die Wählscheibe verschwand aus dem Blickfeld, sobald der Hörer aufgelegt war, wodurch das Telefon im häuslichen Umfeld weniger aufdringlich wirkte. Der Hörer hatte eine Warnlampe, die aufleuchtete, sobald der Hörer abgenommen wurde.

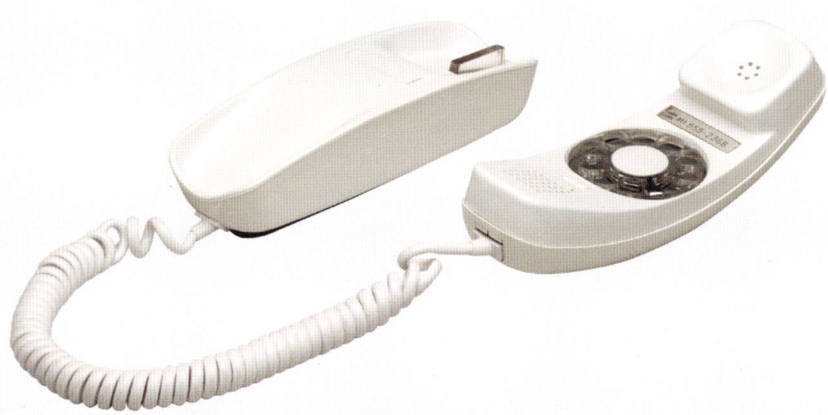

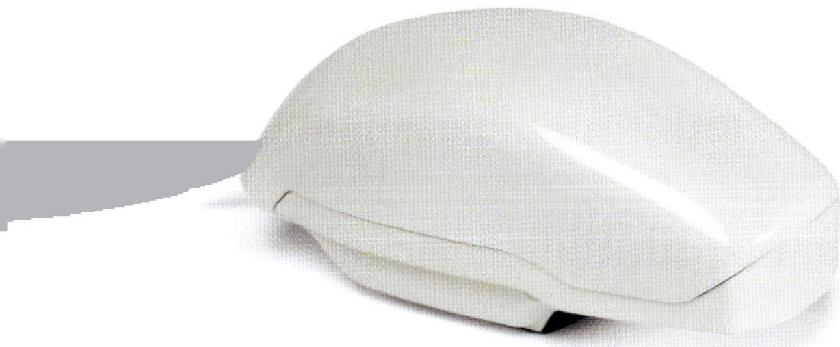

Telefon Grillo
Jahr: 1965
Design: Marco Zanuso, Richard Sapper
Hersteller: Società Italiana Telecomunicazioni (SIT) Siemens, Mailand, Italien
Abmessungen: 7 × 16,5 × 8,3 cm

Der Architekt Marco Zanuso und der Industriedesigner Richard Sapper brachten die künstlerische Qualität ihrer Arbeit an Fernsehern und Radios auch in das Grillo-Telefon ein. Sie bewerteten die konventionellen Elemente des Telefons radikal neu, die seit Jean Heibergs Vorbild des Bakelit-Telefons (siehe Seite 206) nahezu unverändert geblieben waren. Anstelle eines Apparats mit separatem Hörer kombinierten Zanuso und Sapper beide Teile in einem einzigen Objekt mit einer ausklappbaren Sprechmuschel, die die Wählscheibe verdeckte, wenn das Telefon nicht benutzt wurde. Das Grillo war in verschiedenen Farben erhältlich, und seine Form nahm die späteren Klapphandys vorweg. Die Klingel war im Wandanschluss untergebracht, der das Telefon mit dem Festnetz verband. Der Hersteller SIT-Siemens betonte die Kompaktheit des Grillo, das als »handtellergroß« beworben wurde, und den ungewöhnlichen, zirpenden Klingelton. Nicht nur der italienische Name, sondern auch das akustische Signal verwies also auf eine Grille.

Tischtelefon Western Electric 2500

Jahr: 1968

Design: Western Electric

Hersteller: Western Electric, New York, USA

Abmessungen: 20,3 × 22,8 × 12,7 cm

Das Western Electric 2500 war Amerikas erstes massenproduziertes Telefon mit Wähltasten, eine Entwicklung, die durch transistorisierte Tongeneratorschaltungen ermöglicht wurde. Das Gerät verkörpert geradezu die Epoche des amerikanischen Telefonmonopols. Jahrzehntelang war das Western Electric 2500 so allgegenwärtig, dass man es fast nicht mehr wahrnahm. Auf der Unterseite jedes Exemplars war der Hinweis »Eigentum von Bell Systems, unverkäuflich« eingeprägt.

Western Electric arbeitete lange Zeit mit dem Industriedesigner Henry Dreyfuss und dem von ihm gegründeten Beratungsunternehmen zusammen. 1949 entwickelte Dreyfuss das Western Electric 500, das Vorgängermodell des 2500, das mit einer Wählscheibe ausgestattet war. Das aktualisierte Telefon behielt die Grundform des älteren Modells bei, gestaltete aber seine Vorderseite neu.

Tischtelefon Iskra ETA 80

Jahr: 1978

Design: Davorin Savnik

Hersteller: Iskra, Kranj, Jugoslawien

Abmessungen: 7,3 × 22,2 × 25,4 cm

Iskra wurde als staatliches Telekommunikations- und Elektronikunternehmen in der Teilrepublik Slowenien der damaligen Volksrepublik Jugoslawien gegründet. Davorin Savnik verantwortete in den 1960er- und 1970er-Jahren die Corporate Identity des Unternehmens mit einer Reihe innovativer Designs. Savnik hatte eine Ausbildung als Architekt und Designer. Die von ihm gestaltete, äußerst raffinierte Silhouette des Iskra-Telefons gewann mehrere Designpreise und wurde in die ständige Sammlung des Museum of Modern Art (MoMA) in New York aufgenommen. Im Wesentlichen handelte es sich um die Aktualisierung jener Typologie, die Jean Heiberg ein halbes Jahrhundert zuvor für Ericsson entwickelt hatte (siehe Seite 206). Spätere Versionen verwendeten Drucktasten anstelle der ursprünglichen Wählscheibe. Das ETA 80 war so beliebt, dass andere Hersteller das Design kopierten.

Mobiltelefon DynaTAC 8000X
Jahr: 1984
Design: Martin Cooper, Rudy Krolopp
Hersteller: Motorola, Chicago, USA
Abmessungen: 33 × 4,4 × 8,9 cm

Der Wissenschaftler Martin Cooper nutzte Motorolas Erfahrung auf dem Gebiet der Funktelefonie und der Autotelefone und entwickelte das erste kommerzielle Mobiltelefon. Er arbeitete gemeinsam mit Rudy Krolopp, dem Leiter des Industriedesigns bei Motorola, an der Entwicklung des 8000X. Das Akronym DynaTAC stand für »**Dyn**amic **A**daptive **T**otal **A**rea **C**overage«.

Diese Art Telefon konnte man weder in die Tasche stecken noch versehentlich liegen lassen, weil man es übersah. Es musste so groß sein, um den relativ primitiven Akku unterzubringen; den Spitznamen »Ziegelstein« trug es zu Recht. Zehn Stunden vergingen, bis das Telefon vollständig aufgeladen war, dafür standen nur 30 Minuten Gesprächszeit zur Verfügung. Der Verkaufspreis lag bei 3995 Dollar (inflationsbereinigt heute etwa 11 400 Euro). Das DynaTAC gehörte untrennbar zur zeitgenössischen »Gier ist gut«-Mentalität, wie sie im Film *Wall Street* von 1987 verewigt wurde. Der von Michael Douglas verkörperte Finanzhai Gordon Gekko benutzt das 8000X, um Charlie Sheen vom Strand in den Hamptons aus anzurufen und ihn mit dem Satz »Geld schläft nie« aufzuwecken.

Ettore Sottsass

Ettore Sottsass betrachtete die Geräte, an denen er arbeitete, nie als reine Gebrauchsgegenstände. Er verstand sie als wichtige Bestandteile der täglichen Lebensrituale und versuchte daher, ihnen Charakter und Persönlichkeit zu verleihen. Die Schreibmaschine Tekne 3 z. B. glich mit ihrer architektonischen Form und den skulpturalen, sich von oben nach unten verjüngenden Tasten einem bescheidenen Hausaltar.

Der Designer wollte Gebrauchsgegenständen eine emotionale Tiefe verleihen. Für ihn war die Valentine-Schreibmaschine viel mehr als nur ein Büroutensil. Aus seiner Sicht sollte sie in der Lage sein, Dichtern an einsamen Nachmittagen auf dem Land Gesellschaft zu leisten. Sottsass verwendete Farben und Muster als wesentliche Bestandteile seines Designansatzes für Schreib- und Rechenmaschinen, Fax- und Telexgeräte sowie Telefone. Im Lauf seiner Karriere gestaltete er zeitgleich Produkte aus industrieller Serienherstellung und Einzelstücke, die sich als Kunstwerke verstanden. Er verfolgte einen radikalen Designansatz und verstand darunter mehr als nur die Herstellung begehrenswerter Objekte, die Menschen zum Kauf animieren sollten.

Ettore Sottsass wurde 1917 in Innsbruck als Sohn eines italienischsprachigen Untertanen der österreichisch-ungarischen Monarchie geboren. Als Architekturstudent am Polytechnikum in Turin lernte er unter der Ägide des modernistischen Malers Luigi Spazzapan. Nach dem Kriegsdienst auf dem Balkan eröffnete Sottsass sein eigenes Studio in Mailand. Der professionelle Durchbruch folgte 1959, als Adriano Olivetti und sein Sohn Roberto Sottsass für das Team rekrutierten, das den ersten Großrechner des Unternehmens, den Elea 9003, bauen sollte, obwohl er außer der Gestaltung einfacher Haushaltsgegenstände kaum industrielle Erfahrung besaß. Sottsass stellte sich die Frage: Wie sollte ein Computer aussehen? Nicht wie eine Waschmaschine, schrieb der enge Freund von Allen Ginsberg – der Beat-Poet, der ihn auch mit Bob Dylan bekannt machte – in sein Notizbuch.

In den folgenden 20 Jahren entwarf Sottsass als Berater für Olivetti eine Reihe von Bürogeräten und Schreibmaschinen. Die farbenfrohe tragbare Schreibmaschine Valentine war eine davon, aber zu seinem Portfolio gehörten auch Fernschreiber und mechanische Rechenmaschinen. In einem Alter, in dem andere an den Ruhestand denken, gründete Sottsass die Memphis Group, ein internationales Designerkollektiv. Im Jahr 1981 brachte die Gruppe die erste von fünf jährlichen Kollektionen heraus – darunter Möbelstücke, Uhren, Lampen und ein Fernsehgerät. Einige Kritiker bezeichneten den Stil als Postmoderne, und Sottsass vertrat zweifellos einen extravaganteren und subversiveren Ansatz von modernem gutem Geschmack als die konventionellen Designer.

1

(1) Ettore Sottsass (1917–2007) während der Möbelmesse »Salone del Mobile« in Mailand 1982. Er sitzt auf einer Couch, die er für die Memphis-Kollektion entworfen hat.

(2) und (3) Für Sottsass sollten die Valentine-Schreibmaschine (siehe Seite 229) und das Enorme-Telefon (siehe Seite 217) eine emotionale Bindung zwischen Benutzenden und Gerät herstellen.

(4) Als Berater von Olivetti verantwortete Sottsass die Gestaltung von Bürogeräten, darunter die abgebildete Rechenmaschine Summa 19 von 1970.

2

3

4

Tischtelefon BeoCom 2000
Jahr: 1986
Design: Lone und Gideon Lindinger-Loewy
Hersteller: Bang & Olufsen, Struer, Dänemark
Abmessungen: 7,8 × 21 × 21,3 cm

Mit dem BeoCom 2000 betrat Bang & Olufsen Neuland – der dänische Hersteller reagierte damit auf die neuen Möglichkeiten, die die Privatisierungswelle bei den staatlichen Telekommunikationsunternehmen in Europa eröffnete. Bis in die 1980er-Jahre waren die Telefonapparate in vielen Ländern Eigentum von Monopolisten und wurden gegen Gebühr zur Verfügung gestellt. Deshalb gab es auch kaum Auswahl in Bezug auf Design oder Farbe der Endgeräte. Die Privatisierung beendete diese Monokultur und öffnete den Markt für eine viel größere Auswahl an Telefonen, auch mobilen Geräten.

Das BeoCom 2000 sollte die durch die bekannten Phonoprodukte des Unternehmens geschaffene Identität aufgreifen und verfolgte einen radikal neuen Ansatz bei der Form von Telefonen. Lone und Gideon Lindinger-Loewy gaben dem Apparatteil eine keilförmige Form und ersetzten die Wählscheibe durch eine Tastatur. Zwar handelte es sich um analoge Telefonie, aber die Systemsoftware ließ die Speicherung von bis zu 20 Nummern zu.

Designertelefon Enorme

Jahr: 1986

Design: Ettore Sottsass, David Kelley

Hersteller: Enorme Corporation, USA

Abmessungen: 5,7 × 19,4 × 10,2 cm

Ettore Sottsass machte sich einen Namen als Mitarbeiter des italienischen Konzerns Olivetti, für den er den ersten Großrechner sowie eine Reihe von Schreibmaschinen und Büromöbeln entwarf. Im Jahr 1980 gründete er die postmoderne Memphis Group mit einer farbenfrohen Kollektion von verspielten Möbeln und Haushaltsgegenständen, die die konventionellen Vorstellungen von funktionalem Design untergraben sollten.

Nachdem er Memphis verlassen hatte, arbeitete Sottsass mit dem Kunstsammler und Investor Jean Pigozzi und dem Gründer der Designberatung IDEO David Kelley zusammen. Sie gründeten die Enorme Corporation, die eine Reihe von Elektronikprodukten herstellen sollte. Sottsass entwarf für Kelley, dessen Firma zu dieser Zeit an Apple-Computern arbeitete, ein Haus in Kalifornien, außerdem eine Wohnung für Pigozzi in London. Das auffällige Telefon, das der Designer in der für ihn typischen Farbigkeit und in reinen geometrischen Formen gestaltete, sollte das einzige Produkt des Unternehmens bleiben.

Mobiltelefon Nokia Cityman 1320

Jahr: 1987

Design: Nokia Corporation

Hersteller: Nokia Corporation, Espoo, Finnland

Abmessungen: 4 × 18,5 × 8 cm

Motorola arbeitete am tragbaren DynaTAC-Telefon (siehe Seite 213), noch bevor Nokia die Entscheidung fällte, seine Tochtergesellschaft Mobira zu gründen und über Autotelefone hinaus auch Mobiltelefone zu produzieren. Dennoch kam Nokia das Verdienst zu, die ersten kommerziellen Geräte in dieser Sparte hergestellt zu haben, die den Namen auch verdienten. Das Unternehmen blieb für mehr als ein Jahrzehnt der dominierende Hersteller von Mobiltelefonen. Das Cityman 1320 war sperrig, teuer und hatte eine begrenzte Akkulaufzeit, aber es konnte sich auf einem Markt durchsetzen, der auf wohlhabende Geschäftskunden beschränkt war. In Großbritannien z. B. wurden 1987 gerade einmal 200 000 Mobiltelefone genutzt. Nokia profitierte von einem geschickten Publicity-stunt mit Fotos, die Michail Gorbatschow, den damaligen Generalsekretär des Zentralkomitees der KPdSU und mächtigsten Mann der Sowjetunion, mit einem Cityman 1320 zeigten, wie er gerade im Kreml anrief.

Mobiltelefon Sony CM-R111

Jahr: 1993

Design: Sony Corporation

Hersteller: Sony Corporation, Tokio, Japan

Abmessungen: 5 × 18 × 7 cm

Seit der Einführung des Transistors ist Miniaturisierung eine Spezialität von Sony. Die Mobiltelefone des Unternehmens bildeten da keine Ausnahme. In dem Bestreben, das CM-R111 so klein wie möglich zu machen, entwickelten die Sony-Ingenieure ein externes Mikrofon in Stabform. Auf Knopfdruck schnellte es mithilfe eines Federmechanismus aus seiner Halterung, angeblich in einem angenehmen Abstand zur Hörmuschel.

Der Entwicklungssprung des analogen Mobiltelefons vom ersten ziegelsteinförmigen Motorola DynaTAC (siehe Seite 213) bis zum winzigen CM-R111 von Sony verdeutlicht einen Wettlauf, bei dem schließlich die praktische Handhabung des Geräts auf dem Altar der Miniaturisierung geopfert wurde. Durch die Digitalisierung und das Smartphone entwickelte sich das Mobiltelefon zu einem Objekt, das von einem Bildschirm und nicht mehr von einer Tastatur dominiert wird.

Mobiltelefon Nokia 232

Jahr: 1994

Design: Frank Nuovo

Hersteller: Nokia Corporation, Espoo, Finnland

Abmessungen: 5,3 × 14,7 × 2,3 cm

Nokias Bestseller 232 spielte eine zentrale Rolle in dem Film *Clueless – Was sonst!* von 1995, der humorvollen Darstellung des Highschool-Teenie-Lebens von Cher Horowitz (Alicia Silverstone) in Beverly Hills. Mobiltelefone waren im Begriff, ein zentraler Bestandteil dieses Lebensstils zu werden.

Frank Nuovo, Nokias amerikanischer Vizepräsident für Design, betrachtete das 232 eher als Gebrauchsgegenstand denn als Arbeitsgerät und bot eine große Auswahl an Farben und Oberflächen an. Das Gerät verfügte über eine 16-stündige Akkulaufzeit im Standby-Modus. Trotz seines Bildschirms und seines 98-stelligen Speichers war es immer noch ein analoges Telefon, und es passte in eine Zeit, in der jede neue Generation von Mobiltelefonen kleiner ausfiel als ihre Vorgänger – ein Designphänomen, das sich im Zeitalter der digitalen Smartphones schlagartig umkehrte.

Die QWERTY-Tastatur

Die allererste kommerzielle mechanische Schreibmaschine wurde 1874 von Remington hergestellt. Das schwarze Blechgehäuse war mit farbenfrohen Ornamenten und aufgemalten Rosen geschmückt. Bedeutender als dieses längst überholte Schreibgerät ist die speziell dafür entwickelte QWERTY-Tastatur – benannt nach der Abfolge der ersten sechs Buchstaben in der zweiten Tastenreihe. In Kulturen mit lateinischem Alphabet ist diese Tastaturform mit Abwandlungen immer noch das wichtigste Zugangsmittel zur modernen digitalen Welt.

Christopher Latham Sholes, der die Schreibmaschine patentieren ließ und an Remington lizenzierte, wollte die Tasten ursprünglich in scheinbar logischer alphabetischer Reihenfolge anordnen. Er änderte seine Meinung im letzten Moment, weil sich nebeneinander liegende Typenhebel auf der Tastatur verhakten. Deshalb entwickelte Sholes das QWERTY-Format, bei dem die am häufigsten verwendeten Buchstaben so weit wie möglich voneinander entfernt angeordnet sind. Nach einem zähen Start wurde das Gerät zu einem Erfolg für Remington, und die Konkurrenten übernahmen die Tastaturbelegung.

Die einmal etablierte QWERTY-Anordnung ließ sich nicht mehr verdrängen, auch wenn sie weder logisch noch die effizienteste Anordnung ist. Sie vermied zwar Zusammenstöße der Typenhebel, aber keineswegs mögliche Konflikte, wenn beispielsweise der Buchstabe »r« nach dem »e« getippt wird. Forscher der Universität Kyoto vermuteten vor Kurzem, dass die Telegrafenbeamten, die frühe Schreibmaschinenmodelle zur Übertragung von Morsenachrichten benutzten, QWERTY der alphabetischen Reihenfolge vorzogen, die sie als verwirrend und bremsend empfanden. Da diese Klientel einen großen Teil des frühen Schreibmaschinenmarktes stellte, orientierten sich die Hersteller an ihr.

Im Lauf der Jahre gab es eine Reihe von Versuchen, QWERTY zu entthronen. Im Jahr 1936 patentierte der amerikanische Schulpsychologe August Dvorak eine Tastatur mit der obersten Zeile »AOEUID«, die angeblich ein schnelleres und genaueres Tippen ermöglichte. Seiner Berechnung nach konnte ein Großteil der Wörter nur mit Buchstaben aus der obersten Zeile getippt werden. Diese Anordnung mochte zwar logischer sein, setzte sich aber nicht gegen Millionen von Schreibkräften durch.

Gesundheitliche Aspekte führten in den 1970er-Jahren zu Versuchen mit komfortableren ergonomischen Tastaturen. Von Lillian Malt stammte die Maltron-Tastatur, die die Belastung der Handgelenke verringert und die Tasten in Gruppen zusammenfasst, wobei die Buchstaben so angeordnet sind, dass die am häufigsten verwendeten Wörter nur über die Tasten in der obersten Reihe eingegeben werden können.

1

(1) Die Schreibmaschine von Sholes und Glidden aus dem Jahr 1874 (siehe Seite 222). Christopher Latham Sholes wollte eine Maschine bauen, mit der man Wörter viel schneller zu Papier bringen konnte als mit einem Stift von Hand.

2

(2) Ursprünglich war die Schreibmaschine als Transkriptionsgerät gedacht, mit einer Tastatur, auf der der Benutzer, typischerweise ein Telegrafist, nach dem richtigen Buchstaben suchte. Das professionelle Tippen durch Fachkräfte und der moderne Büroarbeitsplatz kamen später.

(3) Remington passte sein erstes Modell an, indem auf den Typenhebeln Kleinbuchstaben hinzufügt wurden. Mithilfe einer Umschalttaste konnte die ursprüngliche Belegung der Tastatur beibehalten werden.

3

Schreibmaschine Remington No. 1	
Jahr: 1874	
Design: Christopher Latham Sholes	
Hersteller: E. Remington and Sons, Ilion, USA	
Abmessungen: 35,6 × 43,2 × 30,5 cm	

Christopher Latham Sholes, Samuel Soulé und Carlos Glidden begannen bereits 1867 mit der Arbeit an dem später als Schreibmaschine bekannt gewordenen Gerät. Sie fertigten eine Reihe von Prototypen an und versuchten, eine Produktion aufzuziehen, verkauften aber schließlich 1873 einen Anteil an dem Projekt an die Firma Remington.

Sholes und Glidden entlehnten Elemente aus bestehenden Technologien – die Tasten sind denen von Telegrafen nachempfunden und die Typenhebel sind vom Klaviermechanismus abgeleitet. Remington brachte das Know-how nicht nur aus der Herstellung von Handfeuerwaffen, sondern auch bei der Fertigung von Nähmaschinen ein. Bei der Remington No. 1 sorgte ein Pedal, wie man es von Nähmaschinen kennt, für den Schlittenrücklauf. Sholes und Glidden entwarfen zunächst eine alphabetische Tastatur, doch als die Remington No. 1 in den Handel kam, zeigten die Tasten bereits das QWERTY-Layout, das auch heute noch auf fast allen digitalen Geräten des englischen Sprachraums verwendet wird.

Schreibmaschine Underwood 6	
Jahr: 1930	
Design: Underwood-Elliott-Fisher	
Hersteller: Underwood-Elliott-Fisher, Hartford, USA	
Abmessungen: 25,4 × 45,7 × 33 cm	

John Underwood begann als Lieferant von Farbbändern für die Firma Remington, bevor er sich im Jahr 1900 entschloss, selbst in die Produktion von Schreibmaschinen einzusteigen, als er die Rechte an einem Entwurf von Franz Wagner erwarb. Dieser war einfacher zu bedienen und herzustellen als die Remington-Maschinen, und innerhalb von zehn Jahren wurde Underwood zur dominierenden Marke, die in ihrem Werk in Hartford, Connecticut, mehr Schreibmaschinen herstellte als alle Konkurrenten zusammen. Underwood lieferte zunächst sogenannte Standardmodelle, große, schwere Maschinen für den Schreibtisch. Darauf folgten tragbare Geräte, wie sie von Ernest Hemingway, William Faulkner und vielen anderen Schriftstellern benutzt wurden.

Die Underwood 6 hatte einen offenen Aufbau mit sichtbarer Mechanik. Diverse Funktionen richteten sich an professionelle Schreibkräfte, darunter ein Wahlhebel, der die Verwendung verschiedenfarbiger Farbbänder ermöglichte, und Randsteller für die Einstellung des Randabstands.

Tragbare Schreibmaschine Lettera 22
Jahr: 1950
Design: Marcello Nizzoli
Hersteller: Olivetti, Ivrea, Italien
Abmessungen: ca. 8,3 × 29,8 × 32,4 cm

Marcello Nizzoli trug entscheidend zum Ruf der italienischen Firma Olivetti als international erfolgreicher Bürogerätehersteller bei, der in allen Bereichen auf herausragendes Design setzte. Nizzoli arbeitete als Künstler, Designer und Architekt, bevor er kurz vor dem Zweiten Weltkrieg Adriano, den Sohn des Firmengründers Camillo Olivetti, kennenlernte.

Nizzoli entwarf in der Folge ausgeklügelte mechanische Rechenmaschinen sowie eine der schönsten Schreibmaschinen, die je hergestellt wurden. Er verlieh ihr eine viel kompaktere Form als den klobigen Modellen aus der Vorkriegszeit. Sie ließ sich leicht überallhin mitnehmen. Große Namen der Literatur wie Günter Grass, Joan Didion und William S. Burroughs nutzten die Lettera 22.

In einer Zeit, in der die Schreibmaschine nahezu ausgestorben ist, fällt es schwer, die innige Beziehung zu verstehen, die so viele Schriftstellerinnen und Schriftsteller mit den Geräten eingingen, mit denen sie so viel Zeit verbrachten.

olivetti
Lettera 22

Elektrische Schreibmaschine Selectric	
Jahr: 1961	
Design: Eliot Noyes	
Hersteller: IBM, Endicott, USA	
Abmessungen: ca. 16,5 × 47,5 × 38 cm	

Elektrische Schreibmaschinen gehörten ab Mitte der 1930er-Jahre zum IBM-Sortiment. Sie nahmen beim Tippen einen Großteil der körperlichen Anstrengung ab und basierten auf einer elektrisch unterstützten Variante der traditionellen mechanischen Schreibmaschinentastatur.

Bei der Selectric wurden die mechanischen Typenhebel durch ein Typenrad ersetzt. Die Buchstaben, Zahlen und Symbole waren in seine Oberfläche eingegossen. Beim Drücken einer Taste drehte sich das kugelförmige Rad und brachte die gewünschte Type in die richtige Position, um nach dem Anschlag auf dem Farbband einen Abdruck zu hinterlassen. Das Typenrad konnte bei Bedarf schnell ausgetauscht werden, sodass eine Vielzahl unterschiedlicher Schriftarten zur Verfügung stand. Der Vorstandsvorsitzende von IBM, Thomas Watson Jr., bezeichnete diese Technik als »die absolut einzigartigste Erfindung, die wir als Unternehmen je gemacht haben«.

Die skulpturale Formgebung der Selectric in Farben von Bürograu über Schwarz bis hin zu Rot war das Werk von Eliot Noyes, einem Architekten, der seine Karriere am MoMA in New York begann, wo er die Aufmerksamkeit von Watson Jr. auf sich gezogen hatte. Nachdem er den beeindruckenden, von Ernesto Rogers entworfenen Olivetti-Schauraum in New York gesehen hatte, beauftragte Watson Jr. Noyes mit der Umsetzung einer in sich geschlossenen Designstrategie für IBM. Dieses Projekt reichte vom Grafikdesign (für das er Paul Rand einstellte) über die Architektur der IBM-Fabriken bis hin zu den Produkten, von denen die Selectric eines der bedeutendsten war. Sie blieb ein Jahrzehnt lang in Produktion, bevor sie durch die Selectric II ersetzt wurde.

Elektrische Schreibmaschine Praxis 48	
Jahr: 1964	
Design: Ettore Sottsass, Hans von Klier	
Hersteller: Olivetti, Ivrea, Italien	
Abmessungen: 16 × 46 × 34 cm	

Die Praxis 48 wurde auf dem amerikanischen Markt als Modell von Underwood verkauft. Adriano Olivetti hatte das Unternehmen kurz vor seinem Tod im Alter von nur 60 Jahren gekauft. Dies war die bis dato größte ausländische Übernahme eines amerikanischen Industrieunternehmens. Die Transaktion überforderte Olivetti finanziell und stellte die Zukunft des gesamten Konzerns infrage. Adriano Olivetti hatte gehofft, auf diese Weise Zugang zu amerikanischem Know-how und den etablierten Märkten zu erhalten.

Underwood mochte über die längere Tradition verfügen, Olivetti allerdings besaß die technologische Überlegenheit und die besseren Designer. Ettore Sottsass war für Olivetti tätig, seit er 1959 den ersten italienischen Großrechner, den Elea 9003, mit entwickelt hatte. Später leitete er ein Team, das neue Schreibmaschinen entwarf. Die Praxis 48 war eine elektrische Schreibmaschine, die mit ihrer architektonischen Formgebung, der Haptik ihres Gehäuses, der Verwendung kräftiger Grüntöne für die Tasten und andere Bedienelemente sowie der durchgestylten Tastatur sehr ansprechend aussah. Sie konnte jedoch nicht mit der drei Jahre zuvor auf den Markt gebrachten Selectric von IBM mithalten.

Bright red
Dark red
Sultry red
Super red
valentine
olivetti

Tragbare Schreibmaschine Valentine	
Jahr: 1969	
Design: Ettore Sottsass, Perry King	
Hersteller: Olivetti, Ivrea, Italien	
Abmessungen: 35 × 34 × 12 cm	

Das bunte Gehäuse der Valentine bekundete nach dem Willen von Ettore Sottsass, dass diese Schreibmaschine nicht als sprödes Bürogerät betrachtet werden sollte, das uns an den Arbeitsplatz kettet. Der leuchtend rote Kunststoff der berühmtesten Version, akzentuiert durch die orangefarbenen Knöpfe auf den Farbbandspulen, hinterließ einen spielerischen Eindruck. Die Valentine wurde auch in anderen Farben geliefert, z. B. Blau und Elfenbein – ein Merkmal, das Steve Jobs und Jony Ive beeinflusste, als sie 30 Jahre spater die an Zitrusfrüchten orientierte Farbpalette für den iMac auswählten.

Sottsass wollte eine Maschine bauen, die sich nicht zu kostbar anfühlt, die so billig wie möglich hergestellt werden konnte, um sie erschwinglich und für alle zugänglich zu machen, das Gegenteil eines elitären Statussymbols. Um die Mechanik zu vereinfachen, plante Sottsass, auf Kleinbuchstaben zu verzichten, und für das Gehäuse sollte der billigste Kunststoff eingesetzt werden. Beides wurde jedoch von der Olivetti-Marketingabteilung abgelehnt. Allerdings lief eine aggressive Marketingkampagne an, die die Valentine als natürliches Ergebnis des revolutionären Radikalismus der 1960er-Jahre propagierte.

Sottsass deutete an, dass es sich um eine Maschine handelte, »die einsamen Dichtern an Wochenenden auf dem Land Gesellschaft leisten könnte«. Auf den schützenden Deckel – eine Art Plastikschale, auf die man sich beim Tippen setzen kann – wurde ebenso viel Sorgfalt verwendet wie auf die Herstellung der Maschine selbst.

Schreibmaschine Olivetti Lettera 35

Jahr: 1974

Design: Mario Bellini

Hersteller: Olivetti, Ivrea, Italien.

Hergestellt in Spanien.

Abmessungen: ca. 27 × 37 × 8 cm

In den 1970er-Jahren gab es bei Olivetti zwei Teams für Industriedesign, eines unter der Leitung von Ettore Sottsass und das andere unter der Ägide von Mario Bellini. Die beiden entwickelten ihre eigene, sehr unterschiedliche Stilistik. Sottsass, der dem Beat-Poeten Allen Ginsberg nahestand und später die Memphis Group gründete, stellte die Rolle des Designers in der Welt des Kommerzes am differenziertesten infrage. Bellini hingegen verstand es, verführerische Objekte zu entwerfen, um das Publikum zum Kauf zu bewegen.

Die ästhetischen Qualitäten von Schreibmaschinen wurden von ihrer Herstellungsweise diktiert, etwa der Bearbeitung von Blechen oder dem Guss von Metall. Bellini entwarf für Olivetti eine Reihe von elektrischen und manuellen Schreibmaschinen, die durch die Verwendung von formbarem Kunststoff mehr Freiheit bei der Gestaltung ermöglichten. Das erlaubte sowohl scharfe, keilförmige Formen als auch, wie bei der Lettera 35, geschwungene Formen.

Elektrische Schreibmaschine
Olivetti Lexikon 82
Jahr: 1976
Design: Mario Bellini, mit A. Macchi Cassia, G. Pasini, S. Pasqui
Hersteller: Olivetti, Ivrea, Italien. Hergestellt in Glasgow, Großbritannien.
Abmessungen: ca. 11,5 × 38,7 × 38 cm

Olivetti präsentierte die Lexikon 82 stolz als erste tragbare elektrische Schreibmaschine der Welt. Wie die tragbare mechanische Schreibmaschine Valentine von Ettore Sottsass (siehe Seite 229) war die Lexikon 82 Teil der Strategie von Olivetti, Produkte herzustellen, die nicht mehr an eine Büroumgebung oder ein Arbeitsumfeld gebunden waren. Dank Bellinis Design wirkte sie zum Zeitpunkt ihrer Markteinführung mit ihrem wahlweise schwarzen oder zweifarbigen Kunststoffgehäuse hochmodern. Die austauschbaren Typenräder ermöglichten auch die Wahl verschiedener Schriftarten.

Mit einem Gewicht von fast neun Kilogramm, den Koffer nicht mitgerechnet, war sie jedoch zu schwer, als dass man sie weit hätte tragen können. Zwar nahm der Elektromotor einen Großteil der Arbeit beim Tippen mit mechanischen Tasten ab, aber die Qualitätskontrolle in der Olivetti-Fabrik in Glasgow ließ zu wünschen übrig. Die Lexikon 82 wurde nie so präzise zusammengebaut, dass sie perfekt gerade Linien hätte schreiben können.

Olivetti

Drei Generationen der Olivetti-Familie bauten ein Unternehmen mit einer einzigartigen Kombination aus technischer Brillanz, sozialer Verantwortung und unternehmerischem Ehrgeiz auf, das heute so gut wie verschwunden ist. Im Jahr 1970 beschäftigte der Konzern fast 75 000 Menschen in Fabriken von São Paolo in Brasilien bis Glasgow in Schottland. Im Jahr 2022 waren es noch weniger als 300 Beschäftigte.

Der Gründer Camillo Olivetti kehrte von der Stanford University in Kalifornien nach Hause zurück und gründete 1908 in der Stadt Ivrea in der Nähe von Turin die erste Schreibmaschinenfabrik Italiens. Sein Sohn Adriano übernahm die Leitung während des Faschismus und erweiterte das Unternehmen in den Jahren nach dem Zweiten Weltkrieg durch die Übernahme der Underwood Typewriter Company in den USA.

Die Olivetti-Ingenieure produzierten hoch entwickelte mechanische Rechenmaschinen mit vier Grundrechenarten und bauten einen der ersten voll transistorisierten Großrechner. Ihnen gebührt der Ruhm, den wohl ersten Desktop-Computer hergestellt zu haben. Jedes neue Modell baute auf dem Vorgänger auf. Olivettis aufwendigste mechanische Rechenmaschine z. B. war das Produkt einer 50-jährigen kontinuierlichen Entwicklung, die mit der ursprünglichen Olivetti-Schreibmaschine begann. Es handelte sich um bemerkenswert hochpreisige Maschinen, die lange Zeit produziert wurden. Infolgedessen waren sie äußerst rentabel. Der Bau von Produkten wie der Divisumma 24 (siehe Seite 283) erforderte inzwischen ausgestorbene Fertigkeiten, eine ganze Fabrik und bereits vorhandene Komponenten wie das Druckwerk, die auf Schreibmaschinen basierten. Der Name Olivetti stand für den kulturell anspruchsvollen Aufbau eines Markenimages und die Herstellung charismatischer Produkte. Konkurrenten wie IBM und viel später Apple verfolgten diese Entwicklung mit respektvollem Abstand.

Adriano Olivetti ernannte seinen Schwiegersohn Giorgio Soavi, einen Schriftsteller und engen Freund des Künstlers Alberto Giacometti, zum Verantwortlichen für das Corporate Design im Unternehmen. Er und Renzo Zorzi, der die erste Buchveröffentlichung von Primo Levi betreut hatte, leiteten die Auswahl der Architekten, Künstler und Designer, die für Olivetti arbeiteten: Louis Kahn baute die Olivetti-Fabrik in Pennsylvania, James Stirling entwarf das Schulungszentrum in Großbritannien, Carlo Scarpa, Gae Aulenti und Ernesto Rogers gestalteten die Showrooms, und Milton Glaser und Herbert Bayer entwarfen die Werbemittel. Den ersten amerikanischen Showroom des Unternehmens in der Fifth Avenue richtete in den 1950er-Jahren Ernesto Rogers ein. Die auf Marmorstalagmiten aufgestellten Schreibmaschinen von Marcello Nizzoli erregten die Aufmerksamkeit des IBM-Chefs Thomas Watson Jr. Er war so beeindruckt, dass er Eliot Noyes einstellte, um neben Paul Rand und Charles und Ray Eames die IBM-eigene Corporate-Design-Strategie zu leiten.

Das Netz der Olivetti-Fabriken und technischen Büros in und um Ivrea verkörperte 1970 eine Industrie, wie sie damals als Höhepunkt der Moderne galt, die heute aber ausgestorben ist. Es gab Maschinenhallen und Presswerke, Fließbänder, Wartungswerkstätten und Lagerhallen. Es gab ein Büro, das sich ausschließlich mit der Entwicklung von Schriften für alle Olivetti-Schreibmaschinen beschäftigte. In der Blütezeit beschäftigte Olivetti in Ivrea 12 000 Mitarbeiter – Werkzeugmacher, Zeichner und Techniker, aber auch Physiker und Ingenieure, Kindergärtnerinnen und Marketingexperten. Es gab eine Gießerei, die mit handgeschnitzten Holzformen Aluminiumteile für die Lettera-Schreibmaschinen von Marcello Nizzoli im Sandgussverfahren herstellte – eine Technik, die heute meist nur noch von Künstlern wie Jeff Koons angewendet wird. Die Teile wurden von Hand bearbeitet und anschließend im Brennofen emailliert.

Angehörige von Kreativberufen wie Designer sind weder besonders gute Angestellte noch schätzen sie Orte wie den Olivetti-Hauptsitz Ivrea, die weitab der kulturellen Hotspots liegen. Die Strategie von Olivetti bestand seit Adrianos Amtsantritt daher darin, die Designer in das Unternehmen einzubinden, ihnen aber gleichzeitig die nötige Unabhängigkeit zu gewähren, um frische Ideen in die Produkte einfließen lassen zu können. Gleichzeitig unterstützte das Unternehmen Ettore Sottsass und Mario Bellini in ihren eigenen Ateliers – mit ganzen Teams, technischen Zeichnern und Studios – in Mailand, 100 Kilometer von der Zentrale in Ivrea entfernt, wo ein Verbindungsbüro alles koordinierte. Dieses Arrangement ermöglichte es den Designern, gleichzeitig Teil der Organisation und unabhängig zu sein und ihre Erfahrungen mit anderen Kunden bei Olivetti einzubringen.

1

2

(1) und (2) Olivetti arbeitete mit verschiedensten Kunstschaffenden zusammen, um Plakate für seine Produkte zu entwerfen. Die Palette reichte von klassischen Motiven bis hin zum zeitgenössischen Ansatz von Marcello Dudovich, der das Bild einer jungen Frau schuf, die von der neuen Schreibmaschine M20 aus dem Jahr 1930 offensichtlich überwältigt ist.

(3) Tragbare Schreibmaschine Olivetti Lettera 22, 1950 (siehe Seite 224).

3

Tragbare Schreibmaschine ETP 55
Jahr: 1986
Design: Mario Bellini
Hersteller: Olivetti, Ivrea, Italien.
Hergestellt in Singapur.
Abmessungen: 12,4 × 41 × 33 cm

Marktführer bei elektrischen Schreibmaschinen war IBM mit seiner Selectric (siehe Seite 226), ein Modell, das seit den 1960er-Jahren hergestellt wurde. Die erste tragbare elektrische Schreibmaschine von Olivetti, die Lexikon 82 (siehe Seite 231), verwendete ein Typenrad anstelle herkömmlicher Typenhebel. Sie war schön anzusehen, aber zu schwer geraten, und die Kombination aus einem Typenrad mit einem traditionellen Schlitten wie bei mechanischen Schreibmaschinen hinterließ ein unregelmäßiges Zeilenbild.

Das Gerät wurde durch die leichte ETP 55 ersetzt, ebenfalls von Mario Bellini entworfen, bei der die Buchstaben an den Rändern einer flachen Scheibe angebracht waren. Die ETP 55 war leichter und zeigte im Gegensatz zu den abgerundeten Formen der Lexikon 82 eine scharfe Keilform, wie sie Bellini auch in seinem Entwurf für ein Kassettendeck von Yamaha verwendete (siehe Seite 93). Die ETP 55 war in einer hellblau-cremefarbenen Farbgebung gehalten, die dem damals aktuellen postmodernen Trend entsprach.

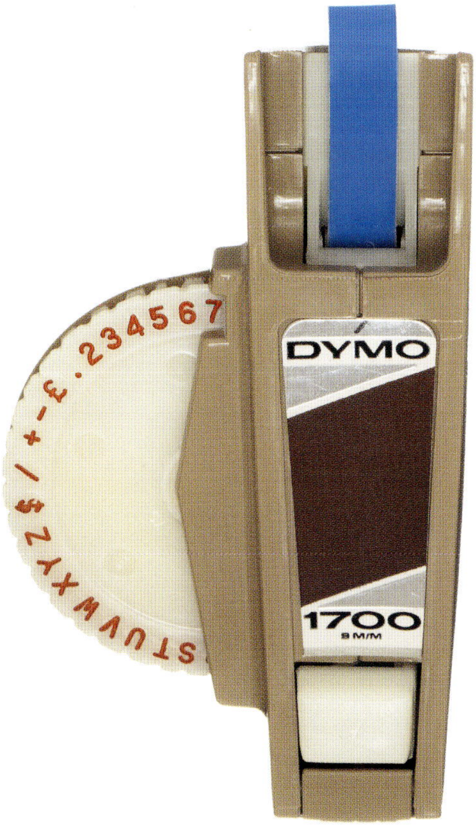

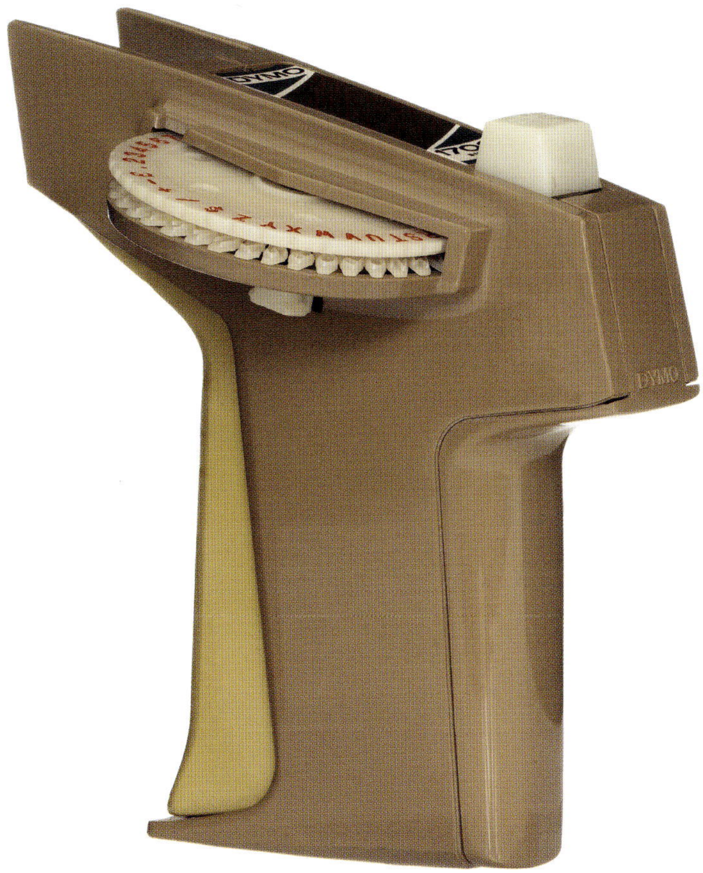

Präge-Etikettiergerät Dymo 1700
Jahr: 1961
Design: David Souza
Hersteller: Dymo Corporation, Berkeley, USA
Abmessungen: 14 × 12,7 × 1,3 cm

Rudolph Hurwich gründete die Dymo Corporation im Jahr 1958. Ihr erstes erfolgreiches Produkt war ein tragbares, handliches Etikettiergerät, entworfen von David Souza, der sein Patent an Hurwich abtrat. Das Prinzip des Präge-Etikettiergeräts basierte auf einer selbstklebenden Kunststofffolie und einer Scheibe mit erhabenen Buchstaben. Die Maschine prägte das Band, einen Buchstaben nach dem anderen, und spulte es dann ab, sodass man es nach Fertigstellung abschneiden konnte. Das Trägerband wurde entfernt und das beschriftete Band aufgeklebt. Was im Grunde eine Form von Schreibware ist, ähnlich wie Briefpapier und Visitenkarten, bekam durch die Verbindung mit einem so markanten Gegenstand eine Bedeutung als Teil des Grafikdesigns – die unverwechselbare Dymo-Schriftart ist immer noch auf Plattencovern und Postern zu finden.

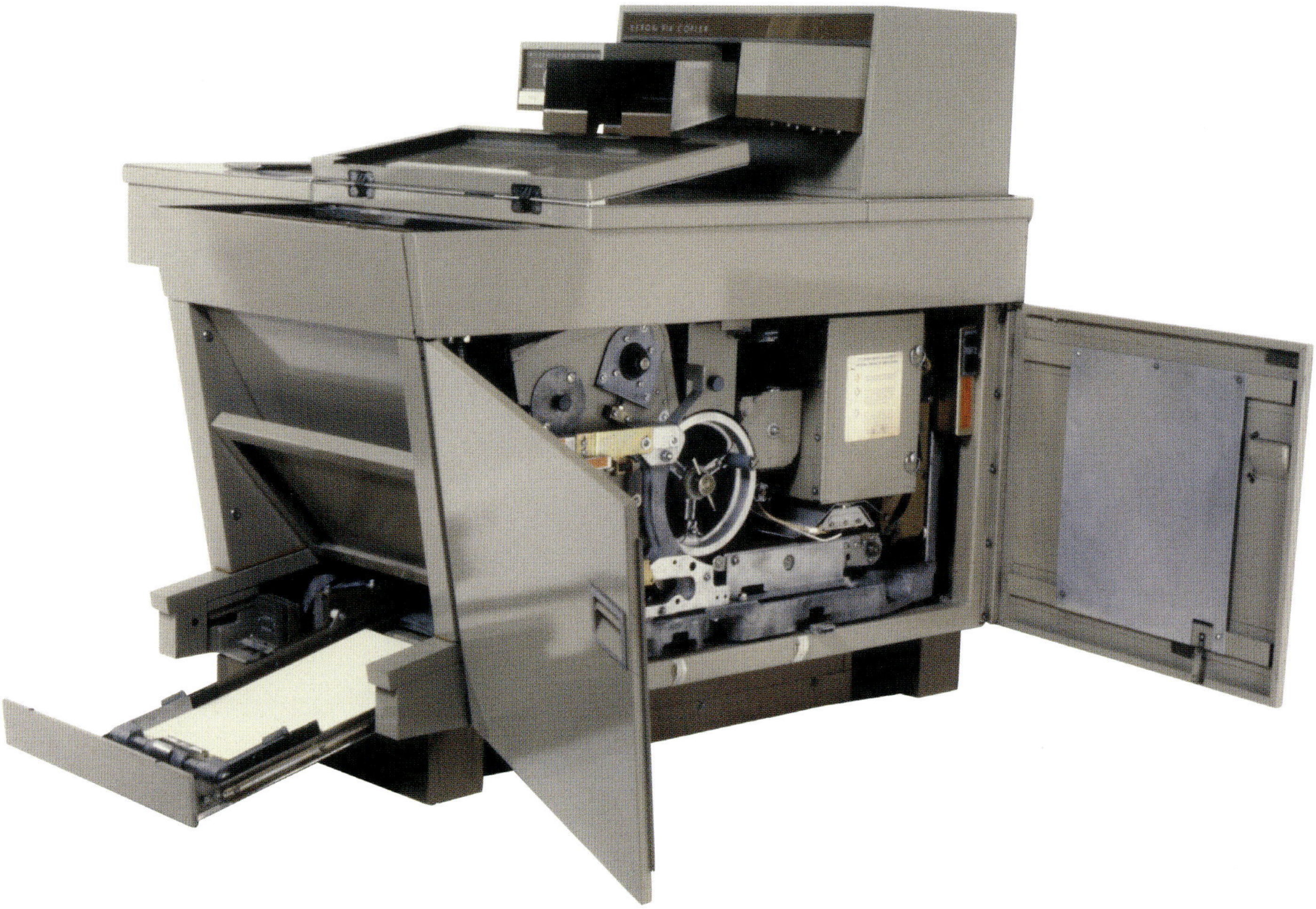

Kopiergerät Xerox 914
Jahr: 1959
Design: Chester Carlson, James Balmer, Don Shepardson, John Rutkus, Hal Bogdenoff
Hersteller: Haloid Xerox, Rochester, USA
Abmessungen: 107 × 117 × 114 cm

Fotokopierer waren eine bahnbrechende Technologie, die ältere Vervielfältigungsmethoden überflüssig machte. Aber im Gegensatz zu digitalen Fotokopierern, die ein Original einscannen und es für eine unendliche Anzahl von Kopien oder zur Übertragung als Fax verwenden, muss ein analoger Kopierer das Original jedes Mal abtasten, wenn er eine Kopie anfertigt.

Haloid war ein Unternehmen, das zunächst chemisches Kopierpapier herstellte, dann aber die Patente erwarb, die für die Herstellung von Kopien auf Normalpapier mithilfe des von Chester Carlson erfundenen Xerografieverfahrens erforderlich waren. Der 914 wurde nach seiner maximalen Kopierfläche von 22,9 × 35,5 cm (**9** × **14** Zoll) benannt und konnte sieben Kopien pro Minute erstellen.

Tischkopierer 3M 051
Jahr: 1971
Design: 3M
Hersteller: 3M, St Paul, USA
Abmessungen: ca. 22,9 × 38,1 × 7,6 cm

Die 3M Company bot eine kostengünstige Alternative zum Fotokopieren für Privatanwender an, die keine großen Mengen an Kopien benötigten. Das Gerät arbeitete mit Thermopapier, das unter das zu kopierende Dokument gelegt wurde.

Dieses wurde im Kopierer mit Infrarotlicht bestrahlt, wodurch eine Kopie der Originalvorlage auf dem Papier erschien. Der 3M 051 war für das Kopieren von Papier bis zu einer Größe von 21 × 35,6 cm ausgelegt.

Handkopierer Copy-Jack Plus

Jahr: 1986

Design: Plus Corporation

Hersteller: Plus Corporation, Tokio, Japan

Abmessungen: 5 × 14 × 12 cm

Die Plus Corporation spezialisierte sich auf Büro- und Schreibwaren, bevor sie sich der Elektronik zuwandte. Der Copy-Jack Plus wurde in einer Zeit hergestellt, in der Japan mit Gadgets überschwemmt wurde, die so niedlich wie möglich aussehen sollten, um die Kundschaft anzusprechen, selbst wenn sie von fragwürdigem Nutzen waren. Das mattschwarze Plastikgehäuse des Copy-Jack Plus erinnerte an Olympus-Kameras aus der gleichen Zeit. Das Gerät erstellte Sofortkopien von Dokumenten und Quittungen, die auf einen schmalen Papierstreifen gedruckt wurden – eine Funktion, die heute von Smartphonekameras übernommen wird. Der Copy-Jack Plus wurde über das zu kopierende Dokument gehalten, und die Bilder wurden auf die im Gerät enthaltene Papierrolle übertragen.

Fernschreiber **Creed Model 7**	
Jahr: 1931	
Design: Creed & Company	
Hersteller: Creed & Company, Croydon, Großbritannien	
Abmessungen: 49,5 × 59,7 × 26,7 cm	

Kommunikation mittels Telegrafie war im 19. Jahrhundert umständlich und erforderte auf beiden Seiten der Leitung Fachpersonal, das sich mit Morsecode auskannte. Der Fernschreiber wurde entwickelt, um die Übermittlung zu erleichtern: Eine an Telegrafen- oder Telefonleitungen angeschlossene Tastatur löste einen Tastaturanschlag am empfangenden Fernschreiber aus, was ein Umschreiben und den Morsecode überflüssig machte. Bei diesem neuartigen Telegrammverfahren diktierte der Kunde eine Nachricht, die nach Worten abgerechnet wurde, was zu einer verdichteten Sprache führte (»Telegrammstil«). Am Fernschreiber des aufgebenden Postamts wurde die Nachricht eingetippt, und das Empfangsgerät lieferte einen Endlosausdruck, der auf ein Telegrafenformular geklebt und dann dem Adressaten – oft durch Motorradboten – zugestellt wurde. Kommerzielle Nutzer wie Banken und Zeitungen verfügten über eigene Fernschreiber, ein Kommunikationsmittel, das als Vorläufer der E-Mail angesehen werden kann.

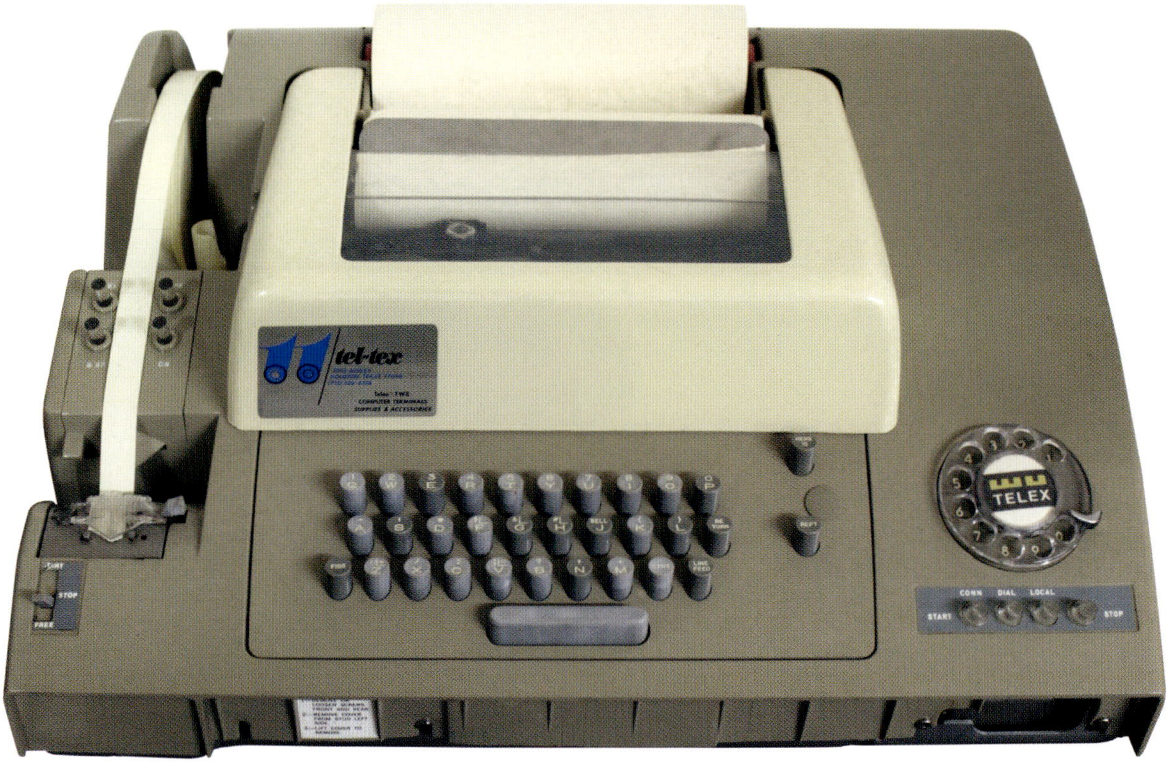

Fernschreiber ASR 32

Jahr: 1964

Design: Teletype Corporation

Hersteller: Teletype Corporation, Chicago, USA

Abmessungen: 55,8 × 46,9 × 21,5 cm

Die ersten Fernschreiber ersetzten die im Morsealphabet geschulten Telegrafisten durch eine neue elektromechanische Methode zur Übermittlung von Nachrichten. Lange vor dem Computer wurden Fernschreiber als Mittel zum Austausch großer schriftlicher Informationsmengen eingesetzt, nahezu in Echtzeit. Erforderlich war eine große und teure Maschine, die an die Kupferleitungen des Telefonnetzes angeschlossen wurde; daher war die Technik auf kommerzielle Nutzer wie Zeitungen, Banken, Hotels und Speditionen beschränkt. Weil sie mithilfe von Lochstreifencodes programmiert werden konnten, dienten Fernschreiber auch als Schnittstellen zu Computersystemen, um Programme einzugeben und deren Berechnungen auszugeben.

Die Teletype Corporation war einer von mehreren Herstellern, und der ASR 32 (Automatic Send and Receive) war eines ihrer erfolgreichsten Modelle. Gebrauchte Geräte wurden in den 1970er-Jahren wiederbelebt, um an Telefone von Gehörlosen angeschlossen zu werden.

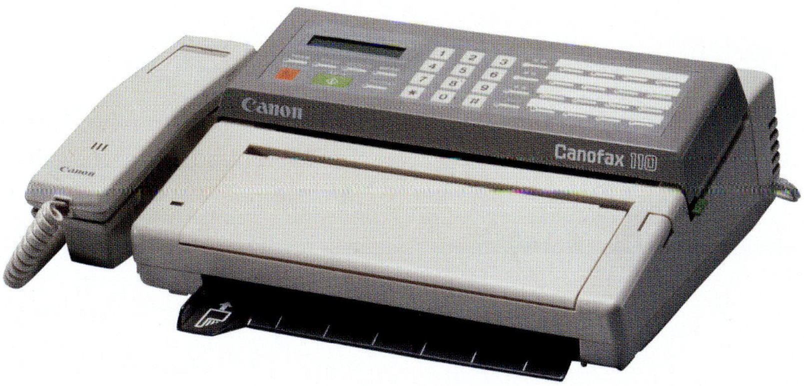

Faxgerät **Canofax 110**

Jahr: 1987

Design: Canon Inc.

Hersteller: Canon Inc., Tokio, Japan

Abmessungen: 28 × 25 × 9 cm

Das Faxgerät geht auf das 19. Jahrhundert und die Erfindung des elektrischen Drucktelegrafen zurück. Die optische Abtastung kam 1902 auf und ermöglichte die Übertragung von Fotos auf dieselbe Weise. Doch erst 1966 stellte Xerox das erste moderne Faxgerät her und ebnete damit den Weg für den Einsatz der Technologie in einem Gebrauchsgegenstand für ein breiteres Publikum. Japanische Hersteller wie Canon produzierten ihre eigenen Modelle für einen aufnahmefähigen Markt. Japanisch eignet sich perfekt für dieses Medium – eine handschriftliche Notiz wird in Kürze und einfach übermittelt –, und schneller ließ sich eine Adresse nach dem eigenwilligen japanischen System nummerierter Straßen sonst kaum übermitteln. Als Canon mit der Herstellung von Faxgeräten begann, konkurrierten diese noch mit der Posttelegrafie, aber als Kommunikationssystem wurden sie selbst in nur 20 Jahren von der E-Mail verdrängt.

Faxgerät **OFX 325**

Jahr: 1990

Design: George Sowden

Hersteller: Olivetti, Ivrea, Italien

Abmessungen: 30 × 32,5 × 7 cm

Olivetti stieg erst spät in die Herstellung von Faxgeräten ein und suchte nach einem japanischen Joint-Venture-Partner, der bereit war, sein Know-how zu teilen.

Der Produktdesigner George Sowden hatte an der Papierzufuhr von Druckern gearbeitet. Die ersten Faxgeräte waren jedoch auf Thermopapier angewiesen, das als Rolle geliefert wurde. Um ein Fax zu versenden, musste das Papier an einem Ende eingezogen werden, während die eingehenden Nachrichten in Endlosform am anderen Ende des Geräts herauskamen.

Aber die Technologie änderte sich schnell; das Kopieren auf gewöhnlichem Schreibmaschinenpapier war eine viel bequemere Option, und in Japan arbeiteten die Hersteller bereits damit. Sanyo war nicht willens oder in der Lage zu helfen, also fand Olivetti einen anderen Partner, Canon, um eine zweite Generation von Faxgeräten zu bauen.

Information

4. Kapitel

EMIAC II

Bis zum Ende des 20. Jahrhunderts wurden physikalische Phänomene wie Größe und Gewicht, Zeit, Schall, Temperatur, elektrische Spannung und Lichtstärke mithilfe analoger Techniken gemessen, aufgezeichnet und gespeichert. Zu diesem Zweck wurden Schrift, Papier und Druck entwickelt, Skalen und Lehren folgten. Diese Werkzeuge wurden von der Wettervorhersage bis zur Behandlung von Krankheiten auf allen möglichen Anwendungsgebieten eingesetzt.

Karten dienen schon seit Jahrtausenden als analoge Darstellungen der Welt. Kompasse in Form eines löffelförmigen Magnetit-Erzsteins auf einer Bronzeplatte wurden während der chinesischen Han-Dynastie zunächst im Rahmen der Geomantie und dann als Navigationshilfe eingesetzt. Lineale zur Längenmessung sind ebenfalls seit Langem bekannt. Die mindestens 600 Jahre alte mechanische Uhr ist noch immer ein wichtiges Mittel zur Darstellung der Zeit. Die noch viel ältere Sonnenuhr stellt eine weitere Variante der analogen Zeitmessung dar. Seit dem 14. Jahrhundert erarbeiteten Wissenschaftler verschiedene Methoden zur Messung der relativen Luftfeuchtigkeit, wie das Wiegen von Salz und Schwämmen und das Messen von Haaren. Der Rechenschieber, eine simple analoge Kalkulationshilfe, geht auf das Jahr 1622 zurück, während das Quecksilberthermometer aus dem Jahr 1714 stammt.

Diese analogen Instrumente entstanden zwar aus rein praktischen Gründen, sie erlangten allerdings auch kulturelle Bedeutung durch den Aufwand und die Kunstfertigkeit, die in ihre Herstellung und Verzierung flossen.

Heute werden Informationen digital als Dateien in einer Cloud gespeichert – in der analogen Kultur wurden Informationen mithilfe von Büchern in Bibliotheksregalen gesammelt. Die analoge Entsprechung einer Suchmaschine waren handgeschriebene Band- und Zettelkataloge. Inzwischen haben automatisierte Speicher- und Abfragesysteme, die für die Lagerhaltung entwickelt wurden, die traditionelle Katalogisierung nach der Dewey-Dezimalklassifikation abgelöst.

Analoge Techniken haben nicht völlig ausgedient, obwohl es heute wirksame Möglichkeiten

(1) Von 1662 bis in die 1970er-Jahre stellte der Rechenschieber die billigste und einfachste Form einer mechanischen Rechenmaschine dar – ein analoger »Computer«, der komplexe Multiplikationen und Divisionen nach logarithmischen Prinzipien durchführen konnte (siehe Seite 283).

(2) Die Kombination aus Taschensonnenuhr und Kompass ist das Ergebnis einer jahrhundertelangen Entwicklung.

2

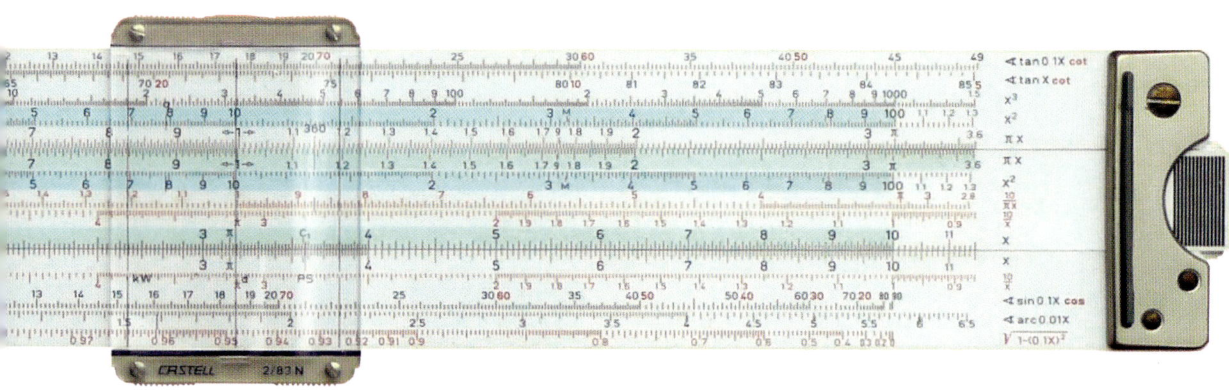

1

253 n. u. Z. Griechen und Römer importieren ägyptische Obelisken und Sonnenuhren für die Zeitmessung.

1620 William Oughtred nutzt die vom Mathematiker John Napier erfundenen Logarithmentafeln und stellt den ersten Rechenschieber her.

1680 Die Ankerhemmung von Robert Hooke baut auf früheren Arbeiten von Christiaan Huygens auf und ermöglicht die Standuhr mit hohem Gehäuse.

1714 Erfindung des Quecksilberthermometers durch Daniel Gabriel Fahrenheit (siehe Seite 250). Im 19. Jahrhundert entsteht die heute bekannte Form des ursprünglich einen Meter langen Geräts.

3

(3) Vom traditionsreichen Uhrenhersteller Solari di Udine stammt die monumentale Abflugtafel mit Fallblattanzeige, die sich perfekt in die Architektur des von Eero Saarinen entworfenen TWA-Terminals am Kennedy-Flughafen einfügt.

(4) Der Mechanismus der von Richard Sapper entworfenen Küchenwaage von Terraillon (siehe Seite 254) basiert auf dem Prinzip der Federwaage. Bei diesem nützlichen Küchenutensil wirkt die geräumige Waagschale als optisches Pendant zum orangefarbenen Unterbau.

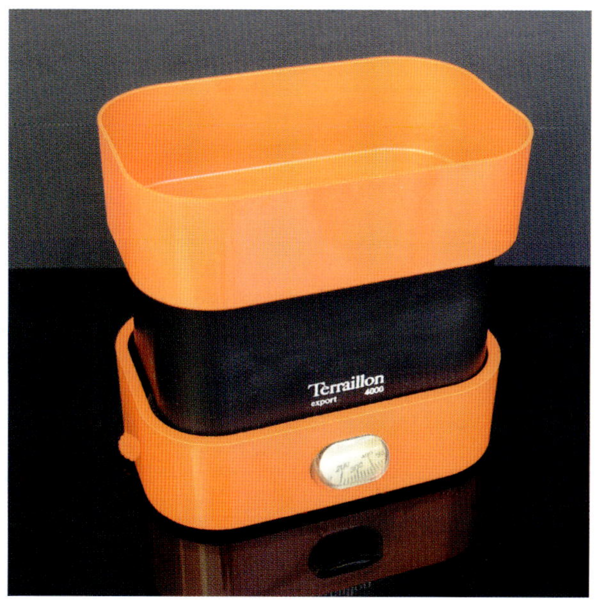

4

1770 Richard Salter erfindet, aufbauend auf Erkenntnissen des Physikers Robert Hooke, eine Methode zur genauen Gewichtsmessung mithilfe einer Feder, die das bisher nötige Gegengewicht überflüssig macht.

1791 Die französische Akademie der Wissenschaften definiert ein neues Standardlängenmaß, den Meter, als ein Zehnmillionstel der Strecke vom Äquator zum Nordpol.

1795 Das Gramm wird definiert als das Gewicht von destilliertem Wasser, das bei 3,98 °C und einem Luftdruck von 101,325 kPa das Volumen eines Kubikzentimeters bzw. eines Milliliters einnimmt.

1843 Lucien Vidi entwickelt das Aneroidbarometer. Es misst die Ausdehnung oder Kontraktion einer versiegelten Metallkammer, um das Wetter in Abhängigkeit vom atmosphärischen Druck vorherzusagen.

5

(5) Das ursprünglich 1890 entwickelte Arithmometer (siehe Seite 282), ein mechanischer Rechner, wurde in der Sowjetunion noch bis in die 1970er-Jahre in großen Stückzahlen hergestellt.

(6) Junghans verband die Schweizer Uhrmacherkunst mit der gestalterischen Klarheit des am Bauhaus ausgebildeten Künstlers und Architekten Max Bill, der die Zifferblätter der Uhren entwarf.

gibt, viele davon mit digitalen Mitteln und auf erschwinglichere Weise zu reproduzieren. Geräte wie moderne Kameras nutzen sowohl analoge als auch digitale Technologien, etwa analoge Bildsensoren, deren Signale dann digital umgewandelt werden. Bestimmte Alltagsgegenstände wie die Armbanduhr, die längst durch weitaus billigere, zuverlässigere und genauere digitale Geräte hätten ersetzt werden können, konnten tatsächlich überleben. Hochpreisige Uhren erlebten durch Investitionen Schweizer Uhrenhersteller in Werbung und Marketing eine neue Blüte. Die Entscheidung von Apple, seine Wearables in Form einer Armbanduhr zu entwickeln – im Gegensatz zu Googles gescheitertem Versuch, eine Augmented-Reality-Brille herzustellen –, hat die klassische, am Handgelenk getragene Uhr neu interpretiert, wenn auch mit digitaler statt analoger Technologie.

Dank unserer Freude an vorzeigbaren Statussymbolen und unserer fortwirkenden Gewohnheit, diese pfleglich zu behandeln und an unsere Nachkommen weiterzugeben, bekam die hochwertige Armbanduhr den Charakter eines Accessoires. Während viele analoge Technologien längst das Ende ihrer Lebensspanne erreicht haben, werden mechanische Uhrwerke immer aufwendiger.

6

1820 Charles Xavier Thomas de Colmar patentiert seine Mechanische Rechenmaschine, den Arithmometer, einen Vorläufer des modernen Computers.

1879 Aus Sorge vor Diebstählen durch das Personal entwickelte James Ritty Ritty's Incorruptible Cashier (siehe Seite 251), um die Tageseinnahmen in seinem Saloon genau verzeichnen zu können.

1883 Der österreichische Erfinder Josef Pallweber patentiert und produziert Uhren mit springenden Ziffern (Jump Hour).

1904 Louis Cartier entwirft die erste Fliegeruhr (siehe Seite 274). Sein Freund, der bekannte Pilot Alberto Santos Dumont, macht das bisher weibliche Accessoire Armbanduhr auch für Männer hoffähig.

7

(7) Der Tachometer eines VW Käfer (siehe Seite 253) war so konzipiert, dass er billig herzustellen und einfach zu montieren war, ganz im Sinne der ursprünglichen Idee eines erschwinglichen »Autos für alle«.

(8) George Nelson fand, dass die meisten Menschen die Zeit anhand der Stellung der Uhrzeiger ablesen, weshalb er die Ziffern auf seiner Ball Clock wegließ (siehe Seite 256).

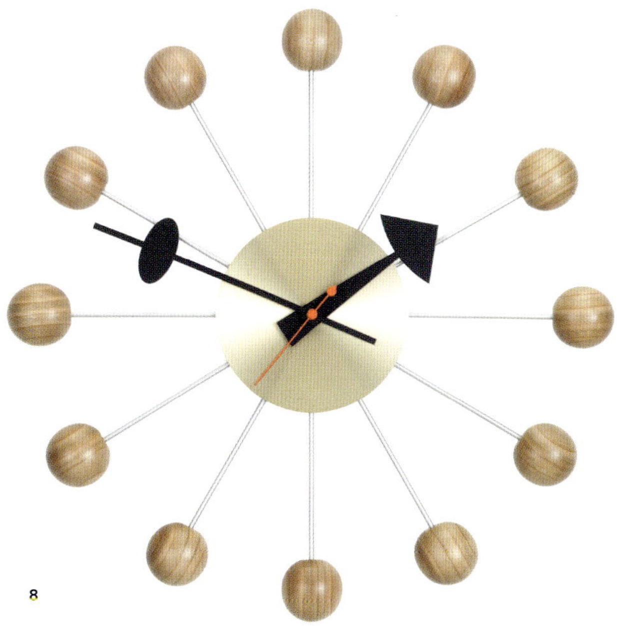

8

1916 Der Schweizer Uhrmacher Charles-Auguste Heuer entwickelt die Mikrograph-Stoppuhr (siehe Seite 273), die Zeitintervalle bis auf eine Hundertstelsekunde genau messen kann.

1940 Camillo Olivetti nimmt mit der Summa MC4 eine Rechenmaschine mit vier Grundrechenarten in sein Angebot auf.

1960 Die Accutron Spaceview (siehe Seite 275) erzeugt als erste Armbanduhr die für ihren Uhrgang nötigen Schwingungen mithilfe einer miniaturisierten Stimmgabel.

1983 Markteinführung der Swatch (siehe Seite 276), eine erstaunlich erfolgreiche Antwort auf die Herausforderung durch billige und zuverlässige Quarzuhren aus Fernost.

Produktübersicht

Messen und Zählen

Analoge Geräte zum Messen physikalischer Eigenschaften wie Gewicht oder Luftfeuchtigkeit bestehen aus zwei verschiedenen Elementen: eines zum Messen und eines zum Anzeigen des Ergebnisses. Thermometer vereinen beides in einer einzigen Hülle. Quecksilber dehnt sich bei Wärme in einem Glasrohr, das in eine Skala für Celsius und Fahrenheit eingebettet ist, aus. Instrumente und Anzeigen auf dem Armaturenbrett eines Autos übermitteln Informationen über Geschwindigkeit, Drehzahl etc. von entfernten Sensoren in einer sofort verständlichen Form.

Uhren

Lange Zeit war die Zeitmessung das Monopol von Kirche und Obrigkeit, mit Turmuhren an Kirchtürmen und Rathäusern – und keine davon ging gleich. Das Aufkommen der Eisenbahn verhalf nicht nur der Uhr im öffentlichen Raum zum Durchbruch, es sorgte auch für eine Normierung der Zeitmessung. Im 20. Jahrhundert demokratisierten massenproduzierte Uhren die Tageseinteilung, und die repräsentative Stand- oder Taschenuhr verlor ihre Bedeutung. Uhren waren kein kostspieliges und imposantes Geschenk mehr, das zu einem bedeutenden Lebensereignis wie der Heirat oder dem Eintritt in den Ruhestand überreicht wurde. Stattdessen erlebten bescheiden-funktionale Uhren wie die von Braun oder betont dekorative Uhren wie George Nelsons moderne Entwürfe einen ungeahnten Aufschwung; sie verzichteten mehr oder weniger auf Ziffern oder die Angabe von Minuten.

Radiowecker

Das Hauptargument für die Kombination aus Uhr und Radio bestand darin, dass ein voreingestellter Radiosender Schlafende sanfter weckt als ein mechanisches Uhrwerk mit Glocken. Das schlug sich im Design nieder: Die Bedienelemente mussten gut lesbar und verständlich genug sein, um auch in tiefster Nacht oder bei Dämmerung ihren Zweck zu erfüllen. In den 1980er-Jahren erweiterten einige wenige wagemutige Hersteller ihre mit Zeitschaltuhren ausgestatteten Tee- und Kaffeemaschinen um Radios, was dann doch etwas zu weit ging.

Kurzzeitmesser

Manche Hilfsmittel für den Alltag werden bewusst so hergestellt, dass sie minimalsten Anforderungen genügen. Ein Blick auf die Armbanduhr reicht, um gleichzeitig festzustellen, wie spät es ist und dass das Frühstücksei drei Minuten lang gekocht wurde. Ein Küchenwecker kann zwar nur eines dieser beiden Dinge anzeigen, aber er tut es effektiver. Eine Stoppuhr zeigt nicht die Uhrzeit an – nichts für die Küche, aber präzise genug, um einen Wettlauf oder eine Runde auf der Rennstrecke zu messen.

Armbanduhren

Es dauerte Jahrhunderte, bis die Uhr in eine Westentasche passte. Die Armbanduhr ist ein Produkt des 20. Jahrhunderts und stieß einen explosionsartigen Innovationsschub an. Einen Grund für ihren Durchbruch stellte die neuartige mechanisierte Kriegsführung dar, bei der synchronisierte Abläufe lebenswichtig waren. In jedem Fall war die Armbanduhr praktischer als die Taschenuhr. Ausgehend von diesen reinen Nützlichkeitsaspekten entwickelte sich die Armbanduhr zur am weitesten verbreiteten Form des Männer-Accessoires.

Rechenmaschinen

Nach dem Abakus und vor der elektronischen Rechenmaschine stützte sich die Welt auf zwei grundlegende Methoden, um schnell und genau komplexe Berechnungen durchzuführen. Mechanische Rechenmaschinen verschiedenster Art basierten auf einem ausgeklügelten System von Zahnrädern, die durch das Drücken von Knöpfen oder Verschieben im Räderwerk in Bewegung gesetzt wurden. Außerdem gab es den Rechenschieber, der weniger kostspielig war, aber ein gewisses Maß an Fachwissen erforderte, um die Ergebnisse ablesen zu können.

Taschenkompass

Jahr: unbekannt

Design: unbekannt

Hersteller: Verschiedene

Abmessungen: ca. 7,5 × 5,2 × 1,2 cm

Ein analoger Kompass nutzt das Magnetfeld der Erde, um den magnetischen (nicht den geografischen) Norden zu bestimmen und so eine Richtungsangabe zu machen. Die erste Kultur, die den Magnetismus für Navigationszwecke nutzte, war die chinesische Han-Dynastie (206 v. u. Z. – 220 n. u. Z.), während der man entdeckte, dass Magnetit – ein natürlich vorkommendes magnetisches Mineral – als Orientierungshilfe genutzt werden konnte. Seit der Neuzeit hat der Kompass eine magnetisierte Nadel auf einem Drehpunkt oder einem Lager, die sich nach dem magnetischen Norden ausrichtet. Diese technische Lösung wurde ebenfalls in China entwickelt, im 11. Jahrhundert, und gelangte bald nach Westeuropa.

Quecksilberthermometer

Jahr: 1714

Design: Daniel Gabriel Fahrenheit

Hersteller: Daniel Gabriel Fahrenheit

Abmessungen: ca. 30 cm Länge

Daniel Gabriel Fahrenheit war Glasbläser und Physiker, also gleichzeitig Handwerker und Wissenschaftler. Sein handwerkliches Geschick ermöglichte es ihm, eine Reihe von selbst entworfenen wissenschaftlichen Instrumenten herzustellen. Für sein erstes Thermometer verwendete er Alkohol als Medium, den er später durch das giftige, aber genauer anzeigende Quecksilber ersetzte. Die von ihm erfundene Fahrenheit-Skala basiert auf der Drei-Punkte-Eichung: Den Nullpunkt zeigte sein mit Quecksilber gefülltes Glasröhrchen beim Eintauchen in eine Mischung aus Eis, Wasser und Salmiak an; 32 Grad entsprach dem Eintauchen des Röhrchens in reines Wasser am Gefrierpunkt; 96 Grad wurden als Körpertemperatur eines »gesunden Menschen« definiert (gemessen unter der Zunge).

Registrierkasse National Cash Register

Jahr: 1885

Design: James Jacob Ritty

Hersteller: National Cash Register Company, Dayton, USA

Abmessungen: 38 × 43 × 33 cm

Die mechanische Registrierkasse verdankt ihre Existenz dem Misstrauen, das viele Geschäftsleute ihren Angestellten entgegenbrachten. Die Kasse sollte eine dauerhafte Aufzeichnung jeder Verkaufstransaktion und jedes Kassenbons ermöglichen. Ritty's Incorruptible Cashier wurde 1883 patentiert. Eine Glocke läutete bei jeder Bargeldeinnahme, sodass sie nicht unbemerkt blieb. Ritty verkaufte sein Patent an die spätere National Cash Register Company. Die ersten Geräte waren aufwendig aus Messingguss gefertigt, mit einer ornamentierten Oberfläche, was ihre Bedeutung optisch unterstreicht. Sie sollten die Aufmerksamkeit auf sich ziehen, um zu garantieren, dass Bargeld nicht unterschlagen werden konnte.

Armaturenbrett **Bugatti Type 54**
Jahr: 1932
Design: Ettore Bugatti
Hersteller: Bugatti, Molsheim, Frankreich
Abmessungen: ca. 121,9 × 15,2 cm

Den Fahrersitz eines Autos mit Lenkrad, Schalthebel, Pedalerie und vor allem dem Armaturenbrett – mit den verschiedenen Anzeigen für den Motor, die Geschwindigkeit und den Kraftstoff im Tank – könnte man als Zentrum eines analogen Systems bezeichnen. Vor der Einführung der Servolenkung – und der Bugatti Type 54 wurde lange davor gebaut – entsprach der Lenkeinschlag der Vorderräder direkt der körperlichen Anstrengung, die man am Steuer aufbrachte.

Ettore Bugatti war ein Perfektionist, wenn es um die Autos ging, die er in Kleinserie baute und die seinen Namen trugen. Während das Auto selbst im typischen Bugatti-Blau (der Farbe französischer Autos bei Autorennen) lackiert war, bestand das Armaturenbrett aus blankem Metall, mit kleineren Rundanzeigen, die symmetrisch um den großen Tachometer angeordnet waren. Häufig versah Bugatti die Zifferblätter mit seinem eigenen Namen, aber er arbeitete auch mit Jaeger-LeCoultre zusammen, einem Uhrenhersteller, der auch Anzeigeinstrumente für Autos und Flugzeuge in seine Kataloge aufgenommen hatte.

Tachometer mit Kilometerzähler

Jahr: 1938

Design: VDO Tachometer Werke

Hersteller: VDO Tachometer Werke, Frankfurt, Deutschland

Abmessungen: 11,2 cm Durchmesser

Die aus dem Griechischen abgeleitete Bezeichnung Hodometer bezeichnet ein mechanisches Gerät zur Messung einer beim Gehen oder Fahren zurückgelegten Strecke. In Fahrzeugen hat sich dafür inzwischen der Begriff Tachometer eingebürgert. Das 1929 durch eine Firmenfusion entstandene Unternehmen VDO (Vereinigte Deuta-Ota) begann mit der Herstellung von Tachometern. Diese Geräte zählen die Umdrehungen der Fahrzeugachsen pro Minute. Der Kilometerzähler spielte eine wichtige Rolle bei der dauerhaften Dokumentation der Fahrzeughistorie, indem er die Kilometer auf der Uhr registrierte.

Der Markenname VDO war auf der Armaturentafel seit dem »KdF-Wagen« vertreten, dem Versuch der Nationalsozialisten, einen »Volkswagen« auf die Räder zu stellen. Während der gesamten 65-jährigen Produktionsgeschichte blieb VDO Zulieferer für den Käfer.

Armaturenbrett Citroën DS 19

Jahr: 1955

Design: Flaminio Bertoni, André Lefèbvre

Hersteller: Citroën, Paris, Frankreich

Abmessungen: 149,9 × 20,3 cm

Die Citroën DS 19 verkörperte 20 Jahre firmeninterner Forschung und sollte belegen, dass Frankreich in der Lage war, ein fortschrittliches Auto zu produzieren, das es jederzeit mit der amerikanischen Konkurrenz aufnehmen konnte. Der Wagen verfügte serienmäßig über eine hydropneumatische Federung und eine Servolenkung. Designer Flaminio Bertoni setzte im Innenraum Akzente mit dem einspeichigen Lenkrad und dem Armaturenbrett, das gebogene mit geraden Oberflächen kombiniert. Der Schriftsteller Roland Barthes würdigte das Armaturenbrett: »… die kleinen Klappen aus mattem, gewelltem Blech, die kleinen Hebel mit den weißen Knöpfen, die sehr einfachen Instrumente, … all dies steht für eine Art Kontrolle, die über die Bewegung ausgeübt wird, die mehr als Komfort denn als Leistung aufgefasst wird. Offensichtlich tritt jetzt an die Stelle der Alchemie der Geschwindigkeit ein anderes Prinzip: die Freude am Fahren.«

Küchenwaage Terraillon 4000

Jahr: 1969

Design: Marco Zanuso, Richard Sapper

Hersteller: Terraillon, Annemasse, Frankreich

Abmessungen: 18 × 13 × 12,3 cm

Terraillon befindet sich heute in chinesischem Besitz, und die Haushaltsgeräte der Marke, die größtenteils auf digitaler Technologie basieren, werden in Fabriken in Shenzhen hergestellt. Das Unternehmen wurde 1908 von Lucien Terraillon als Uhrenfabrik in Annemasse, einer kleinen Stadt nahe der Schweizer Grenze und in der Nähe von Genf, gegründet. Im Jahr 1948 stieg Charles Terraillon mit selbst entworfenen mechanischen Waagen für Küchen und Bäder in das Geschäft ein. Das stetig wachsende Unternehmen begann mit Marco Zanuso und Richard Sapper zusammenzuarbeiten, um seinen Produkten ein anspruchsvolleres Aussehen zu verleihen, und verlegte einen Teil der Produktion nach Italien. Ab 1969 arbeiteten Zanuso und Sapper an einer Serie von Waagen aus spritzgegossenem ABS-Kunststoff. Sie hatten eine transparente Kunststoffabdeckung, die gleichzeitig als Waagschale diente, und waren in verschiedenen Größen erhältlich, die nach ihrer Wiegeleistung benannt waren, beim gezeigten Gerät also 4000 Gramm.

Hygrometer
Jahr: 1978
Design: Henning Koppel
Hersteller: Georg Jensen, Kopenhagen, Dänemark
Abmessungen: Durchmesser 10 cm, Tiefe 4,4 cm

Georg Jensen gründete sein Atelier 1904 und erwarb sich einen internationalen Ruf für virtuose Handwerkskunst. Nach seinem Tod im Jahr 1935 führte das Unternehmen die von ihm entworfenen, vom Kunsthandwerk inspirierten Produktlinien weiter und fand neue Partner. Im Jahr 1945 trat der Künstler Henning Koppel in das Unternehmen ein.

Koppels Arbeit für Georg Jensen verlieh dem Unternehmen neuen Schwung; sie erstreckte sich auf hochwertiges Besteck, skulpturale Korpusware und Schmuck, aber auch auf eher nützliche Produkte wie Hygrometer. Dieses aus Edelstahl gefertigte Hygrometer wurde als Teil einer Wetterstation entworfen, die neben der relativen Luftfeuchtigkeit auch Temperatur und Luftdruck maß und zusätzlich eine Uhr beinhaltete. Das Ensemble war schlicht, aber elegant.

Wanduhr Ball Clock

Jahr: 1949

Design: George Nelson

Hersteller: Howard Miller Clock Company, Zeeland, Michigan, USA, heute Vitra, Weil am Rhein, Deutschland

Abmessungen: 33 × 5,7 cm

George Nelson war Designdirektor des Büromöbelherstellers Herman Miller, als er den Auftrag erhielt, eine Serie für den Ableger des Unternehmens zu entwerfen, der Uhren herstellte (der ursprünglich Herman Miller Clock Company hieß und später nach dem Sohn des Gründers, Howard, umbenannt wurde).

Nelson, der auch Charles und Ray Eames für das Unternehmen angeworben hatte, schuf eine Serie von 14 Uhren, die 1949 auf den Markt kamen und sich von den bisher vertriebenen traditionellen Zeitmessern ebenso deutlich unterschieden wie der Eames Lounge Chair von den Vorkriegsprodukten von Herman Miller.

Nelson analysierte die Art und Weise, wie Menschen Uhren lesen; er fand heraus, dass Ziffern überflüssig sind – man erkennt die Zeit an der Stellung der Zeiger. Nelsons Uhren waren witzig, dekorativ und skulptural. Vitra, das seit den 1950er-Jahren Eames-Möbel in Europa herstellt, erwarb Nelsons Archiv und begann 1999 mit der Neuauflage seiner Uhren.

Küchenuhr **Junghans**	
Jahr: 1956	
Design: Max Bill	
Hersteller: Gebrüder Junghans AG, Schramberg, BRD	
Abmessungen: 25,2 × 18 × 5,6 cm	

Junghans war ein deutscher Uhrenhersteller, der über viele Jahre mit dem am Bauhaus ausgebildeten Schweizer Architekten und Künstler Max Bill zusammenarbeitete. Nach dem Zweiten Weltkrieg wurde Bill Rektor der Hochschule für Gestaltung Ulm, die oft als Nachfolgerin des Bauhauses bezeichnet wird. Aus dieser Schule bezog Dieter Rams seinen Designansatz für Braun, und Bills Arbeit für Junghans folgte einer ähnlich rationalistischen Tendenz. Sein erster Entwurf für das Unternehmen war die sogenannte Küchenuhr, die an der Wand befestigt werden sollte und bei der der Küchenwecker unter dem Zifferblatt angebracht war. Bill entwarf in der Folge eine Reihe weiterer Uhren und Armbanduhren für das Unternehmen.

Tischuhr **Static**	
Jahr: 1959	
Design: Richard Sapper	
Hersteller: Lorenz, Mailand, Italien	
Abmessungen: 9,5 × 6,5 × 6,5 cm	

Tullio Bolletta, der Gründer der Mailänder Uhrenmanufaktur Lorenz, beauftragte Richard Sapper mit dem Entwurf einer Uhr, die ein vorhandenes elektromechanisches Werk verwenden sollte, das ursprünglich für die Zeitmessung von Torpedozündern entwickelt worden war. Die daraus entstandene Static war ein etwas rätselhaftes skulpturales Objekt, das aus einem massiven Edelstahlblock gefräst war, der zur Aufnahme des Mechanismus ausgehöhlt wurde. Die abgerundete Form hat an der Basis eine kreisförmige Standfläche, während ein Gegengewicht im Inneren die nötige Stabilität herstellt.

Seine Static-Uhr, sagte Sapper, sei schwierig zu fertigen. »Sie hat diese abgeflachte Stelle im Korpus, damit die Uhr auf dem Tisch stehen bleibt«, fügte er hinzu. »Wenn man die Uhr umkippt, rollt sie auf dem Tisch, bis die flache Stelle erreicht ist, und dann steht sie wieder aufrecht. Darin bestand die Besonderheit dieser Uhr.«

Im Jahr 2019 nahm Lorenz die Fertigung der Uhr mit einem neuen Quarzwerk wieder auf.

Tischuhr Secticon T2

Jahr: 1960

Design: Angelo Mangiarotti

Hersteller: Portescap, La Chaux-de-Fonds, Schweiz

Abmessungen: 15,2 × 13 cm

Angelo Mangiarotti war ein führender italienischer Architekt und Designer. Sein Entwurf für die Secticon war von der Maritime abgeleitet, einer Uhr für eine Yacht, die Mangiarotti 1956 ausstattete. Die Secticon-Uhrenserie wurde erstmals 1960 von dem Schweizer Hersteller Portescap produziert und umfasste Tisch- und Wanduhren aus Messing und Kunststoff. Neben seiner architektonischen Arbeit war Mangiarotti ein begabter Künstler, der unter anderem von den Bildhauern Hans Arp und Constantin Brâncuși beeinflusst wurde, und diese Einflüsse finden sich in der skulpturalen Qualität der Secticon-Uhren wieder. In jüngster Zeit stellte ein deutscher Hersteller, Klein & More, eine Lizenzversion mit einem Gehäuse aus Porzellan anstelle von Kunststoff her.

Braun

Heute gehört das Unternehmen zum Mischkonzern Procter & Gamble und ist vor allem für seine wenig glamourösen elektrischen Zahnbürsten bekannt. Ursprünglich wurde Braun 1921 in Frankfurt vom deutschen Ingenieur Max Braun gegründet, um Radios zu bauen. In den 1930er-Jahren erweiterte man das Sortiment um Musiktruhen, und nach dem Zweiten Weltkrieg expandierte Braun in den Bereich der Haushaltsgeräte und stellte elektrische Mixer und Rasierapparate her.

Nach dem Tod ihres Vaters im Jahr 1951 übernahmen Artur und Erwin Braun den Betrieb. Sie machten sich daran, ein modernes Unternehmen aufzubauen, das seiner sozialen Verantwortung gerecht wird. Gleichzeitig schufen sie eine neue Markenidentität und einen neuen Ansatz für das Produktdesign von Braun, das zum Symbol für das moderne, demokratische Deutschland wurde. Sie knüpften enge Verbindungen zur neu eröffneten Hochschule für Gestaltung Ulm (die sich als Nachfolgerin des Bauhauses verstand) und bauten ein hauseigenes Designteam auf, das seit 1955 von Dieter Rams geleitet wurde – dem vielleicht einflussreichsten deutschen Designer der Nachkriegszeit. Unter Rams stellte Braun Toaster, Uhren, Radios, Hi-Fi-Anlagen, Fernsehgeräte und Filmkameras her. Rams formulierte einmal, er habe bei den Geräten das Urbild des britischen Butlers vor Augen gehabt: Sie blieben unsichtbar, wenn sie nicht gebraucht wurden, und leisteten routiniert gute Arbeit, sobald ihre Anwesenheit erforderlich war.

Der Künstler Richard Hamilton machte Braun-Produkte zum Sujet mehrerer seiner Werke: in seiner künstlerischen Vorstellung nahmen sie den gleichen Platz ein wie der Mont Sainte-Victoire bei Paul Cézanne. Die kühle Logik, die Rams stets walten ließ, inspirierte auch Jonathan Ive, den britischen Industriedesigner, der eng mit Steve Jobs bei Apple zusammenarbeitete. Rams versuchte, sich von kurzlebigen Moden, geplanter Obsoleszenz und allgegenwärtigem Konsumdenken zu lösen. Er glaubte fest an das Schlagwort »Weniger ist mehr« des Architekten Mies van der Rohe und fügte etwas Eigenes hinzu, indem er meinte, dass gutes Design weniger, aber besseres Design bedeute. Seine zumeist monochromen Entwürfe mit nur wenigen Farbakzenten, die die wichtigsten Bedienelemente kennzeichnen und die so wenig Materialien wie möglich verwenden, wirken nicht veraltet. Nur die analoge Technologie, auf der seine Produkte aufbauten, ist verschwunden. Die Muttergesellschaft von Braun stellt die von Rams entworfenen Objekte nicht mehr her, aber für Menschen, die sie zu schätzen wissen, sind sie nach wie vor attraktiv.

Proctor & Gamble hat die Produktion von Nachbildungen der Braun-Uhren lizenziert, während die echten Exemplare inzwischen zu begehrten Sammlerstücken gereift sind.

1

(1) Erwin und Artur, die beiden Söhne von Max Braun, übernahmen das von ihrem Vater gegründete Rundfunkgeräteunternehmen.

(2) Das Radio Braun RT 20 (siehe Seite 54) wurde 1963 von Dieter Rams entworfen.

(3) Die Braun-Armbanduhr (siehe Seite 278) war ursprünglich als Werbegeschenk für die Kunden des Unternehmens gedacht.

(4) Wecker werden meist in der Nacht eingestellt und früh am Morgen ausgeschaltet. Deshalb müssen ihre Bedienelemente selbsterklärend sein.

BRAUN
höhen
tiefen
volumen
ein aus
phono
lang
mittel
ukw
sender

2

BRAUN
quartz
Made in Germany

3

BRAUN
quartz

4

Klappzahlenuhr Twemco QT-30

Jahr: 1968

Design: Twemco Industries Ltd

Hersteller: Twemco Industries Ltd, Hongkong, China

Abmessungen: 19,5 × 10,3 × 7,5 cm

Twemco wurde 1968 gegründet und vermarktet heute moderne Uhren mit Fallblattanzeigen im »Retrostil«. Die Produkte von Twemco haben zwar andere Mechaniken als die von Gino Valle für Solari di Udine entworfenen Anzeigen (siehe Seite 245), aber sie sind eindeutig vom italienischen Vorbild beeinflusst. Dass Valles Design immer noch aktuell aussieht, unterstreicht die Bedeutung dieser Ära des italienischen Designs und der Technologie.

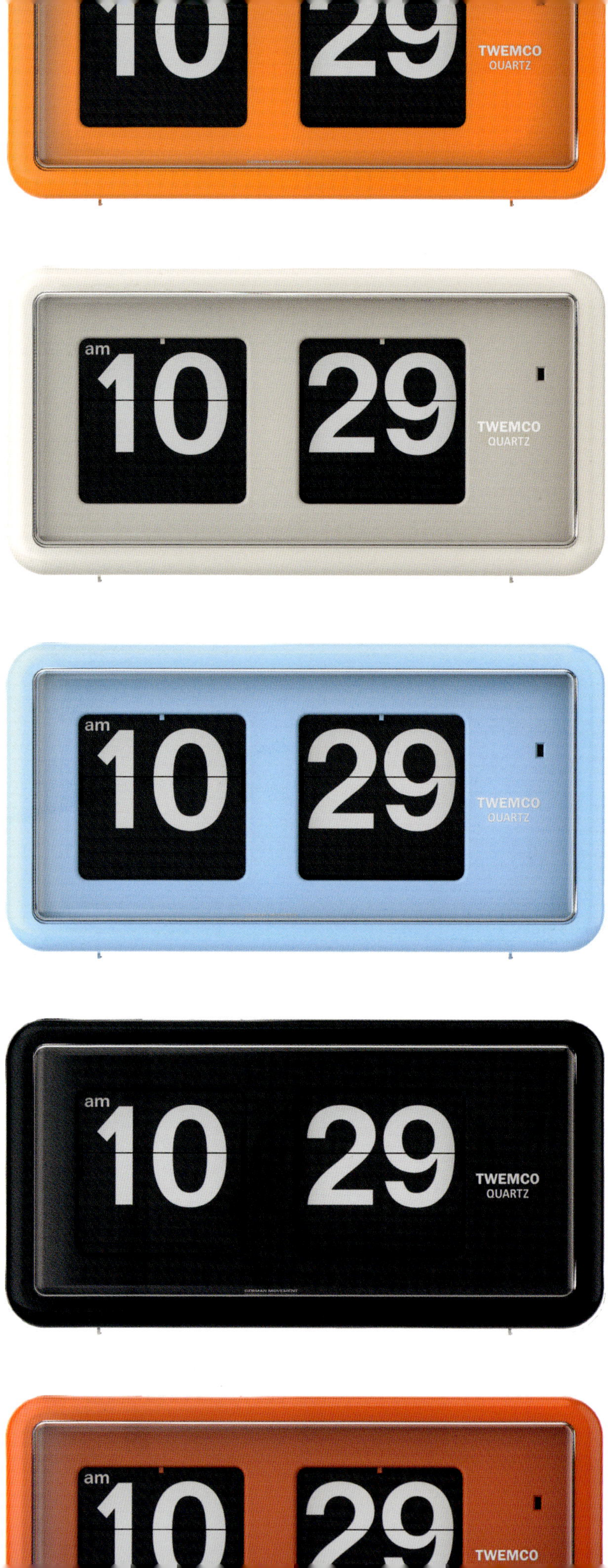

Wecker **Sandwich**	
Jahr: 1971	
Design: Richard Sapper	
Hersteller: Ritz-Italora, Mailand, Italien	
Abmessungen: 8 × 6 × 3,5 cm	

Der Industriedesigner Richard Sapper schlug den Namen vor, weil man die beiden Hälften zusammendrücken musste, um das Klingeln des Weckers abzustellen. Er war in den Farben Schwarz, Silber, Weiß und Rot erhältlich und wurde von Sapper für Ritz-Italora entworfen, einen traditionellen Zulieferer, der das konsumierende Publikum mit einer neuen Produktpalette im Rahmen einer organischen Fortschreibung der technischen Möglichkeiten des Unternehmens direkt ansprechen wollte.

Klappzahlenwecker **Braun Phase 2**	
Jahr: 1972	
Design: Dieter Rams, Dietrich Lubs	
Hersteller: Braun AG, Frankfurt, BRD	
Abmessungen: 14 × 8 × 5 cm	

Phase 2 war Brauns Weiterentwicklung der Solari Fallblattanzeige (siehe Seite 245). Die Designer Dieter Rams und Dietrich Lubs entwarfen ein durchdachtes Gehäuse, bei dem sich die Anzeige an der Vorderseite der Uhr befand und sich nach oben neigte, um die Zeit anzuzeigen, wenn die Uhr auf einem Tisch platziert wurde. Die Phase 2 war die erste und einzige Braun-Uhr mit Fallblattanzeige.

Wecker **Braun AB 20**	
Jahr: 1975	
Design: Dieter Rams, Dietrich Lubs	
Hersteller: Braun AG, Frankfurt, BRD	
Abmessungen: 8,6 × 6,3 × 4,3 cm	

Braun präsentierte das Modell AB 20 als Reisewecker – zusammen mit dem elektrischen Rasierapparat, den das Unternehmen ebenfalls anbot, ein unverzichtbares Utensil. Er sollte so einfach wie möglich zu bedienen sein, da er nur nachts oder am frühen Morgen bedient würde, wenn man nicht gerade hellwach ist. Auf der Vorderseite der Uhr befinden sich nur zwei Schalter, die miteinander verbunden sind. Damit keine Zweifel aufkommen, ist einer davon mit »ein« und der andere mit »aus« gekennzeichnet. Das einzige andere Bedienelement befindet sich auf der Rückseite, wo die Zeiger und die Weckzeit eingestellt werden können. Aufwendigere Versionen waren mit einer Klappe zum Schutz des Zifferblatts ausgestattet, auf der die Weltzeitzonen angegeben waren.

Tischuhr **Metropole**	
Jahr: 1982	
Design: George Sowden	
Hersteller: Memphis Milano, Mailand, Italien	
Abmessungen: 24 × 24 × 81 cm	

Anfang der 1980er-Jahre gründete Ettore Sottsass mit Architekten und Designern die Memphis Group, mit dem ausdrücklichen Ziel, die Form von Alltagsgegenständen grundlegend zu hinterfragen. George Sowden, der mit Sottsass bei Olivetti zusammengearbeitet hatte, wo er eine Reihe von Produkten wie Faxgeräte und Rechenmaschinen entwarf, zählte zu den herausragenden Mitgliedern der Gruppe.

Nach Auffassung von Memphis hatte die Elektronik die traditionelle Designvorstellung, wonach die Formgebung idealerweise der Funktion folgte, überflüssig gemacht. Eine Leiterplatte ersetzte die meisten beweglichen Teile, weshalb Objekte nicht nach ihrer Funktion, sondern nach der Botschaft gestaltet werden konnten, die der Designer mit ihnen aussenden wollte. Sowdens Metropole-Uhr erinnert vage an einen Hausschrein oder ein Totem. Sie veranschaulicht Sowdens lebenslange Faszination für Oberflächen und Farben.

Richard Sapper

Richard Sapper wurde auf einem Umweg zum Designer: In München, wo er 1932 geboren wurde, absolvierte er ein Wirtschaftsstudium, bevor er als Ingenieur zu Daimler-Benz nach Stuttgart ging. Dort entwarf er zunächst die Außenspiegel für den Mercedes 300 SL Roadster, hatte aber bald genug von der Autoindustrie. Nach seinem Umzug nach Mailand im Jahr 1958 verbrachte Sapper den größten Teil seiner Karriere in Italien, wo er 2015 starb.

Sapper entwickelte eine anspruchsvolle Designsprache, die auf Einfachheit, reinen geometrischen Formen, starker Haptik und einer begrenzten Farbpalette beruht. Er arbeitete kurz im Studio des italienischen Architekten Gio Ponti und teilte dann seine Zeit zwischen dem hauseigenen Designbüro der Kaufhauskette La Rinascente und dem Studio des Architekten Marco Zanuso auf. Er verließ La Rinascente, um eine Partnerschaft mit Zanuso einzugehen, die bis in die 1970er-Jahre andauerte. In dieser Zeit entwarfen beide einige der eigenwilligsten analogen Fernseh- und Radiogeräte überhaupt, darunter die Modelle Doney, Algol und Black für Brionvega sowie das Telefon Grillo. Black war ein spiegelglatter, schwarzer Glaskubus, der zu verschwinden schien, wenn er nicht benutzt wurde.

Im Alleingang entwarf Sapper Uhren, unter anderem für Lorenz und Heuer, und gewann 1960 zum ersten Mal den italienischen Designpreis Compasso d'Oro für die Tischuhr Static, die auf geniale Weise ein Uhrwerk aus Armeebeständen nutzte, das für den Einsatz in Torpedos hergestellt worden war. Sapper brachte den Mechanismus in einem glatten Metallgehäuse unter, dem er ein kühnes grafisches Gesicht gab.

Am bekanntesten sind vielleicht seine verstellbare Schreibtischlampe Tizio und sein Wasserkocher für Alessi. Beide Produkte spiegeln die Mischung aus akribischem Ansatz und Blick für die praktischen Details wider. Die minimale Grundfläche der Tizio lässt die Schreibtischoberfläche frei, die unschönen Stromkabel sind im Standfuß verlegt. Der Wasserkocher hat eine Zweiklangpfeife, die wie eine amerikanische Lokomotive klingt.

Sappers erstes Projekt als Chefberater für Industriedesign bei IBM war ein Prototyp für eine elektrische Schreibmaschine, die die berühmte Selectric von Eliot Noyes ersetzen sollte. Er entwarf ein platzsparendes Hochformat, aber IBM stand bereits kurz vor der Markteinführung seines ersten PCs, der die Schreibmaschine überflüssig machen würde. Sapper war jedoch für den ersten Laptop-Computer von IBM, das Think Pad, verantwortlich, das so erfolgreich war, dass der chinesische Hersteller Lenovo die Produktionsrechte erwarb, nachdem IBM beschlossen hatte, die Hardwareherstellung aufzugeben.

1

(1) Richard Sapper überbrückte die Kluft zwischen analogem und digitalem Design und arbeitete im Lauf seiner Karriere an Fernsehern und Radios sowie am ersten Laptop von IBM.

2

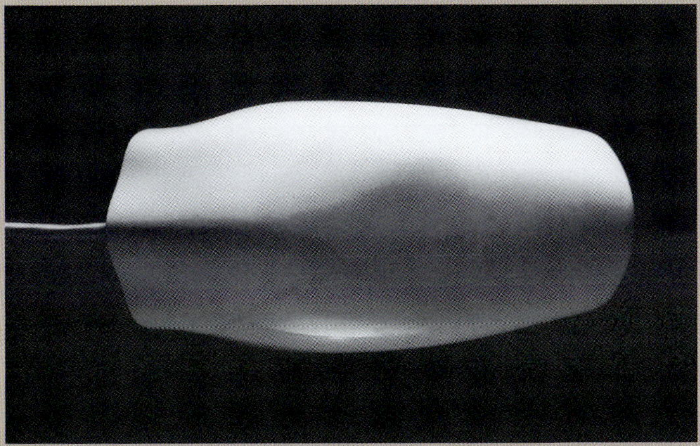

3

4

(2), (3) und (4) Gemeinsam mit seinem Studiopartner Marco Zanuso gab Sapper dem Grillo-Telefon (siehe Seite 211) sein apartes Aussehen.

(5) Der Wecker von Sapper für Ritz-Italora aus dem Jahr 1971 war aus naheliegenden Gründen als Sandwich bekannt (siehe Seite 263).

(6) Die Static-Uhr (siehe Seite 258), die erste von vielen von Sapper entworfenen Uhren, basiert auf einem Zeitmesser aus Militärbeständen und fällt durch kühne Typografie auf.

(7) Für Terraillon entwarf Sapper einen schneckenförmigen Küchenwecker namens Escargot (siehe Seite 273).

5

6

7

Wanduhr Braun ABW 21
Jahr: 1987
Design: Dietrich Lubs
Hersteller: Braun AG, Frankfurt, BRD
Abmessungen: 20 × 4 cm

Dietrich Lubs' Wanduhr fiel gewissermaßen aus dem Rahmen; bei Braun war eigentlich Dezenz Trumpf. Der weiß beschriftete schwarze Außenrand umschließt zwei weitere kreisförmige Elemente, von denen eines konzentrische messingfarbene Kreise enthält, während das andere cremefarben ist. Hinzu kommen messingfarbene Markierungen für die Viertelstunden sowie zwei unterschiedlich große Ziffernarten, von denen die eine die Stunden, die andere die Minuten anzeigt. Der Kontrast zur 4833 Domo – der ersten, sehr viel konservativeren Wanduhr, die Lubs für Braun entwarf – ist unübersehbar.

Kuckucksuhr Alessi
Jahr: 1988
Design: Robert Venturi, Denise Scott Brown
Hersteller: Alessi, Crusinallo, Italien.
Hergestellt in der Schweiz.
Abmessungen: 40,6 × 40,6 × 12,2 cm

Alessis Programm mit neuartigen Haushaltsgegenständen, von Küchengeräten bis hin zu Uhren, war in den 1980er-Jahren eng mit der postmodernen Revolution verbunden, die die Designlandschaft veränderte. Alberto Alessi hatte Alessandro Mendini als kreativen Berater gewonnen. Dieser orientierte sich an den Dissidenten der Designbranche, die Modernismus und Funktionalismus infrage stellten. Alessi arbeitete mit dem Architekten und Architekturtheoretiker Charles Jencks zusammen, der eine Polemik gegen die Moderne mit dem Titel *The Language of Post-Modern Architecture* verfasst hatte, sowie mit dem amerikanischen Architekten Michael Graves, der eine Rückkehr zum Ornament und Historismus anstrebte.

Robert Venturi und Denise Scott Brown passten ebenfalls ideal ins Markenkonzept von Alessi. Ihren Glauben an die Populärkultur als Inspirationsquelle für die Hochkultur brachten sie mit ihrer voll funktionsfähigen, grell gelb-grünen Kuckucksuhr zum Ausdruck – eine überzeugende Zelebration der Macht des Kitsches.

Radiowecker Sony Digimatic 8FC-100E

Jahr: 1972

Design: Sony

Hersteller: Sony, Tokio, Japan. Hergestellt in Taiwan.

Abmessungen: 22,5 × 12 × 13 cm

Sony stellte eine Reihe von Radioweckern mit Klappzahlen her. Einige hatten Quer- oder Hochformat, andere waren würfelförmig. Der BFC 100E war eines der frühen Modelle und besaß ein horizontales Format. Das Gehäuse des Radioweckers hatte eine abgeschrägte Vorderseite und saß auf einem kurzen, runden Fuß. Mit den Reglern auf der einen Seite wurde die Uhr eingestellt, während die andere Seite zur Auswahl des Senders diente. Man konnte sich wahlweise durch einen Weckton oder das Radio wecken lassen.

Radiowecker Panasonic RC-6500

Jahr: 1973

Design: Panasonic

Hersteller: Matsushita Electric Industrial Co. Ltd, Osaka, Japan

Abmessungen: ca. 17,8 × 7,6 × 12,7 cm

Der Radiowecker von Panasonic sah keinem anderen Produkt auf dem Markt ähnlich. Die Bedienelemente, Lautsprecher und Schaltungen waren in einem Holzfurniergehäuse untergebracht. Die Uhr und die Abstimmanzeige des Radioempfängers befanden sich in zwei beleuchteten, transparenten Kreisen, die in einem weiteren Element untergebracht waren, das im rechten Winkel zum Holzsockel stand. Die Zeiger der Uhr hatten eine eigenwillige Form und waren in Neongrün und -gelb gehalten, während die Weckzeit durch einen leuchtend roten Punkt angezeigt wurde.

Radiowecker GE 7-4550A

Jahr: 1981

Design: General Electric

Hersteller: General Electric, Syracuse, USA. Hergestellt in Malaysia.

Abmessungen: 16,5 × 16,5 × 26 cm

Wohl im Hinblick auf den eher konservativen Geschmack des amerikanischen Publikums war der Radiowecker von General Electric in einem Gehäuse aus Polystyrol untergebracht, das mit einem Walnussholz-Laminat verkleidet war. Das analoge Zifferblatt und die Frequenzskalen waren hinter einem transparenten Bildschirm verborgen, der dem Gerät das Aussehen eines kleinen Fernsehers verlieh. General Electric war offensichtlich der Meinung, dass seine Kundschaft bei der Bedienung jede Hilfe benötigte, die sie bekommen konnte. An der Seite des Gehäuses war neben dem geriffelten Drehknopf für die Senderwahl das Wort »Tuning« in das Kunststoffgehäuse eingearbeitet, und der Schaltknopf, mit dem man einen Radiosender zur Weckzeit auswählen konnte, war mit »Wake to Music« beschriftet.

Stoppuhr Mikrograph

Jahr: 1916

Design: Jules-Edouard Heuer,
Charles-Auguste Heuer

Hersteller: Edouard Heuer, Biel, Schweiz

Abmessungen: 5,7 cm Durchmesser

Die Firma Heuer, ein etablierter Schweizer Hersteller von Taschenuhren, produzierte 1916 die erste Stoppuhr und setzte damit einen neuen Standard für präzise Zeitmessung. Sie war in der Lage, Zeitintervalle bis auf eine Hundertstelsekunde genau festzuhalten, und wurde für den Einsatz im Sport konzipiert. Diese überragenden Eigenschaften bewirkten, dass Heuer-Stoppuhren als offizielle Zeitmesser bei drei Olympischen Spielen nach dem Ersten Weltkrieg eingesetzt wurden.

Küchenwecker Escargot

Jahr: 1980

Design: Richard Sapper

Hersteller: Ritz-Italora, Mailand, Italien
für Terraillon, Frankreich

Abmessungen: ca. 2,2 × 6,7 cm

Der Escargot war der verspieltere der beiden Küchenwecker, die Sapper für Terraillon entwarf. Der Name verweist auf die schneckenhausähnliche Form des Zeitmessers, dessen Gehäuseteile nach dem Einstellen der Zeit zueinander versetzt waren. Er konnte Intervalle von bis zu 90 Minuten anzeigen und war in verschiedenen Farben erhältlich. Sapper selbst erklärte, dass er den eleganten Prototyp ohne Ziffern auf dem Zifferblatt, sondern nur mit minimalistischen grafischen Punkten bevorzugt hätte. Die Serienversion wies jedoch der Kundschaft zuliebe fettgedruckte Ziffern auf.

Armbanduhr Santos

Jahr: 1904

Design: Louis Cartier

Hersteller: Cartier, Paris, Frankreich

Abmessungen: 3,4 × 2,5 cm

Der Großvater von Louis Cartier, Louis-François, gründete 1847 das familieneigene Juweliergeschäft, das sich bei der französischen Elite bald einen Namen machte. Der Enkel dachte in internationalen Dimensionen und erweiterte die Produktpalette um kunstvoll verzierte sogenannte »Mystery«-Uhren.

Die Santos-Uhr entstand, als der Flieger Alberto Santos Dumont, der durch die Umrundung des Eiffelturms in einem Luftschiff berühmt wurde, Cartier nach einem praktischen Zeitmesser für Flieger fragte, die nicht umständlich nach einer Taschenuhr fingern wollten. Die 1911 in Serie gegangene Santos war zwar nicht die erste Armbanduhr – es gab bereits Modelle für Frauen –, aber die Verbindung mit dem brasilianischen Abenteurer gab ihr erstmals ein maskulines Image.

Armbanduhr Oyster Perpetual Datejust

Jahr: 1945

Design: Rolex

Hersteller: Rolex, Genf, Schweiz

Abmessungen: 3,6 cm Durchmesser

Hans Wilsdorf begann seine Karriere 1905 mit dem Export von Uhrwerken aus der Schweiz nach Großbritannien. Er war davon überzeugt, dass Armbanduhren, sobald sie zuverlässig genug waren, die Taschenuhr vollständig verdrängen würden. Wilsdorf begann mit der Herstellung von hochwertigen Rolex-Armbanduhren. Die erste wasserdichte Version mit hermetisch geschlossenem Gehäuse, die Oyster, brachte er 1927 auf den Markt, unterstützt von der britischen Kanalschwimmerin Mercedes Gleitze. 1931 entwickelte Wilsdorf eine Uhr mit Automatikaufzug, die Perpetual. Der nächste Schritt war der Einbau einer Datumsanzeige in einem Fenster im Zifferblatt.

Armbanduhr Accutron Spaceview

Jahr: 1960

Design: Max Hetzel

Hersteller: Bulova, New York, USA

Abmessungen: 3,4 cm Durchmesser

Das Prinzip der Stimmgabel in Uhren wurde seit dem 19. Jahrhundert angewendet, aber der Schweizer Ingenieur Max Hetzel miniaturisierte das Konzept erfolgreich für Bulova, um damit 1960 die Accutron Spaceview herzustellen. Sie musste nicht aufgezogen werden, sondern die Stimmgabel wurde mithilfe von Magneten und einer Batterie in Schwingungen versetzt. Da weder eine Spiralfeder noch eine Unruh benötigt wurden (wesentliche Präzisionsteile herkömmlicher Uhrwerke, deren Gangabweichung allerdings nicht mehr weiter verringert werden konnte), erreichte die Accutron eine Ganggenauigkeit von 99,9977 Prozent.

Um potenziellen Kunden die Funktionsweise der Accutron zu demonstrieren, stellte Bulova eine Reihe von Vorführmodellen mit einem transparenten Zifferblatt her, das die Funktionsweise der Uhr veranschaulichte. Das Interesse daran war so groß, dass ein eigenständiges Modell auf den Markt gebracht wurde.

Armbanduhr LIP Mach 2000 Dark Master

Jahr: 1973

Design: Roger Tallon

Hersteller: LIP, Besançon, Frankreich

Abmessungen: 4 cm Durchmesser

LIP war die größte und industriell fortschrittlichste Uhrenmanufaktur Frankreichs, ehe das Unternehmen 1976 nach einer Streikwelle, die in einer Werksbesetzung durch die Arbeiter gipfelte, zusammenbrach. Die interessantesten Uhren von LIP entstanden kurz vor dem Ende, als Roger Tallon die Serie Mach 2000 entwarf, die sich von allen anderen Uhren auf dem Markt abhob. Der eigenwillige Chronometer – mit einem aus der Schweiz zugekauften Uhrwerk, das in ein asymmetrisches, schwarz eloxiertes Metallgehäuse eingesetzt und mit einem schwarzen Kautschukarmband versehen wurde – war das auffälligste Modell. Tallon wählte die drei Bauhaus-Grundfarben für die kugelförmigen Kronen, die zum Einstellen und Aufziehen der Uhr dienten. Tallons Ideenreichtum reichte nicht aus, um das Unternehmen vor dem Konkurs zu retten. Das Markenzeichen LIP und die Entwürfe von Tallon wurden in jüngster Zeit in Lizenz reproduziert.

Armbanduhr Jellyfish GK 100
Jahr: 1983
Design: Swatch AG
Hersteller: Swatch AG, Biel, Schweiz
Abmessungen: 0,8 × 3,5 × 22,5 cm

Die den Massenmarkt bedienende traditionelle Schweizer Uhrenindustrie stand in den 1970er-Jahren kurz davor, von ihrer japanischen Billigkonkurrenz ausgelöscht zu werden. Das Projekt Swatch (ein Kofferwort aus **S**econd und **Watch**) war die erfolgreiche Antwort auf diese Entwicklung und verhieß ein erschwingliches Produkt, das eine neue Verbrauchergeneration ansprechen sollte. Diese Uhren waren als billiges Accessoire zum Wechseln konzipiert und verwendeten viel Kunststoff, womit sie sich bewusst vom teuren Luxussegment der Schweizer Uhrmacherei abhoben.

Die erste Swatch-Kollektion wurde 1983 lanciert und erzielte in nur zwei Jahren einen Absatz von über zwei Millionen Stück. Die Jellyfish, eines der ersten Modelle, befindet sich in der Sammlung des Museum of Modern Art (MoMA) in New York.

Armbanduhr Momento
Jahr: 1987
Design: Aldo Rossi
Hersteller: Alessi, Crusinallo, Italien
Abmessungen: 0,8 × 1,9 × 17,7 cm

Angesichts der Importe aus Asien, mit denen man preislich nicht konkurrieren konnte, begann Alessi Anfang der 1980er-Jahre, gesichtslose Haushaltswaren durch die Zusammenarbeit mit renommierten Designern aufzuwerten. In Zusammenarbeit mit dem Schweizer Uhrenhersteller Swatch begann Alessi mit der Produktion von Uhren, angefangen mit der Momento, die von dem postmodernen italienischen Architekten Aldo Rossi entworfen wurde. Die Idee, dass Architekten in jedem Maßstab arbeiten, »vom Löffel bis zur Stadt«, wie Ernesto Rogers es einmal formulierte, war nicht neu. Alessi setzte nun ihre Ideen in Produkte für den Massenmarkt um. Die Momento spielt wie eines der Gebäude von Rossi auf geniale Weise mit Reminiszenzen an die Vergangenheit. Das Gehäuse mit Werk und Zifferblatt ließ sich aus dem Armband entnehmen und als Taschenuhr nach Art des 19. Jahrhunderts verwenden.

Armbanduhr Braun AW 10

Jahr: 1989

Design: Dietrich Lubs, Dieter Rams

Hersteller: Braun AG, Frankfurt, BRD

Abmessungen: 3,3 cm Durchmesser

Während Wanduhren und Wecker ein wesentlicher Bestandteil der Braun-Produktpalette waren, gehörten Armbanduhren nicht zu den Kernprodukten. Braun begann 1977, seinen größeren Kunden eigene Markenuhren als Werbegeschenk anzubieten. Die erste davon hatte eine digitale Anzeige in einem rechteckigen Feld, das etwas ungeschickt in ein rundes Gehäuse integriert war. Im Gegensatz dazu wirkte die AW 10, die größtenteils von Dietrich Lubs entworfen wurde, wie eine stilreine Interpretation der Braun-Designsprache. Die Bezeichnung AW steht für Analogue Watch, aber Braun stellte nie mechanische Uhren her – alle Uhren hatten ein Quarzwerk. 1985 wurde Braun eine Tochtergesellschaft von Gillette und später von Procter & Gamble. Ab 2005 wurde der Name Braun an verschiedene Unternehmen lizenziert. Braun-Armbanduhren werden heute in China hergestellt.

Armbanduhr Halo

Jahr: 1994

Design: Massimo und Lella Vignelli

Hersteller: Pierre Junod, Biel, Schweiz

Abmessungen: 3,4 cm Durchmesser

Pierre Junod stellte Uhren für andere Marken wie Alessi und Georg Jensen her, bevor er sein eigenes Sortiment startete. Er hatte eine lange Geschäftsbeziehung zu Massimo und Lella Vignelli, ein in Italien geborenes Designerehepaar, das in den 1960er-Jahren nach New York umgesiedelt war. »Unsere Grundidee lautete, die Uhr in ein transparentes, schwereloses Objekt zu verwandeln ... Wir entwarfen einen Rahmen, der das Gehäuse bedeckt und das Glas des Zifferblatts in einem schwach eingefärbten, sich abnutzenden Heiligenschein auslaufen lässt.« Für den Halo-Effekt sorgte eine Auswahl verschiedenfarbiger Aluminiumringe.

Armbanduhr Girard-Perregaux Escapement L.M.

Jahr: 2013

Design: Nicolas Déhon

Hersteller: Girard-Perregaux, La-Chaux-de-Fonds, Schweiz

Abmessungen: 4,8 cm Durchmesser

Im Lauf der Jahre stellte Girard-Perregaux in Handarbeit eine Reihe von wunderschönen und immer ausgefeilteren Zeitmessern her. Die Chronometer des Unternehmens waren auf höchste Genauigkeit und Zuverlässigkeit ausgelegt. Doch als die Quarz- und Digitaltechnik die Schweizer Uhrenindustrie in den 1970er-Jahren auf den Kopf stellte, erkannte Girard-Perregaux, dass seine Zukunft bei einer Sammler- und Liebhaberklientel lag, die bereit war, sechsstellige Preise für Luxusuhren zu zahlen. Für die Escapement L.M. hatte sich der Ingenieur Nicolas Déhon etwas Besonderes ausgedacht. Wenn die durch das Aufziehen gespeicherte Energie allmählich zur Neige ging, übte eine Siliziumklinge einen konstanten Druck auf das Werk aus, damit dieses weiter genau ging.

Die Armbanduhr

Die Armbanduhr ist ein Produkt des 20. Jahrhunderts und damit im Wesentlichen ein Ausdruck der modernen Welt. Die Suche nach Einfachheit beschäftigte die Designer seit der Entstehung der ersten Armbanduhren, ebenso wie die Auflösung des Paradoxons, dass dieses Artefakt seine Wurzeln sowohl in der Tradition wissenschaftlicher Instrumente als auch in den Prinzipien der Schmuckherstellung hat.

Seit Cartier eine Armbanduhr für Santos Dumont entwarf (siehe Seite 274), besteht die Herausforderung für alle Uhrendesigner darin, mit dem Grundrepertoire von Zifferblatt, Zeigern und Mechanismus zu arbeiten und dabei eine augenfällige Diskrepanz zwischen Chronometer und Armband zu vermeiden. Im Wesentlichen gibt es zwei unterschiedliche Ansätze: Schlichtheit und Komplexität. Schlichtheit wird heute mit Modernität assoziiert, so wie die Ästhetik von Steve Jobs und Apple. Schlichtheit könnte man als Antithese zur Komplexität beschreiben, die in der Uhrmacherei für alles steht, was über die eigentliche Aufgabe des Zeitmessens hinausgeht, wie Mondphasen, mehrere Zeitzonen oder springende Stunden (Jumping Hours). Erleichtert oder erschwert die Schlichtheit, die mittlerweile als Minimalismus gilt, das Ablesen der Zeit, so wie Santos Dumont es sich gewünscht hatte?

Hier kommt die Grafik ins Spiel. Römische Ziffern sind kaum leichter zu lesen als arabische, keine von beiden zeigt uns die Zeit besser an. Tatsächlich sind wir mit den Konventionen einer Armbanduhr inzwischen so vertraut, dass wir uns an den relativen Stellungen der Zeiger orientieren. Erleichtert ein separates Sekundenzifferblatt die Ablesbarkeit mehr als ein dritter großer Zeiger?

Je länger Armbanduhren existierten, desto eher konnten die Designer auf herkömmliche Ziffern verzichten. Nathan George Horwitt, ein russischstämmiger amerikanischer Industriedesigner, verließ die New Yorker Werbebranche und ließ 1947 einen Entwurf für eine Uhr patentieren, die keinerlei Ziffern enthielt, sondern nur einen einzigen kreisförmigen Punkt an der Stelle der 12-Uhr-Position. Als der Entwurf 1960 vom Museum of Modern Art (MoMA) erworben wurde, war Horwitt damit noch nicht sehr weit gekommen – nur eine Handvoll Uhren war entstanden. In der etwas abfälligen Objektbeschreibung des MoMA ist die Rede von einem »auf eine herkömmliche Armbanduhr aufgebrachten Zifferblatt«. Das hielt den Uhrenhersteller Movado nicht von einer aggressiven Marketingkampagne für eine »Museum Watch« ab, die damit warb, dass das Vorbild für die ständige Sammlung des Museums ausgewählt worden sei, sehr zum Ärger der MoMA-Kuratoren.

Den Mainstream moderner Schlichtheit beim Uhrendesign verkörperte Max Bills Arbeit für den deutschen Uhrenhersteller Junghans. Der Schweizer Künstler, Designer und Architekt Bill war am Bauhaus unter Walter Gropius ausgebildet worden. In der Nachkriegszeit leitete er die Hochschule für Gestaltung Ulm, die eng mit der monochromen Dezenz der Unterhaltungselektronik von Braun verbunden ist. Bill entwarf in den späten 1950er-Jahren eine Reihe von Uhren für Junghans und brachte 1962 eine Reihe von Armbanduhren auf den Markt. Das Unternehmen verwendet seinen Namen auch weiterhin für Produkte, an denen er wahrscheinlich gar nicht direkt beteiligt war.

»Die Grundlage jeder Ästhetik sollte vor allem die Funktion sein«, erklärte Bill einmal. »Ein beispielhaftes Objekt sollte unter allen Umständen seinen Zweck erfüllen.« Für Bill hieß das, so wenig wie möglich zu tun. Er verwendete die konventionelle Typologie der Zeitmessung – zwei Zeiger und eine klare Nummerierung –, aber mit einer eleganten Logik rückte er die Stunden weit weg von den Sekunden an den äußeren Rand des Zifferblatts. Einigen Designern war bereits das zu kompliziert. Zwei dänische Architekten, Claus Bonderup und Torsten Thorup, entwarfen für Georg Jensen Uhren, die ganz ohne Ziffern auskamen. Sie gingen jedoch nicht so weit wie Horwitt und verwendeten zwölf Punkte statt nur einem.

In der Swatch-Ära wurden die unendlichen Variationsmöglichkeiten eines Zifferblatts auf die Spitze getrieben und alle erdenklichen Dekors genutzt, von künstlerisch gestalteten Modellen mit Zeichnungen von Keith Haring über politische Botschaften, die eine positive Einstellung zur Diversität vermitteln sollen, bis hin zu Überarbeitungen klassischer Entwürfe aus den 1940er-Jahren.

(1) Die Umsetzung der Idee von Nathan George Horwitt für eine minimalistische Armbanduhr, die alle Ziffern weglässt und die Markierungen durch einen einzigen Punkt ersetzt.

(2) Der am Bauhaus ausgebildete Max Bill, Rektor der Hochschule für Gestaltung Ulm, entwarf für Junghans eine Reihe von Uhren.

(3) Die Armbanduhr von Aldo Rossi für Alessi (siehe Seite 276) kann vom Armband abgenommen und als Taschenuhr umfunktioniert werden.

(4) Swatch definierte das Image der Schweizer Uhren neu und machte sie durch Designinnovationen wettbewerbsfähig gegenüber digitaler Konkurrenz.

1

2

3

4

Rechenmaschine Odhner Arithmometer

Jahr: 1890

Design: Willgodt Odhner

Hersteller: WT Odhner, Sankt Petersburg, Russland

Abmessungen: 29 × 11,7 × 14,8 cm

Willgodt Odhner erhielt ein Patent auf eine tragbare mechanische Rechenmaschine. Eine Kurbel betätigte mit Zahlen beschriftete Zahnräder, die durch Flügelmuttern eingestellt wurden. Das Gerät führte Additionen, Multiplikationen und Subtraktionen durch. Odhner eröffnete eine Fabrik in Russland und eine weitere in Deutschland. Nach der Revolution von 1917 wurde die russische Fabrik verstaatlicht, und Odhners Söhne Alexander und Georg Odhner wagten einen Neuanfang in Schweden. Unter sowjetischer Kontrolle wurde die Produktion des in Felix umbenannten Arithmometers aus Sankt Petersburg verlagert. In Schweden nannten die Odhners ihren Rechner Original-Odhner, hatten aber Mühe, mit den Kopien und Klonen zu konkurrieren, die auf der ganzen Welt hergestellt wurden. Als die Produktion in den 1970er-Jahren auslief, waren bereits mehrere Millionen Exemplare hergestellt worden.

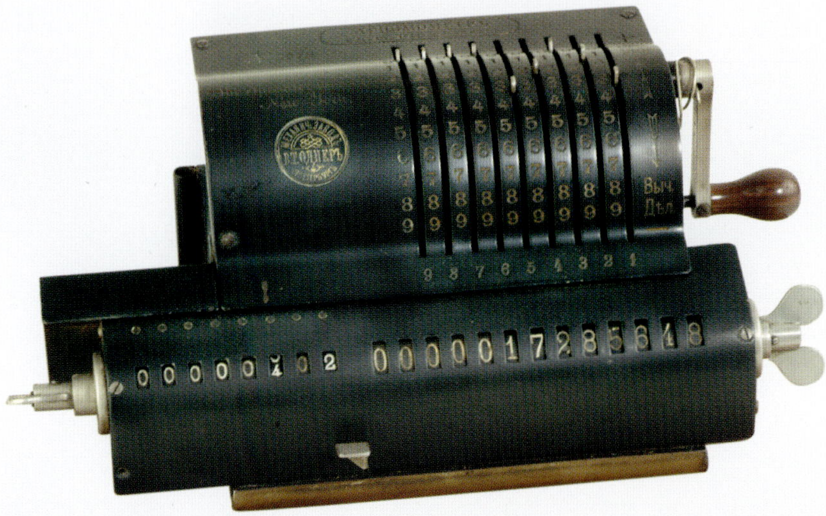

Rechenmaschine Olivetti Elettrosumma 14

Jahr: 1946

Design: Natale Capellaro, Marcello Nizzoli

Hersteller: Olivetti, Ivrea, Italien

Abmessungen: 20 × 41,5 × 17 cm

Olivetti begann noch vor dem Zweiten Weltkrieg mit der Herstellung mechanischer Rechenmaschinen und nutzte dabei die Erfahrungen, die man bei der Herstellung von Schreibmaschinen gesammelt hatte. Die Nachkriegsmodelle begannen mit der Elettrosumma 14, die über einen Elektromotor verfügte, der die Drucktasten für die Eingabe und den Antrieb des Mechanismus für die Ausgabe der Ergebnisse antrieb.

Das Gerät beschränkte sich auf Addition und Subtraktion, wurde aber in rascher Folge von der Multisumma 14 abgelöst, die auch multiplizieren konnte, und dann von der Divisumma 14, die alle vier Grundrechenarten beherrschte und über ein Druckwerk verfügte, um die Berechnungen zu dokumentieren.

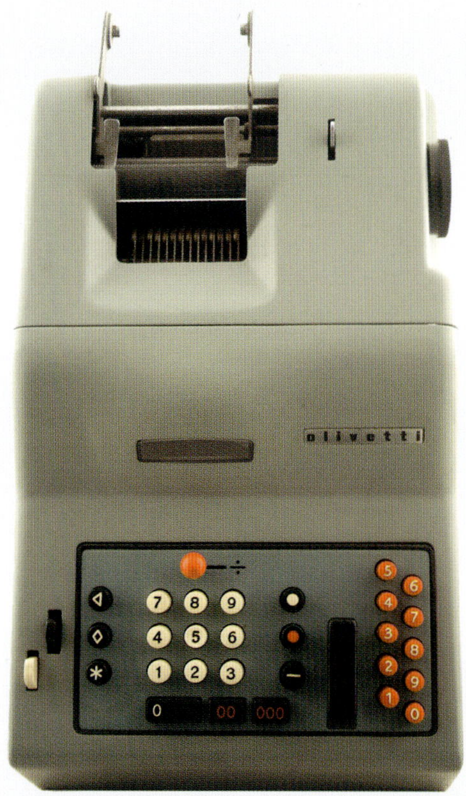

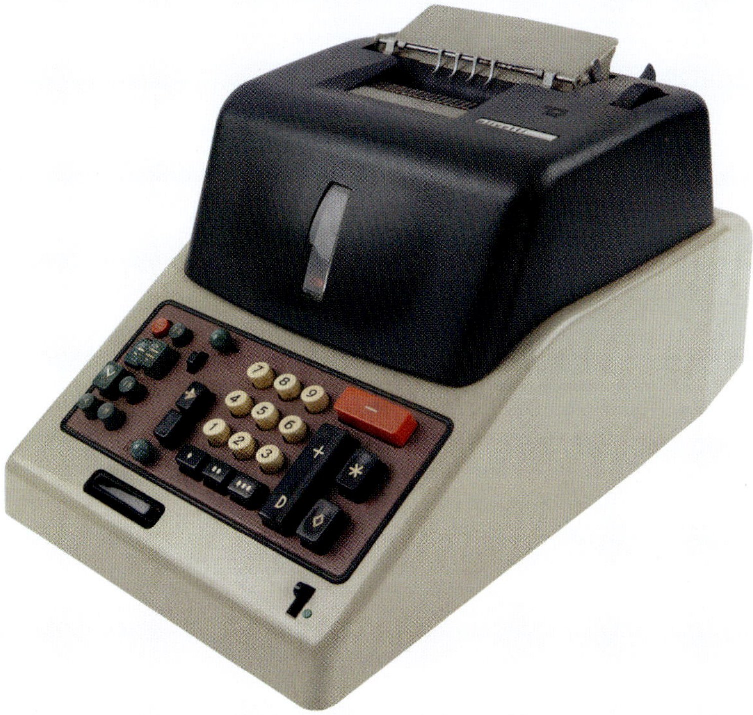

Mechanische Rechenmaschine Divisumma 24

Jahr: 1956

Design: Marcello Nizzoli

Hersteller: Olivetti, Ivrea, Italien

Abmessungen: 25,9 × 24 × 42,5 cm

In der Divisumma steckte ein komplizierter Mechanismus, um die Rädchen und Hebel an ihren Platz zu bewegen und einrasten zu lassen, ehe sie die mathematischen Fragestellungen beantwortete, die in der Reihenfolge der gedrückten Knöpfe gestellt wurden. Im Inneren des Aluminiumschädels befand sich ein kompliziertes, piekfein konstruiertes Metallgehirn. Der Bau des Geräts erforderte Fertigkeiten, die uns heute fehlen, eine ganze Fabrik und bereits existierende Komponenten wie das Druckwerk, das auf Schreibmaschinentechnik basierte. Langfristig wurde es zum Problem, dass Olivetti so sehr von solch aufwendigen mechanischen Lösungen abhängig war. Ein so komplexer Mechanismus wie bei der Divisumma 24 erforderte ein hohes Maß an Wartung, und die Kosten dafür überstiegen auf zwei Jahre gerechnet den Preis einer elektronischen Rechenmaschine von einem der japanischen Olivetti-Konkurrenten.

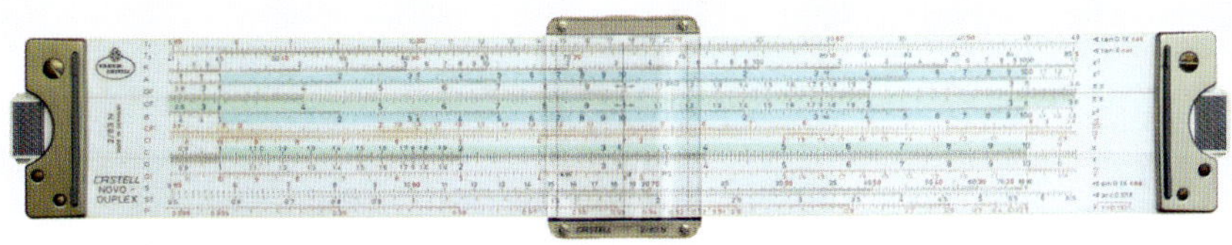

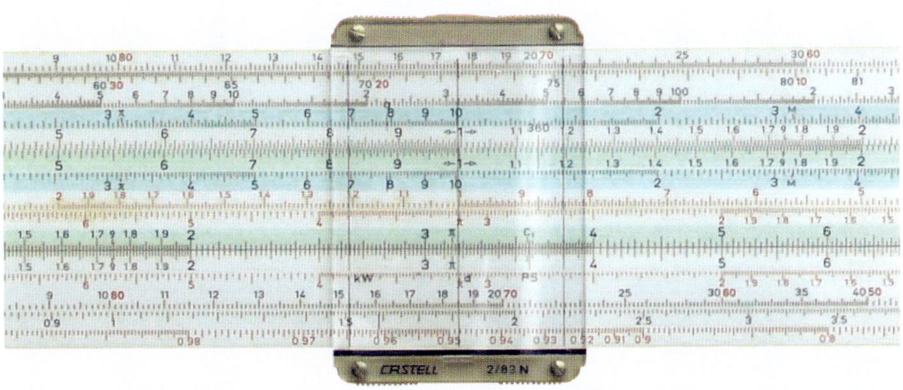

Rechenschieber Faber-Castell 2/83 N

Jahr: 1974

Design: Faber-Castell

Hersteller: Faber-Castell, Stein, BRD

Abmessungen: 38 × 5,7 × 0,5 cm

Der Rechenschieber war bis in die zweite Hälfte des 20. Jahrhunderts ein unverzichtbares Arbeitsmittel, um Multiplikationen und Divisionen schnell und mit hoher Genauigkeit durchzuführen sowie trigonometrische und Quadratwurzelberechnungen zu bearbeiten.

Das 1761 gegründete Unternehmen Faber-Castell begann mit der Produktion von Bleistiften und stellte in den 1890er-Jahren Rechenschieber aus Mahagoni her. Das Modell 2/83 markierte den Endpunkt einer langen Reihe von Präzisionsrechenschiebern, die mehrere logarithmische Skalen für komplexe Berechnungen boten. Zu diesem Zeitpunkt gab es bereits die ersten programmierbaren Taschenrechner, die ständig leistungsfähiger und billiger wurden, aber für mehr als ein Jahrhundert stellte der Rechenschieber in der Jackentasche ein Standesmerkmal des Ingenieurwesens dar.

Quellen & Zusatzinformationen

Designerverzeichnis

Klang

Otl Aicher
(1922–1991)
Deutscher Grafikdesigner und Typograf, der das Beschilderungssystem für die Olympischen Spiele 1972 in München entwarf (und den bunten Münchner Dackel Waldi, das erste offizielle olympische Maskottchen). Aichers Piktogramme weisen seitdem weltweit Menschen den Weg zu Toiletten, durch U-Bahnen und auf Flughäfen. Zu Aichers weiteren Errungenschaften gehört die 1969 geschaffene Corporate Identity der deutschen Lufthansa. Außerdem war er Mitbegründer der Hochschule für Gestaltung Ulm.

Franco Albini
(1905–1977)
Italienischer Architekt des Rationalismus, Stadtplaner und Möbeldesigner. Albini schloss 1929 sein Architekturstudium am Polytechnikum in Mailand ab und fand bald darauf Arbeit beim Architekten, Industrie- und Möbeldesigner Gio Ponti. 1931 gründete Albini sein eigenes Studio in Mailand. In den 1940er-Jahren entwarf er Stühle für den italienischen Möbelhersteller Cassina.

Peter Bang und Svend Olufsen
(1900–1957), (1897–1949)
Die beiden dänischen Elektroingenieure bauten ihr erstes Radio auf dem Dachboden von Olufsens Elternhaus im dänischen Jütland. Im November 1925 gründeten sie das noch heute aktive Elektronikunternehmen Bang & Olufsen. Der bahnbrechende B&O Eliminator, mit dem ein Radio nicht mehr auf Batterien angewiesen war, sondern direkt ans Stromnetz angeschlossen werden konnte, entstand 1927 und war das erste kommerzielle Produkt des Unternehmens.

Trevor Baylis
(1937–2018)
Englischer Erfinder des Kurbelradios. Zu Baylis' Erfindungen gehörten mehr als 200 Geräte, die Menschen mit Einschränkungen im Alltag helfen sollten und die er »Orange Aids« nannte. Dazu gehörten einhändige Flaschenöffner und fußbetätigte Scheren. Mitte der 1990er-Jahre entwickelte Baylis das Kurbelradio BayGen Freeplay. Er setzte sich für nachhaltiges Produktdesign ein und schuf viele Produkte, die ohne umweltschädliche Batterien auskamen und leicht repariert werden konnten, wenn sie defekt waren.

Mario Bellini
(geb. 1935)
Italienischer Architekt und Designer, der zwei Jahrzehnte lang als Berater für Olivetti tätig war. Bellinis Karriere erstreckt sich sowohl auf die analoge als auch auf die digitale Ära. Zu den von ihm entworfenen Produkten gehören die Stereo-Kompaktanlage Totem RR130, elektrische Schreibmaschinen und mechanische Rechenmaschinen. Bellini wurde acht Mal mit dem Compasso d'Oro (Goldener Zirkel) für Industriedesign ausgezeichnet.

Artur Braun
(1925–2013)
Deutscher Geschäftsmann und Elektroingenieur. Sohn des Gründers der Elektronikfirma Braun, der zusammen mit seinem Bruder Erwin nach dem Tod des Vaters 1951 die Leitung des Unternehmens übernahm. Zu Artur Brauns eigenen Entwürfen gehören das Braun-Radio SK1, das er 1955 zusammen mit Fritz Eichler entwickelte, und der Braun-Elektrorasierer.

Robert Davol Budlong
(1902–1955)
Amerikanischer Industriedesigner, der mehrere tragbare Zenith-Radios der Vor- und Nachkriegszeit und den Großteil der »Trans-Oceanic«-Reihe derselben Marke entwarf. Er gestaltete auch Produkte für die Elektrohaushaltsgerätefirma Sunbeam, darunter einen Toaster, einen Elektrorasierer und eine Kaffeemaschine.

Achille Castiglioni und Pier Giacomo Castiglioni
(1918–2002), (1913–1968)
Italienische Architekten und Industriedesigner. Achille Castiglioni trat 1944 in das Designbüro Studio Castiglioni ein, das 1938 von seinen beiden älteren Brüdern Livio und Pier Giacomo gegründet worden war. Livio verließ das Unternehmen 1953, aber Achille und Pier Giacomo arbeiteten weiter zusammen. In den 1950er- und 1960er-Jahren standen die Castiglioni-Brüder an der Spitze des modernistischen italienischen Designs, insbesondere mit ihren Beleuchtungskörpern, darunter die Arco-Stehleuchte.

Wells Coates
(1895–1958)
Der in Japan als Sohn kanadischer Eltern geborene Coates war ein modernistischer Architekt und Designer. Inspiriert von Le Corbusiers Theorie von Häusern als »Wohnmaschinen« entwickelte Coates in den 1930er-Jahren viele fortschrittliche Wohnbauprojekte in London, vor allem das Isokon in Hampstead. Neben seiner architektonischen Karriere zeichnete Coates auch für das klassische runde Bakelit-Radio ECKO AD-65 verantwortlich.

Andy Davey
(geb. 1962)
Britischer Industriedesigner und Gründer der Designfirmen Davey Agency/TKO und Actual. Mit TKO arbeitete Davey für Unternehmen weltweit an so unterschiedlichen Produkten wie Musikinstrumenten, Autos und Möbeln. Daveys Entwürfe für Actual sind »inspiriert von der Harmonie von Wissenschaft und Natur« und zelebrieren Leichtigkeit, Wissenschaft und Raum.

Gordon Edge, Peter Lee und Roy Gray
Ingenieure und Designer bei Cambridge Audio. Die Firma wurde 1968 von Absolventen der Universität Cambridge mit dem Ziel gegründet, einen marktführenden Audioverstärker zu entwickeln. Das erste Produkt des Unternehmens, der P 40, war eine Teamleistung, zu der Peter Lee und Gordon Edge beitrugen, während Roy Gray den Entwurf des Gehäuses beisteuerte.

Fritz Eichler
(1911–1991)
Vor seinem Eintritt in das deutsche Elektronikunternehmen Braun 1955 arbeitete Eichler als Kunsthistoriker und Regisseur. Dieser kreative Hintergrund kam ihm bei der Leitung von Design und Markenbildung im Unternehmen sehr zugute. 1960 übernahm er die Leitung der Designabteilung. In dieser Eigenschaft verantwortete er das Produkt- und Verpackungsdesign sowie die Gestaltung von Printanzeigen und Werbefilmen.

Hans Gugelot
(1920–1965)
Niederländischer Ingenieur und Industriedesigner, der modernistische Konsumgüter entwarf, darunter Möbel, Diaprojektoren und Radios. Gugelot lehrte an der Hochschule für Gestaltung Ulm und entwarf mit Studierenden und Beschäftigten der Hochschule zahlreiche Produkte, insbesondere für das deutsche Elektrounternehmen Braun. Gugelot verfolgte einen rationalen Designansatz, der schmückendes Beiwerk als unnötig betrachtete und Zweckmäßigkeit großschrieb.

Mark Hanau
(geb. 1948)
Fotograf und Designer, der einen Großteil der Albumcover von Transatlantic Records gestaltete. Auf Hanaus Initiative hin erschien das Debütalbum *Airconditioning* der britischen Band Curved Air als erstes Rockalbum im Picture-Disc-Format. Das Herstellungsverfahren wurde verfeinert und zu Ehren seines Schöpfers als Han-O-Disc bekannt.

Jacob Jensen
(1926–2015)
Dänischer Industriedesigner, der als Schlüsselfigur der »Danish Modern«-Designbewegung drei Jahrzehnte lang mit Bang & Olufsen zusammenarbeitete. Sein 1958 gegründetes Büro Jacob Jensen Design ist noch heute für seine minimalistische, innovative und intuitive Ästhetik bekannt.

Daisuke Kajiwara
Japanischer Produktdesigner, der die National-Panasonic-Modelle R-72 Radio und Panasonic Toot-a-Loop R-72S schuf.

Stefan Kudelski
(1929–2013)
Polnischer Tontechniker, der die tragbaren Nagra-Tonbandgeräte entwickelte. Diese ersten Profi-Aufnahmegeräte revolutionierten sowohl die Filmkunst in Hollywood als auch die Tontechnik für den Rundfunk. Kudelskis Familie musste nach der Besetzung Polens durch die Nazis 1939 aus ihrem Heimatland fliehen und ließ sich schließlich in der Schweiz nieder. Noch während seines Studiums an der Eidgenössischen Technischen Hochschule in Lausanne baute Kudelski sein erstes Tonbandgerät. 1951 baute er das anspruchsvolle Nagra-Gerät und entwickelte es bis 1958 weiter.

William »Bill« P. Lear und Richard Kraus
(1902–1978), (?)
Der Lear Jet Stereo 8 und das zugehörige Kassettenformat wurden 1964 von Kraus entworfen, als er bei der Lear Corporation arbeitete. Die Technik blieb bis Anfang der 1980er-Jahre populär, als sie von der Kompaktkassette verdrängt wurde.

Ross Lovegrove
(geb. 1958)
Walisischer Künstler und Industriedesigner, der Produkte für Unternehmen wie Sony und Apple entwarf. Viele seiner Werke sind in den ständigen Sammlungen von Museen auf der ganzen Welt enthalten. Lovegrove wandte seinen organischen Stil auf alles an, von Computern und Lautsprechern bis hin zu Stühlen und Leuchten, und schuf so eine experimentelle Designästhetik.

Edmund Mortimer
(gest. 1985)
Chefingenieur und technischer Verkaufsleiter des britischen Herstellers Garrard, der 1954 den Plattenspieler Garrard 301 Transcription, das marktführende Spitzenprodukt des Unternehmens, entwickelte. Mortimer montierte 1919 das allererste Garrard-Gerät und arbeitete bis zu seinem Ruhestand 1970 für das Unternehmen.

Niro Nakamichi
Bruder von Etsuro Nakamichi, der 1948 die Nakamichi Corporation gründete, nachdem er während des Kriegs in der japanischen Marine mit Sonarsystemen gearbeitet hatte. Niro entwarf das Dragon-Kassettendeck, das 1982, kurz nach Etsuros Tod, auf den Markt kam.

Shuichi Obata
(geb. 1932)
Japanischer Industriedesigner und Ingenieur, der die Technics-Plattenspieler für das japanische Elektronikunternehmen Matsushita (heute Panasonic) entwarf. Obata entwickelte die ersten Plattenspieler mit Direktantrieb, den SP10 (1969) und den SL-1200 (1972). Der SL-1200 blieb für die folgenden Jahrzehnte wegweisend und genießt auch nach dem Aufkommen von CDs und Musikstreaming bei Fans große Wertschätzung.

Kozo Ohsone
(geb. 1933)
Leiter des Geschäftsbereichs Tonbandgeräte von Sony. Als er gebeten wurde, ein tragbares Gerät zu entwickeln, das Sonys schwächelnde Kassettenrekorder-Sparte wiederbeleben sollte, modifizierten Ohsone und sein Team ein bestehendes Gerät, den Pressman von 1977, und entwickelten daraus den Walkman. Sie entwarfen auch Kopfhörer für ihr Gerät, die deutlich weniger wogen als alle anderen auf dem Markt.

David Painter, James Teague, Victor Petertil
(1913–2003), (1919–1996), (1903–1995)
Amerikanische Industriedesigner, die das erste Transistorradio der Welt, das Regency TR-1, entwarfen. Das Trio absolvierte das School of the Art Institute in Chicago und arbeitete gemeinsam bei Barnes & Reinecke, dem größten Design- und Ingenieurbüro in der Stadt. Im Jahr 1950 gründeten sie Painter, Teague & Petertil. Dort wurde 1954 der TR-1 entwickelt. Ihr Unternehmen entwarf weiterhin technische Kommunikationsprodukte für Regency, bis Painter 1960 seine eigene Firma gründete.

Dieter Rams
(geb. 1932)
Deutscher Designer beim Elektrogerätehersteller Braun (1955–1997) und beim Möbelunternehmen Vitsœ (1959 – heute). Ende der 1970er-Jahre stellte Rams eine Reihe von einflussreichen Grundsätzen für »gutes Design« auf, denen zufolge Produkte innovativ, nützlich, unaufdringlich, langlebig, umweltfreundlich und ästhetisch sein sollten.

Richard Sapper
(1932–2015)
Deutscher Industriedesigner, der den Großteil seiner Karriere im italienischen Mailand lebte. Sapper entwarf zahlreiche Produkte für Unternehmen wie IBM, Alessi und Daimler-Benz, wobei seine Designästhetik von Minimalismus und praktischer Funktionalität geprägt war. Im Jahr 1959 eröffnete er sein eigenes Designstudio in Mailand.

William Savory
(1916–2004)
Amerikanischer Musiker und Tontechniker bei Columbia Records, der 1948 an der Markteinführung der Langspielplatte mit 33 ⅓/min beteiligt war. Savory besaß eine umfangreiche private Sammlung von Jazzaufnahmen, die er in den 1930er-Jahren angelegt hatte, indem er seine Kenntnisse als Tontechniker nutzte, um Jazzkonzerte direkt vom Radio aufzunehmen.

Clive Sinclair
(1940–2021)
Englischer Unternehmer und Erfinder, der maßgeblich am ersten Heimcomputer für den Massenmarkt in Großbritannien beteiligt war. Er gründete 1961 sein Elektronikunternehmen Sinclair Radionics mit Produkten wie dem Micro-Amplifier und dem X-10 sowie Radios wie das Micromatic, das als »kleinstes Radio der Welt« vermarktet wurde. Sinclairs erstes Hi-Fi-Gerät, das Stereo 25, kam 1966 auf den Markt. 1972 produzierte Sinclair mit dem Slimline den ersten elektronischen Taschenrechner, ehe er sich in den 1980er-Jahren auf Computer verlegte.

Jack Tiefenbrun
(1921–1986)
Gründer des Unternehmens Textile Engineering, das mit einer Vielzahl von Kunden (darunter vor allem die Singer Sewing Machine Company) zusammenarbeitete, um Werkzeuge und Vorrichtungen für Textilmaschinen zu liefern. Tiefenbrun wurde 1921 in Polen geboren und kam mit fünf Jahren nach Österreich. Mit 17 zog er nach Glasgow und nahm dort seine erste Stelle als Wartungstechniker für Strickmaschinen und Webstühle an. Im Jahr 1951 gründete Tiefenbrun das in Glasgow ansässige Unternehmen Textile Engineering, das heute als Castle Precision Engineering firmiert.

Daniel Weil
(geb. 1953)
Britisch-argentinischer Architekt und Industriedesigner. Nach seinem Diplom an der Universität von Buenos Aires im Jahr 1977 zog Weil nach London, um Industriedesign zu studieren. Zwischen 1982 und 1990 entwarf und produzierte er Produkte für seine eigene Firma Parenthesis, darunter die Memphis Collection von 1982 und ein Taschenradio. 1992 trat er als Partner in die Designberatungsfirma Pentagram ein. Weil definiert seine Designästhetik als technisch, intellektuell und stilbewusst.

James Pratt Winston
(geb. 1933)
Amerikanischer Designer, der eine Raumfahrt-Ästhetik propagierte. Winston begann seine Karriere bei Womack Electronics und verließ das Unternehmen 1968, um mit seinem ehemaligen Chef Charles A. Womack die Weltron Company zu gründen. Zu ihren ersten Produkten gehörte das Weltron 2001, ein leuchtend buntes, kugelförmiges Radio, das 1970 in die Massenproduktion ging und angeblich von der Optik von Science-Fiction-Filmen wie *2001: Odyssee im Weltraum* und *Krieg der Welten* inspiriert war.

Kozo Yamamoto
(geb. 1972)
Japanischer Architekt, Mitarbeiter des Architekturbüros PANDA in Tokio. Yamamoto entwarf das NN House, ein einstöckiges minimalistisches Haus in der japanischen Hauptstadt. Yamamoto wurde von den Eigentümern beauftragt, einen Ort zu entwerfen, der in der extrem dicht besiedelten Stadt hell und luftig, aber dennoch privat wirkt und einen Raum für das »Leben im Freien« bietet.

Marco Zanuso
(1916–2001)
Italienischer Architekt, Designer und Akademiker. Nach seinem Architekturdiplom 1939 war Zanuso von 1945 bis 1986 Professor für Architektur, Design und Stadtplanung am Polytechnikum in Mailand. Außerdem gründete er 1945 sein eigenes Designstudio und ging 1957 eine kreative Partnerschaft mit Richard Sapper ein, mit dem er in den folgenden zwei Jahrzehnten eine Reihe von Produkten von Stühlen bis zu Telefonen entwarf.

Bild

Oskar Barnack
(1879–1936)
Deutscher Erfinder und Fotograf. Barnack war Entwicklungsleiter bei der optischen Firma Leica (Leitz Camera) im deutschen Wetzlar. Hier entwickelte er 1913 die erste kommerziell erfolgreiche Kleinbildkamera, die Ur-Leica. Obwohl der Krieg die Serienproduktion bis 1925 verzögerte, setzte Barnack seine Kamera ab 1914 ausgiebig ein und fertigte zahlreiche Fotoserien an, in denen er die Beziehung zwischen Mensch und Natur thematisierte, darunter die Wetzlarer Flutkatastrophe 1920.

Philippe Charbonneaux
(1917–1998)
Französischer Industriedesigner. Charbonneaux begann 1946 als Designer bei Delahaye. Er zog 1949 in die USA und schloss sich dem Team des General Motors Style Center an, wo er Skizzen für die Karosserie der 1953 vorgestellten Chevrolet Corvette zeichnete. Die amerikanische Arbeitsweise lag ihm jedoch nicht. Nach seiner Rückkehr nach Frankreich war Charbonneaux an der Entwicklung zahlreicher Prototypen beteiligt. Ab den 1960er-Jahren gestaltete er Fahrzeuge unter anderem für Renault und Citroën. Im Lauf seiner Karriere entwarf er auch Kühlschränke, Fernsehgeräte, Motorboote, Lampen und Wecker.

Luigi Colani
(1928–2019)
Deutscher Industriedesigner und einer der führenden Vertreter des BioDesigns – der menschlichen Interpretation natürlicher Formen. Colani studierte Luftfahrttechnik an der Sorbonne in Paris und begann seine Designkarriere in den 1950er-Jahren, als er für führende Hersteller wie Fiat, BMW, Volkswagen und Alfa Romeo arbeitete. Zu den von ihm entworfenen Konsumgütern zählen Kameras und optische Produkte, Möbel, Glaswaren, Lampen, Hi-Fi-Geräte, Fernsehgeräte sowie Uhren.

Rick Dickinson
(1956–2018)
Britischer Industriedesigner. Zu seinen bahnbrechenden Entwürfen für Sinclair in den 1980er-Jahren gehörten der ZX81-Bausatz-Computer mit Folientastatur, der ZX Spectrum-Heimcomputer mit Gummitastatur sowie der QL-Computer. Außerdem entwarf er den Flachbildfernseher TV80.

William Kennedy Dickson
(1860–1935)
In Frankreich geborener britischer Erfinder, der eine Schlüsselrolle bei der praktischen Anwendung der Kinematografie spielte. Dickson wird die Idee des 35-mm-Formats für Kinofilme und die Entwicklung des Emulsionsverfahrens zugeschrieben. Auch bei der Entwicklung des Phonographen spielte er (zusammen mit Edison) eine Schlüsselrolle. Dickson verließ Edisons Unternehmen 1895 und gründete 1896 zusammen mit drei Partnern die American Mutoscope and Biograph Company, die als das erste große amerikanische Filmstudio gilt.

Thomas Alva Edison
(1847–1931)
Amerikanischer Erfinder und Geschäftsmann. Mit rekordverdächtigen 1093 Patenten ist Edison einer der produktivsten Erfinder aller Zeiten. Im Alter von zehn Jahren richtete er im Keller seines Vaters ein Labor ein, den Vorläufer des ersten industriellen Forschungslabors der Welt in Menlo Park in New Jersey. Zu seinen Erfindungen gehören das Kohlemikrofon (1877), das noch heute in Telefonen verwendet wird, der Phonograph (1877) und die Glühbirne (1879).

Hartmut Esslinger
(geb. 1944)
Deutsch-amerikanischer Industriedesigner und Gründer des Designbüros Frog. Er erlangte internationale Bekanntheit, nachdem seine Entwürfe für Sony die Aufmerksamkeit von Steve Jobs bei Apple auf sich zogen. Esslinger zog 1983 nach Kalifornien, um einen Vertrag zwischen Apple und Frog abzuschließen. Getreu der Designphilosophie »form follows emotion« entwarf Esslinger auch Produkte für Unternehmen wie Logitech, Microsoft, IBM und Lufthansa.

Richard Fischer
(1935–2010)
Als Mitglied des Designteams von Braun war Fischer von 1960 bis 1968 an der Nizo FA3 und der Kompaktkamera Minox 35 beteiligt.

Victor Hasselblad
(1906–1978)
Schwedischer Erfinder und Fotograf. Hasselblads Familie war seit den 1880er-Jahren in der Fotoindustrie tätig. Er selbst verließ Schweden im Alter von 18 Jahren, um eine optische Lehre zu absolvieren, zunächst in Deutschland, dann in Frankreich und in den USA. 1926 wurde er als Lehrling von George Eastman bei Kodak eingestellt. Als er 1937 nach Schweden zurückkehrte, eröffnete Hasselblad sein eigenes Geschäft mit einem Fotolabor. Die erste von ihm entworfene Kamera, die HK-7 entstand im Jahr 1941.

Albert Howell und Donald Bell
(1879–1951), (1869–1934)
Der Kameratechniker und Erfinder von Filmprojektoren Albert Howell und der Ingenieur und Filmvorführer Donald Bell gründeten 1907 in Chicago ihr Unternehmen Bell & Howell, um Geräte für die Filmindustrie zu entwickeln und herzustellen. Zu ihren Produkten gehörten Stanzen für die Perforation von 35-mm-Film (die dazu beitrugen, das Format als Industriestandard zu etablieren), Kameras, Kopiereinrichtungen und Projektoren.

Masaru Ibuka
(1908–1997)
Mitbegründer der Sony Corporation. Nach seinem Ingenieurdiplom 1933 an der Waseda-Universität war Ibuka bei einem fotochemischen Großlabor beschäftigt. Zusammen mit Akio Morita gründete Ibuka 1946 die Tokyo Telecommunications Engineering Corporation (die 1958 in Sony Corporation umbenannt wurde).

Nobutoshi Kihara
(1926–2011)
Japanischer Maschinenbauingenieur, der als »Zauberer von Sony« für seine genialen Produktentwicklungen im Unternehmen bekannt ist, insbesondere für die Entwicklung der Videoaufzeichnung auf Band. Nach seinem Abschluss an der Fakultät für Maschinenbau der Waseda-Universität in Tokio trat Kihara 1947 in die Dienste der Tokyo Telecommunications Engineering Corporation (später Sony) und betreute zahlreiche Projekte. In den späten 1950er-Jahren setzte er die Entwicklung von Videorekordern in Gang, die 1975 mit der Markteinführung der Betamax-Technologie durch Sony ihren Höhepunkt fand.

Edwin Land
(1909–1991)
Amerikanischer Physiker, der die Sofortbildfotografie erfand und die Polaroid Corporation mitbegründete. Land begann sich während seines Studiums an der Harvard University für polarisiertes Licht zu interessieren und entwickelte 1932 erfolgreich einen Polarisator. Polaroidfolien verwendete er ab 1936 für Sonnenbrillen und ab den späten 1940er-Jahren für optische Filter vor Kameraobjektiven. Seine Polaroid 95 Land von 1948 erstellte innerhalb von 60 Sekunden einen fertigen Fotoabzug, und in den folgenden Jahren wurde ein Farbverfahren entwickelt.

David Lewis
(1939–2011)
Britischer Industriedesigner. Nach seinem Abschluss an der Londoner Central School of Art im Jahr 1960 zog Lewis nach Dänemark, um als freier Mitarbeiter für Bang & Olufsen zu arbeiten. Zu Lewis' ersten Produkten gehörten das Fernsehgerät BeoVision 400 und die Aktivlautsprecher BeoLab 5000. Lewis eröffnete 1982 sein eigenes Designstudio, blieb aber weiterhin für B&O tätig.

Yoshihisa Maitani
(1933–2009)
Japanischer Designer, 1954 (noch als Ingenieurstudent an der Waseda-Universität in Tokio) von Olympus entdeckt, nachdem sein Patent für eine Kamera einem der Olympus-Designer aufgefallen war. Maitani verbrachte zwei Jahre am Fließband, bevor er den Auftrag erhielt, die äußerst erfolgreiche Olympus Pen, eine Halbformat-Sucherkamera, zu entwerfen. Weitere Modelle, darunter die OM-1 und der Kultklassiker XA, folgten in den nächsten Jahrzehnten.

Henning Moldenhawer
(1914–1983)
Designer bei Bang & Olufsen. Sein Beomaster 900 war kleiner, leichter und moderner als andere Radios, begründete einen neuen Designtrend und gleichzeitig den Standard für die Designästhetik von B&O bis heute. Neben Unterhaltungselektronik gestaltete er in den 1950er-Jahren auch Leuchten und Lampen für den dänischen Hersteller Louis Poulsen.

Hubert Nerwin
(1906–1983)
Als Chefdesigner des deutschen Kameraherstellers Zeiss Ikon entwickelte Nerwin in den 1930er-Jahren zahlreiche Kameras, darunter die Contax II und III, die zweiäugige Spiegelreflexkamera Contaflex und die Ikoflex-Reihe. Nach dem Zweiten Weltkrieg erarbeitete Nerwin in den USA für Kodak die revolutionäre Instamatic-Kassette. Mit 50 Millionen verkauften Exemplaren in den 1960er-Jahren war die Kodak Instamatic eines der erfolgreichsten fotografischen Konsumprodukte der Welt.

Yoshida Nobuyuki und Ryohei Suzuki
Japanische Designer, die die erste japanische 35-mm-Spiegelreflexkamera, die Asahiflex 1, für die Asahi Optical Company (später Pentax) entwarfen. Als Spezialist für Objektive wurde Suzuki 1949 von Saburo Matsumoto, dem Präsidenten von Asahi, als Chef der entsprechenden Abteilung eingestellt. Da Suzuki keine Erfahrung mit der Entwicklung von Kameras hatte, holte Matsumoto seinen früheren Kollegen Yoshida Nobuyuki als Chefdesigner für Kameras an Bord.

Robert Oberheim
(geb. 1938)
Deutscher Kameradesigner, der als Teammitglied Nizo-Kameramodelle für das deutsche Elektronikunternehmen Braun entwarf (1960–1994). Er schuf die 8-mm-Schmalfilmkamera Nizo 801 unter der Aufsicht des Chefdesigners von Braun, Dieter Rams.

Donald Paterson
(1913–1975)
Britischer Fotograf und Designer. Er gründete in den 1940er-Jahren seine Firma Paterson Photographic, die Geräte für Amateurfotografen herstellte, darunter Filmentwicklungstanks, Messgeräte, Geräte zum Wässern von Filmen und Abzügen sowie Vergrößerungsgeräte für den Heimgebrauch. Zusammen mit Eric Taylor entwickelte Paterson ein Vergrößerungsgerät für 35-mm- und 126-mm-Filme, das 1973 mit dem Design Centre Award ausgezeichnet wurde.

John Pemberton
(geb. 1948)
Industriedesigner bei Sinclair Radionics. Er entwarf 1978 den Taschenfernseher Sinclair TV1A Microvision und 1976 den Sinclair Sovereign Pocket LED Calculator, der so genannt wurde, weil seine Markteinführung mit dem Silberjubiläum von Königin Elisabeth II. zusammenfiel.

Naoki Sakai
(geb. 1947)
Japanischer Autodesigner und Schöpfer der putzigen »Pike Cars«-Serie von Nissan, vor allem des Be-1 in den späten 1980er-Jahren und des Nissan Figaro im Jahr 1990. Sakai entwarf auch Autos und Motorräder für andere führende Hersteller, darunter Suzuki und Toyota. Zu seinen Verbraucherprodukten gehören die O-Product-Kamera für Olympus, Sofas für Cassina und Mobiltelefone für KDDI. Sakai leitet auch sein eigenes Designunternehmen Waterdesign und unterrichtete an der Keio-Universität in Fujisawa.

Philippe Starck
(geb. 1949)
Französischer Industriedesigner und Architekt, der ein breites Spektrum an Möbeln, Inneneinrichtungen und Haushaltsgegenständen entwarf. Starck gründete 1968 sein erstes Unternehmen, das aufblasbare Objekte herstellte. In den 1980er-Jahren renovierte er die Privatgemächer des französischen Präsidenten im Pariser Élysée-Palast und entwarf anschließend Inneneinrichtungen in der ganzen Welt. Zu Starcks Industriedesign gehören Wasserflaschen für Glacier, Küchengeräte für Alessi und Uhren für Fossil.

Yoshida Susumu
(geb. 1923)
Ingenieur im Sony-Team, das 1968 den mit dem Emmy ausgezeichneten Sony Trinitron-Fernseher entwickelte. Yoshida wird die Idee zugeschrieben, die drei in Reihe geschalteten »Elektronenkanonen« in Fernsehröhren durch eine einzige mit drei Kathoden zu ersetzen. Diese Innovation revolutionierte das Farbfernsehen, und der Trinitron wurde sowohl als Fernseher als auch als Computermonitor über 280 Millionen Mal verkauft.

Roger Tallon
(1929–2011)
Französischer Industriedesigner, der den Hochgeschwindigkeitszug TGV gestaltete und den Beruf des Industriedesigners im Nachkriegs-Frankreich einbürgerte. Während seiner 50-jährigen Karriere entwarf Tallon für zahlreiche Unternehmen und Agenturen, darunter Technès, Design Programmes, A.D.S.A, Kodak, Peugeot und General Motors. Für ihn war der gesellschaftliche Fortschritt das Ziel von Design; die meisten seiner Arbeiten sind daher technischer und produktorientierter Art.

Walter Dorwin Teague
(1883–1960)
Amerikanischer Industriedesigner, Architekt und Illustrator. Teague begann seine Karriere in der Werbebranche und gründete 1926 ein Büro für Industriedesign, um seine Kunden in den Bereichen Produktgestaltung, Innenarchitektur und Grafik zu beraten. Im Jahr 1927 arbeitete er eng mit Ingenieuren der Eastman Kodak Company zusammen, um zwei ihrer Kameras neu zu gestalten. In den 1930er-Jahren wurde er für seine Eisenbahn- und Automobildesigns bekannt, aber in den 1950er-Jahren entwarf Teague Möbel und Inneneinrichtungen für die Air Force Academy in Colorado Springs, Colorado.

Frank Zagara
Industriedesigner, der 1963 die Kodak Instamatic 100 entwarf, die erste Instamatic-Kamera, die in den USA auf den Markt kam.

Walter Zapp
(1905–2003)
In Lettland geborener Erfinder. Zapp zog 1945 von Lettland nach Deutschland und gründete die Minox GmbH, wo er weiterhin verbesserte Versionen seiner 1936 entwickelten Miniaturkamera Minox Riga herstellte. Geheimdienste in mehreren Ländern setzten die Kamera ein. Kommerziell wurden zu Zapps Lebzeiten fast eine Million Miniaturkameras verkauft.

Kommunikation

Johan Christian Bjerknes
(1889–1983)
Der norwegische Ingenieur beim Elektrisk Bureau in Oslo, einer Tochtergesellschaft des schwedischen Elektronikunternehmens Ericsson, sollte ein für jedermann attraktives Telefon entwickeln. Der Künstler Jean Heiberg entwarf ein Gehäuse aus Bakelit-Kunststoff, das sich leicht in Massenproduktion herstellen ließ, und Bjerknes brachte seine Erfahrung als Elektroingenieur ein. Das Ergebnis war das Modell Ericsson DBH 1001 von 1931, das ein Jahr später auf den Markt gebracht wurde.

Martin Cooper
(geb. 1928)
Motorola-Führungskraft und »Vater des Mobiltelefons«. Cooper tätigte den ersten Anruf mit einem Mobiltelefon im April 1973 mit einem frühen Modell des DynaTAC-Telefons. Es war unhandlich, bleischwer und hatte eine Akkukapazität von nur 20 Minuten. Als gezielte Provokation rief er Joel Engel, seinen Rivalen beim Konkurrenten Bell Labs, an. Nach der Markteinführung des DynaTAC verließ Cooper Motorola und zog ins Silicon Valley.

Henry Dreyfuss
(1904–1972)
Amerikanischer Pionier des Industriedesigns. Dreyfuss eröffnete 1929 sein erstes Designbüro und begann 1930 mit der Gestaltung von Telefonen für Bell Laboratories. Das bekannteste davon war das Princess-Telefon, das in die Hand eines Mädchens im Teenageralter passen sollte. In der Folgezeit entwarf er weitere beliebte Produkte, darunter Kühlschränke, Wecker, Staubsauger, Kameras und den Honeywell T832 Round Thermostat.

Kazuo Hashimoto
(gest. 1995)
Japanischer Erfinder, der weltweit mehr als 1000 Patente anmeldete, unter anderem zur CLIP-Funktion, die Anrufer auf einem Display identifiziert. Hashimoto erfand 1954 das Ansafone, den ersten Telefonanrufbeantworter, und 1983 den digitalen Nachfolger. Der Autodidakt erhielt 1994 vom New Jersey Institute of Technology die Ehrendoktorwürde in Anerkennung seiner herausragenden Verdienste um die Telefonie.

Jean Heiberg
(1884–1976)
Norwegischer Maler (und Matisse-Schüler in Paris), der zusammen mit dem Elektroingenieur Johan Christian Bjerknes 1930 das erste moderne Telefon, das Modell Ericsson DBH 1001 entwarf. Es stellte jahrzehntelang die Vorlage für viele nachfolgende Telefondesigns dar.

David Kelley
(geb. 1951)
Amerikanischer Ingenieur, Designer, Unternehmer und Pädagoge. Nach seinem Diplom in Elektrotechnik arbeitete Kelley als Ingenieur bei Boeing und NCR, bevor er 1975 an der Stanford University einen Master in Ingenieurwesen und Produktdesign erwarb. Kelley war Mitbegründer des weltweit tätigen Designunternehmens IDEO (1978) und gründete das Hasso Plattner Institute of Design der Stanford University. Seit 1978 unterrichtet er Produktdesign an der Stanford University. Er propagiert eine projektbasierte Methodik, die als Design Thinking bekannt ist.

Perry King
(1938–2020)
Britischer Industrie- und Grafikdesigner. 1964 begann King mit der Gestaltung von Bürogeräten für Olivetti, darunter die Schreibmaschine Sistema 45 und 1969 zusammen mit Ettore Sottsass die tragbare Schreibmaschine Valentine. Ab 1972 war er der Designkoordinator für das Corporate-Identity-Programm von Olivetti. King entwarf auch Produkte für andere Unternehmen, darunter Arteluce, Flos und Black and Decker. 1976 gründete er zusammen mit seinem Designerkollegen Santiago Miranda das Mailänder Designbüro King Miranda Associates.

Hans von Klier
(1934–2000)
Österreichischer Künstler und Designer. Von Klier machte 1959 an der Hochschule für Gestaltung Ulm seinen Abschluss. Anschließend ging er nach Mailand, um bei Olivetti zu arbeiten, zunächst im Studio von Ettore Sottsass und später im Corporate-Identity-Team. Im Jahr 1990 gründete er sein eigenes Designbüro, Von Klier Associates.

Rudy Krolopp
(1930–2023)
Direktor für Industriedesign beim Elektronikhersteller Motorola und leitender Projektdesigner beim ersten Mobiltelefon DynaTAC. Dieses wurde in nur sechs Wochen von Dezember 1972 an entwickelt und gebaut. Krolopp und sein Team verfeinerten und entwickelten das DynaTAC im Lauf des nächsten Jahrzehnts weiter, bis das Modell 8000X 1983 in den USA zum Verkauf zugelassen wurde.

Lone und Gideon Lindinger-Loewy
Dänische Designer, die in den 1980er- und frühen 1990er-Jahren farbenfrohe Festnetztelefone für Bang & Olufsen entwarfen. Das auffällige Modell BeoCom 1000 gab es in den Farben Schwarz, Blau, Grün und Rot; es war für seine exzellente Klangqualität bekannt.

Raymond Loewy
(1893–1986)
In Frankreich geborener amerikanischer Industriedesigner. Loewy entwarf unter anderem die Logos und Markenzeichen für Shell, Exxon und den Greyhound Scenicruiser-Bus sowie Verpackungen für Lucky Strike und das Farbschema für das Präsidentenflugzeug Air Force One. Seine Leistungen in mehreren Branchen wurden am 31. Oktober 1949 auf der Titelseite des Magazins *Time* gewürdigt. Zu seinen Industriedesigns gehörten Produkte für den Maschinenhersteller International Harvester, Eisenbahnzüge und Farbpaletten sowie Verbraucherprodukte wie elektrische Rasierapparate, Zahnbürsten, Radios und Bürogeräte.

Marcello Nizzoli
(1887–1969)
Italienischer Künstler, Architekt und Designer. Nach einer Karriere als Künstler und Grafikdesigner arbeitete Nizzoli als Berater für Olivetti. Seine bekannteste Kreation war die tragbare Schreibmaschine Lettera 22 (1950), aber er war auch als Grafiker tätig und baute die Werbeabteilung des Unternehmens auf. Als Architekt entwarf er ab 1948 Wohnhäuser für die Olivetti-Mitarbeiter und in den 1960er-Jahren die Olivetti-Bürogebäude.

Eliot Noyes
(1910–1977)
Amerikanischer Architekt und Industriedesigner. Mit einem akademischen und beruflichen Hintergrund in Architektur und Design studierte Noyes bei Walter Gropius und Marcel Breuer in Harvard. Nach einer kurzen Assistenzzeit bei ihnen amtierte er von 1939 bis 1946 als Direktor der Abteilung für Industriedesign am MoMA in New York. 1947 gründete er sein eigenes Architekturbüro Eliot Noyes & Associates und entwarf Privathäuser und öffentliche Gebäude. Ein Großteil seiner Industriedesigns entstand für IBM. Noyes lernte Thomas Watson Jr. (der die Leitung des Konzerns von seinem Vater übernahm) kennen, als er während des Zweiten Weltkriegs als Lastenseglerpilot diente.

Davorin Savnik
(1929–2014)
Industriedesigner und Architekt. Savnik entwarf audiovisuelle Geräte und Telefone für das slowenische Elektronikunternehmen Iskra.

Ettore Sottsass
(1917–2007)
In Österreich geborener italienischer Architekt, dessen Schwerpunkt sich Mitte der 1950er-Jahre von der Architektur auf das Design verlagerte, als er Art Director des Möbelherstellers Poltronova wurde. Im Jahr 1958 begann eine langjährige Zusammenarbeit mit Olivetti, wo er seine ersten Entwürfe für Schreibmaschinen anfertigte. Außerdem gründete er in den 1980er-Jahren das Designkollektiv Memphis Group für experimentelle Entwürfe, die an ihren kräftigen Farben und Mustern erkennbar sind.

George Sowden
(geb. 1942)
Nach seinem Abschluss in Architektur am Gloucester College of Art im Jahr 1968 zog Sowden nach Italien und ließ sich 1970 in Mailand nieder. Er trat dem Team um Ettore Sottsass bei Olivetti als Produktdesigner bei und wurde Mitglied der Memphis-Gruppe. Er entwarf Möbel und Haushaltswaren, darunter 1981 den Schrank D'Antibes, den Tisch Pierre und den Armsessel Oberoi sowie 1982 die Tischuhr Metropole. Danach gründete Sowden sein eigenes Designstudio und gestaltete unter anderem Telefonzellen.

Information

Flaminio Bertoni
(1903–1964)
Italienischer Automobilkonstrukteur. Bertoni siedelte 1931 nach Paris über und arbeitete als Künstler und Bildhauer. Diese Fertigkeiten kamen ihm bei seinen Autodesigns für Citroën zustatten, indem er erst Skizzen und dann maßstabsgetreue Modelle anfertigte, die er schließlich in die Realität umsetzte. Zusammen mit dem Ingenieur André Lefèbvre entwarf Bertoni mehrere Citroën-Modelle, darunter Traction Avant (1934) und 2CV (»Ente«, 1948).

Max Bill
(1908–1994)
Schweizer Architekt, Künstler, Industriedesigner und Grafikdesigner. Bill studierte von 1927 bis 1929 am Bauhaus in Dessau und wurde 1953 Rektor der einflussreichen Hochschule für Gestaltung Ulm. Er gestaltete einige der ersten puristischen Uhrendesigns für Junghans, von denen viele heute noch hergestellt werden.

Ettore Bugatti
(1881–1947)
In Italien geborener französischer Automobilkonstrukteur und -hersteller. Nachdem er bereits seit 1899 Autos für verschiedene Unternehmen entworfen hatte, gründete Bugatti 1909 sein eigenes, gleichnamiges Automobilunternehmen und begann mit der Entwicklung und Herstellung einer Vielzahl von Autos, Motoren, Werkzeugen und anderen industriellen Designs.

Louis Cartier
(1875–1942)
Französischer Juwelier, Geschäftsmann und Erbe der Schmuckdynastie Cartier. Cartiers Vater Alfred leitete das Familienunternehmen seit 1874 und erwartete von seinem Sohn, dem Namen Cartier international Ansehen zu verschaffen. Dies gelang 1902, als König Edward VII. für seine Krönung 27 Diademe bei Cartier bestellte. Im selben Jahr eröffnete Louis Cartier eine große Filiale in London, die er seinem jüngeren Bruder Pierre überließ. Ab 1909 waren Louis und Pierre hauptsächlich in New York City ansässig, wo sie ein zweites Geschäft eröffneten. Im Jahr 1917 erwarben sie das Cartier-Gebäude, das zum nordamerikanischen Hauptsitz von Cartier wurde.

Daniel Gabriel Fahrenheit
(1686–1736)
In Danzig geborener Physiker, Erfinder und Hersteller wissenschaftlicher Instrumente, der 1714 das Quecksilberthermometer und 1724 die nach ihm benannte Temperaturskala erfand. Ihm werden auch die Entdeckung von unterkühltem Wasser und die Erkenntnis zugeschrieben, dass die Siedetemperaturen je nach atmosphärischem Druck variieren. Als Abkömmling einer Kaufmannsfamilie verbrachte Fahrenheit den Großteil seines Arbeitslebens in Amsterdam und starb trotz seiner wissenschaftlichen Errungenschaften in Armut.

Max Hetzel
(1921–2004)
Schweizer Ingenieur und Erfinder. Hetzel schloss 1946 sein Studium der Elektrotechnik an der Eidgenössischen Technischen Hochschule in Zürich ab. Er trat 1948 in die Bulova Watch Company ein und setzte als Erster einen Transistor in seine Armbanduhren ein; damit erreichte er ein bis dato unbekanntes Niveau an Genauigkeit und Technologie in der Zeitmessung.

Henning Koppel
(1918–1981)
Dänischer Künstler und Designer, der für Georg Jensen Möbel und Haushaltswaren entwarf, die die schlichte, minimalistische skandinavische Designästhetik verkörperten. Koppel begann seine Karriere zunächst als Bildhauer und Juwelier, bevor er in den späten 1940er-Jahren begann, silberne Korpusware zu entwerfen, und sich später auf Porzellan und Glaswaren spezialisierte. Er entwarf auch Möbel für verschiedene andere Unternehmen, darunter Kastrup und Orrefors sowie Kvetny & Sonner.

André Lefèbvre
(1894–1964)
Lefèbvre begann seine Karriere 1916 als Luftfahrtingenieur und wechselte in der Zwischenkriegszeit in die Automobilindustrie, zunächst zu Renault (1931) und dann zu Citroën (1933). Zusammen mit seinen Designerkollegen Flaminio Bertoni und Paul Magès war Lefèbvre an der Entwicklung von vier der wichtigsten Citroën-Modelle des 20. Jahrhunderts beteiligt: Traction Avant, 2CV, DS und HY.

Dietrich Lubs
(geb. 1938)
Deutscher Industriedesigner. Lubs stieß 1962 zum Designteam von Dieter Rams bei Braun, wo er an vielen klassischen Uhrenentwürfen mitarbeitete. Seine Typografie schmückte eine breite Palette von Produkten, darunter Wanduhren sowie Reise- und Radiowecker. Gemeinsam mit Dieter Rams entwarf Lubs 1975 den ersten Taschenrechner von Braun.

Angelo Mangiarotti
(1921–2012)
Italienischer Architekt und Industriedesigner. Seit 1964 entwarf Mangiarotti neben seinen Bauprojekten auch Designs für führende Hersteller, darunter Cassina, Artemide, Knoll und Poltronova. Mangiarotti wurde 1986 künstlerischer Leiter der Kristallwarenfabrik Colle, eine Zusammenarbeit, die zur Kreation des »Ice Stopper«-Glases führte.

George Nelson
(1908–1986)
Amerikanischer Architekt und Industriedesigner. Nelson trat Mitte der 1940er-Jahre als Designdirektor in das Möbelunternehmen Herman Miller ein, wo er bis 1972 blieb und Charles Eames anstellte, um innovative Sitzmöbelprogramme zu entwerfen. Nelson leitete die Produktion von Action Office, der bahnbrechenden Büromöbelserie von Herman Miller, und entwarf eine verspielte Uhrenkollektion, die noch heute von Vitra hergestellt wird.

Willgodt Odhner
(1845–1905)
Schwedischer Ingenieur und Unternehmer. Odhner verließ seine Heimat 1868 und fand nach seiner Ankunft in Sankt Petersburg Arbeit in der Maschinenfabrik von Ludvig Nobel. In seiner Freizeit entwickelte er Prototypen für sein Arithmometer und eröffnete 1887 eine eigene Werkstatt, in der er 1890 mit der Produktion von Rechenmaschinen begann.

Aldo Rossi
(1931–1997)
Italienischer Architekt, Stadtplaner, Künstler und Produktdesigner. Nach dem Abschluss seines Architekturstudiums am Mailänder Polytechnikum 1959 eröffnete Rossi sein eigenes Architekturbüro in der Domstadt. Bekanntheit erlangte er zunächst durch seine architektonischen Schriften und seine Lehrtätigkeit an Universitäten wie Yale und Cornell; später entwarf er die Momento-Armbanduhr.

Remigio Solari
(1890–1957)
Autodidaktischer italienischer Designer und Ingenieur. Das Uhrenunternehmen der Familie, Fratelli Solari, war 1725 gegründet worden. Es waren jedoch die Brüder Remigio und Fermo Solari, die die Firma in der Mitte des 20. Jahrhunderts zu einer international anerkannten Marke machten, indem sie mit ihrem Fallblattsystem die Anzeige von Zeit und Informationen auf der ganzen Welt revolutionierten, angefangen mit der Klappzahlenuhr.

Gino Valle
(1923–2003)
Italienischer Architekt und Designer. Valle entwarf für Solari die Uhr Cifra 5, die 1956 mit dem Designpreis Compasso d'Oro ausgezeichnet wurde, und die Uhr Cifra 3, die kleinste Uhr mit Fallblattanzeige, die noch heute produziert wird. Er entwarf auch die alphanumerischen Anzeigetafeln für Flughäfen und Bahnhöfe, darunter die im TWA-Terminal des J. F. Kennedy Airport in New York im Jahr 1962.

Robert Venturi und Denise Scott Brown
(1925–2018), (geb. 1931)
Architekten und Gründer des amerikanischen Architekturbüros Venturi Scott Brown (VSB). Das Paar lernte sich 1960 an der University of Pennsylvania kennen, wo Scott Brown einen Masterstudiengang absolvierte und Venturi Architektur lehrte. Zu den bekanntesten Arbeiten der beiden in den 1970er- und 1980er-Jahren gehören der Campus der Universität von Michigan, das Seattle Art Museum und der Sainsbury-Flügel der National Gallery in London. Spätere Projekte von VSB waren das Museum für zeitgenössische Kunst in San Diego (1996) und das Gebäude des Regionalparlaments in Toulouse (1999).

Massimo und Lella Vignelli
(1931–2014), (1934–2016)
Ein italienisches Designerehepaar, dessen Arbeitsgebiete Produktdesign, Drucke, Inneneinrichtung und Architektur umfassen. Massimo und Lella Vignelli absolvierten beide ein Architekturstudium und begannen ihre Karriere mit der Gestaltung von Leuchten für den Murano-Glashersteller Venini. Lella Vignelli arbeitete als Junior-Designerin für Skidmore, Owings & Merrill. Das Paar heiratete 1957 und gründete 1960 sein eigenes, in Mailand ansässiges Büro für Design und Architektur, das Bürozubehör, Haushaltswaren und Möbel entwarf. Nach ihrem Umzug in die USA im Jahr 1965 schufen sie unter anderem das Logo für American Airlines, die Linienkarte der New Yorker U-Bahn und die braune Einkaufstüte von Bloomingdale's.

Hans Wilsdorf
(1881–1960)
Deutscher Geschäftsmann und Gründer der Uhrenhersteller Rolex und Tudor. Wilsdorf wird die Erfindung der ersten wasserdichten Armbanduhr, der Rolex Oyster, im Jahr 1926 zugeschrieben. Seine Karriere als Uhrmacher begann 1905 in einer kleinen Schweizer Uhrenfirma. Bald darauf zog er nach London und gründete das Unternehmen, das 1908 unter dem Namen Rolex bekannt werden sollte. Im Jahr 1919 wurde der Hauptsitz in Genf eingerichtet und die Produktion in großem Stil aufgenommen.

Register

Kursive Seitenzahlen verweisen auf Abbildungen.

Bildnachweis

Der Verlag hat alle Anstrengungen unternommen, die Bildrechte zu klären. Sollten in Einzelfällen Rechteinhaber versehentlich übersehen worden sein, bitten wir, dem Verlag bestehende Ansprüche zu melden.

Umschlag: Marc Tielemans / Alamy Stock Photo

2 INTERFOTO / Alamy Stock Photo. **7** Hasselblad-Katalog. **9** Mit freundlicher Genehmigung der Richard Sapper Archives (https://richardsapperdesign.com). **10** Auftragsfotografie. **11** George Rose / Getty Images. **13** Digitales Bild, The Museum of Modern Art, New York / Scala, Florenz. **15** Janette Beckman / Getty Images. **16 Mi. re.** Lynden Pioneer Museum / Alamy Stock Photo. **16 Mi. u.** Science & Society Picture Library / Getty Images. **17 o.** Piccia Neri / Alamy Stock Photo. **17 Mi. re.** Rob Lavers Photography / Alamy Stock Photo. **17 u. re.** Christoph Sebastian / Ruhr Museum, Essen, Deutschland (https://ruhrmuseum.de). **18 o.** © QUITTENBAUM Kunstauktionen GmbH, 2023 München. (www.quittenbaum.de). **18 Mi. li.** Cooper-Hewitt, Smithsonian Design Museum / Art Resource, NY / Scala, Florenz. **18 u. re.** Records / Alamy Stock Photo. **19 Mi. li.** Mit freundlicher Genehmigung der Richard Sapper Archives (https://richardsapperdesign.com). **19 u. re.** Chris Willson / Alamy Stock Photo. **22** Peter Stone / Alamy Stock Photo. **23 o.** Apic / Getty Images. **23 u.** Realimage / Alamy Stock Photo. **24 o. & u.** Fotografien mit freundlicher Genehmigung von Cherry Red Records Ltd. (www.cherryred.co.uk). **25** © Science Museum / Science & Society Picture Library. Alle Rechte vorbehalten. **26** Marc Tielemans / Alamy Stock Photo. **27** Bild © National Museums Scotland. **28** Snellings Museum © 2023 (www.snellingsmuseum.co.uk). **29** Fotografien mit freundlicher Genehmigung von Cambridge Audio (www.cambridgeaudio.com). **30–31** © Bang & Olufsen (www.bang-olufsen.com). **32** Library of Congress Prints and Photographs Division, Washington, D.C. 20540, USA. **33 o. li.** Simon Robinson / Easy On The Eye / Alamy Stock Photo. **33 o. re.** Pink Floyd, *A Saucerful Of Secrets*, LP-Frontcovergestaltung by Hipgnosis © Pink Floyd Music Ltd. **33 u. li.** Buzzcocks, *A Different Kind of Tension*, LP-Cover, 1979. Design Malcolm Garrett (Assorted iMaGes). Fotografie Jill Furmanovsky. **33 u. re.** New Order, *Power Corruption & Lies*. Künstlerische Leitung Peter Saville. Design Peter Saville Associates, unter Verwendung von »Ein Korb Rosen«, Henri Fanton-Latour, 1890 (mit freundlicher Genehmigung der National Gallery, London). **34 o. re.** Fotografie mit freundlicher Genehmigung REHIFI.SE (www.rehifi.se). **34 Mi. re. & u. re.** Linn Products Ltd (www.linn.co.uk). **35** Gästriklands Auktionskammare, Gävle, Schweden (www.gastriksak.se). **36** Christie's / Bridgeman Images. **37** DK Images / Science Photo Library. **38** Bild mit freundlicher Genehmigung Dallas Museum of Art (https://dma.org). **39 o.** Christoph Sebastian / Ruhr Museum, Essen, Germany (https://ruhrmuseum.de). **39 u.** Tony Rusecki / Alamy Stock Photo. **40 o. & u.** Cassina S.p.A. Copyright © CASSINA. Alle Rechte vorbehalten. (www.cassina.com). **41** Cooper-Hewitt, Smithsonian Design Museum / Art Resource, NY / Scala, Florenz. **42** Zenith Advertisement (gemeinfrei). **43** Fotografie vonRick Vince. **44 o. & u.** Cooper-Hewitt, Smithsonian Design Museum / Art Resource, NY / Scala, Florenz. **45** Vicente Zorilla Palau. **46** Design Museum, London (https://designmuseum.org). **47** INTERFOTO / Alamy Stock Photo. **48 o.** Digitalbild, The Museum of Modern Art, New York / Scala, Florenz. **48 u.** José G. Sánchez González. **49** José G. Sánchez González. **50** Archiv Paris Match / Jack Garofalo / Getty Images. **51 o.** Panther Media GmbH / Alamy Stock Photo. **51 u. li.** © Sony Group Corporation (www.sony.net). **51 u. re.** © Sony Group Corporation (www.sony.net). **52 o.** Mit freundlicher Genehmigung der Richard Sapper Archives (https://richardsapperdesign.com). **52 u.** imageBROKER.com GmbH & Co. KG / Alamy Stock Photo. **53 o., Mi. & u.** José G. Sánchez González. **54** Bukowski Auktioner AB, Schweden (www.bukowskis.com). **55** Science Museum Group Collection. © The Board of Trustees of the Science Museum. David Huntley. **56** INTERFOTO / Alamy Stock Photo. **57** Mit freundlicher Genehmigung der Richard Sapper Archives (https://richardsapperdesign.com). **58** Panasonic (www.panasonic.com). **59 o.** Joe Haupt. **59 u.** Fotografie von Gregory Botha. **60** INTERFOTO / Alamy Stock Photo. **61 o.** mark follon / Alamy Stock Photo. **61 u.** Indianapolis Museum of Art at Newfields / Getty Images. **62** Auftragsfotografie. **63** Auftragsfotografie. **64** Panasonic (www.panasonic.com). **65 o.** Mark Edelsberg, Future Forms (www.future-forms.com). **65 u.** Fotografie mit freundlicher Genehmigung von Felix Cartagena. **66** Panasonic (www.panasonic.com). **67 o.** Martin Bösch. **67 u.** Fotografie mit freundlicher Genehmigung von Martino Viviani, Besitzer BicBauc (bicbauc.etsy.com). **68** The Design Museum, London, England (https://designmuseum.org). **69** Snellings Museum © 2023 (www.snellingsmuseum.co.uk). **70** INTERFOTO / Alamy Stock Photo. **71** Panasonic (www.panasonic.com). **72** The Design Museum, London, England (https://designmuseum.org). **73** Science & Society Picture Library / Getty Images. **74** © Bang & Olufsen (www.bang-olufsen.com). **75** The Design Museum, London, England (https://designmuseum.org). **76** Digitalbild, The Museum of Modern Art, New York / Scala, Florenz. **77** The Design Museum, London, England (https://designmuseum.org). **78** Pier Marco Tacca / Getty Images. **79 o.** Brionvega, Mailand, Italien (www.brionvega.com). **79 u. li.** eyenigelen / Getty Images. **79 u. re.** The Design Museum, London, England (https://designmuseum.org). **80** The Design Museum, London, England (https://designmuseum.org). **81** © QUITTENBAUM Kunstauktionen GmbH, 2023 München (www.quittenbaum.de). **82** © San Francisco Museum of Modern Art, Geschenk Dr. Dietmar Vogt, Frechen, Deutschland. Fotografie: Katherine Du Tiel. **83** David Price. **84 o.** Museum of Communication Foundation Trust (https://museumofcommunication.org.uk). **84 u.** Fotografie mit freundlicher Genehmigung des Crypto Museum (www.cryptomuseum.com). **85** Birgit Reitz-Hofmann / Shutterstock. **86** Audio Technology Switzerland (www.nagraaudio.com). Fotografie von Michel Berard. **87** INTERFOTO / Alamy Stock Photo. **88 li.** Science & Society Picture Library. **88 re.** Science & Society Picture Library. **89** Russell McNeil. **90 o.** mark phillips / Alamy Stock Photo. **90 u.** Panasonic (www.panasonic.com). **91** INTERFOTO / Alamy Stock Photo. **92** Fotografie mit freundlicher Genehmigung von Anderson & Garland Ltd (www.andersonandgarland.com). **93** Cooper-Hewitt, Smithsonian Design Museum / Art Resource, NY / Scala, Florenz. **94** Fotografie von Gregory Botha. **95 o. & u.** © Sony Group Corporation (www.sony.net). **96** Fotografie mit freundlicher Genehmigung von SkyFi Audio LLC (skyfiaudio.com). **97** © Sony Group Corporation (www.sony.net). **98** Mike V / Alamy Stock Photo. **99 o.** Fotografie mit freundlicher Genehmigung von TheLion (https://personalhifiblog.blogspot.com). **99 u.** Auftragsfotografie. **100 o.** Joseph McCullar / Shutterstock. **100 u.** Fotografie von Glenn E. Waters. **101 o.** evemilla / iStock. **101 u.** Voxx International (www.voxxintl.com). **102** Bruno Passigatti / Alamy Stock Photo. **103** Vudhikul Ocharoen / iStock. **104–105** Fotografie mit freundlicher Genehmigung von Rick Thorpe. **106** Thomas Mulsow. **107** Iconmac / Dreamstime. **108** National Museum of American History, Smithsonian Institution, USA. **109** The Design Museum, London, England (https://designmuseum.org). **111** Jack Esten / Getty Images. **112 o. re.** Timothy Hellum / Alamy Stock Photo. **112 Mi. li.** Science & Society Picture Library / Getty Images. **112 u. re.** Science & Society Picture Library / Bridgeman Images. **113 o.** Wikimedia Commons (gemeinfrei). **113 Mi. re.** Polaroid Land Camera Model 95 und Polaroid Land Film Type 40. Dokumente der Polaroid Corporation, Baker Library, Harvard Business School. Fotografiert von Susan Young. **113 u. Mi.** Science & Society Picture Library / Getty Images. **114 o.** Library of Congress Prints and Photographs Division, Washington, D.C. 20540, USA/Gemeinfrei. **114 Mi. li.** Museums Victoria, Australien (https://museumsvictoria.com.au). **114 u. re.** Science & Society Picture Library / Getty Images. **115 Mi. li.** Heritage Auctions, HA.com. **115 u. li.** Bits and Splits / Shutterstock. **118 o.** Science & Society Picture Library / Getty Images. **118 u.** RG-vc / Shutterstock. **119** Onslow Auctions Limited / Mary Evans Picture Library. **120 o.** Polaroid Land Camera Model 95 und Polaroid Land Film Type 40. Dokumente der Polaroid Corporation, Baker Library, Harvard Business School. Fotografiert von Susan Young. **120 u.** Photo Cafe (https://photocafe.bg). **121 o.** ImageBROKER.com GmbH & Co. KG / Alamy Stock Photo. **121 u.** Andrew Kitching / Alamy Stock Photo. **122 o. & u.** Auftragsfotografie. **123** Andrew Shorey / Alamy Stock Photo. **124 o. & u.** Flints Auctions (www.flintsauctions.com). **125** Fotografie mit freundlicher Genehmigung von Remy Steller (www.BROWNIEcam.com). **126** Library of Congress Prints and Photographs Division, Washington, D.C. 20540, USA. **127 o.** George Rose / Getty Images. **127 u. li.** Science & Society Picture Library / Getty Images. **127 u. re.** Jeffrey B. Banke / Shutterstock. **128** Indianapolis Museum of Art at Newfields / Getty Images. **129** Apic / Getty Images. **130 o.** Wikimedia Commons (Andriy Matusevich/gemeinfrei). **130 u** ProximaCentauri1 / Shutterstock. **131** Wikimedia Commons (s58y/CC BY 2.0). **132 o. re. & Mi. li.** Bill Truran / Alamy Stock Photo. **133** George Rose / Getty Images. **134** Wikimedia Commons (Jarek Tuszyński/CC BY-SA 4.0). **135 o.** Fotografie mit freundlicher Genehmigung des Crypto Museum (www.cryptomuseum.com). **135 u.** pio3 / Shutterstock. **136–137** Deutsches Spionagemuseum Berlin (www.deutsches-spionagemuseum.de). **138 o. & Mi.** Jason Wood / Alamy Stock Photo. **139 o.** Joe Tree / Alamy Stock Photo. **139 u.** Jeremy Pembrey / Alamy Stock Photo. **140 o.** Ricoh Imaging Europe S.A.S. (https://ricoh-imaging.eu)/ (https://pentax.eu). **140 u.** Ole Meduza / Shutterstock. **141** © Sony Group Corporation (www.sony.net). **142** Stephen Hyde / Alamy Stock Photo. **143 o.** Museums Victoria, Australia (https://

museumsvictoria.com.au). **143 u.** Michel Bussieres / Dreamstime. **144** cm studio / Alamy Stock Photo. **145 o.** Wikimedia Commons (Morio/CC BY-SA 3.0). **145 u.** STOCKFOLIO® / Alamy Stock Photo. **146 o. & u.** Photo Cafe (https://photocafe.bg). **147 o. & u.** Tony Kemplen. **148 o. re., Mi. li.& Mi. re.** © 2023 ANALOGUE AMSTERDAM (https://analogue-amsterdam.com). **149** Museums Victoria, Australia (https://museumsvictoria.com.au). **150 o.** George Rose / Getty Images. **150 u.** Smith Collection / Gado / Getty Images. **151** Science & Society Picture Library. **152** Pathé Lido Duplex Cine Camera, Design Roger Tallon, 1956. © Fonds Robert Guénet, Sammlung der Fondation Jérôme Seydoux-Pathé. © ADAGP, Paris, und DACS, London 2023. **153** INTERFOTO / Alamy Stock Photo. **154** Steve Poore. **155** George Rose / Getty Images. **156** Graham Buxton-Smither. **157** Chris Willson / Alamy Stock Photo. **158** Martyn Williams / Alamy Stock Photo. **159** Joe Haupt. **160 o. & u.** Fotografien mit freundlicher Genehmigung von Only Once (www.onlyonceshop.com). **161 o.** Leif Skandsen (Flickr/CC BY 2.0). **161 u.** Powerhouse Museum, Ultimo, Sydney, Australien (https://powerhouse.com.au). Powerhouse-Sammlung. Geschenk John Hinde, 2003. Foto: Campbell Drummond. **162** Daily Herald Archive / Getty Images. **163 o.** Bettmann / Getty Images. **163 u. li.** Found Image Holdings Inc / Getty Images. **163 u. re.** swim inc 2 llc / Getty Images. **164** Science & Society Picture Library / Getty Images. **165** Fotografie mit freundlicher Genehmigung der Museumsstiftung Post und Telekommunikation, Museum für Kommunikation Frankfurt (www.mkf-frankfurt.de). **166** Retro AdArchives / Alamy Stock Photo. **167** Cooper-Hewitt, Smithsonian Design Museum / Art Resource, NY / Scala, Florenz. **168** © Sony Group Corporation (www.sony.net). **169 o.** INTERFOTO / Alamy Stock Photo. **169 u.** Sony Group Corporation (www.sony.net). **170** Les Arts Décoratifs, Paris / Béatrice Hatala / akg-images. © ADAGP, Paris, und DACS, London 2023. **171** Apic / Getty Images. **172** INTERFOTO / Alamy Stock Photo. **173** Mit freundlicher Genehmigung der Richard Sapper Archives (https://richardsapperdesign.com). **174** INTERFOTO / Alamy Stock Photo. **175 o.** © QUITTENBAUM Kunstauktionen GmbH, 2023 München (www.quittenbaum.de). **175 u.** © Sony Group Corporation (www.sony.net). **176 o.** Digitalbild, The Museum of Modern Art, New York / Scala, Florenz. **176 u.** Mark Edelsberg, Future Forms (www.future-forms.com). **177 o. & u.** Snellings Museum © 2023 (www.snellingsmuseum.co.uk). **178** Heritage Auctions, HA.com. **179** © Bang & Olufsen (www.bang-olufsen.com). **180 o.** Fotografie mit freundlicher Genehmigung Jean-Luc Gendron. **180 u.** Bradford's Auction Gallery (bradfordsauction.com). **181 o.** © Sony Group Corporation (www.sony.net). **181 u.** INTERFOTO / Alamy Stock Photo. **182 o.** INTERFOTO / Alamy Stock Photo. **182 u.** Ned Snowman / Shutterstock. **183** Universal History Archive / Getty Images. **184** Science & Society Picture Library / Getty Images. **185 o.** © Seiko Epson Corporation 2023 (corporate.epson). **185 u.** Fotografie mit freundlicher Genehmigung von Frank Günthör (http://www.guenthoer.de/e-tube.htm). **186** Panasonic (www.panasonic.com). **187** Fotografie mit Genehmigung von Phil's Old Radios (https://antiqueradio.org/index.html). © 2023 Philip I. Nelson. Alle Rechte vorbehalten. **188** © Sony Group Corporation (www.sony.net). **189 o.** Fotografie mit freundlicher Genehmigung von Frank Günthör (http://www.guenthoer.de/e-tube.htm). **189 u.** Science & Society Picture Library. **190** Joel Saget / AFP / Getty Images. **191 o.** INTERFOTO / Alamy Stock Photo. **191 u. li.** Digitalbild, The Museum of Modern Art, New York / Scala, Florenz. **191 u. re.** akg-images / INTERFOTO / TV-Yesterday. **192** © Sony Group Corporation (www.sony.net). **193 o.** Fotografie mit freundlicher Genehmigung von The Rewind Museum (www.rewindmuseum.com). **193 u.** Fotografie mit freundlicher Genehmigung von Wolfgang Robel (www.wolfgangrobel.de/Retro Elektronik und Retro Computing – You Tube/Channel: Zerobrain). **194** © Sony Group Corporation (www.sony.net). **195 o.** © Sony Group Corporation (www.sony.net). **195 u.** Snellings Museum © 2023 (www.snellingsmuseum.co.uk). **196** Fotografie mit freundlicher Genehmigung von The Real Camera Co. (https://realcamera.co.uk). **197 o. & u.** Snellings Museum © 2023 (www.snellingsmuseum.co.uk). **199** Fairfax Media Archives / Getty Images. **200 Mi. li.** Everett Collection Inc / Alamy Stock Photo. **200 Mi. re.** Michael Burrell / Alamy Stock Photo. **200 u. li.** Iedokolua / Shutterstock. **201 o.** Underwood Archives, Inc / Alamy Stock Photo. **201 Mi. li.** Chronicle / Alamy Stock Photo. **201 u. li.** DEA / A Dagli Orti / Getty Images. **202 o.** Mit freundlicher Genehmigung AT&T Archives and History Center. **202 Mi. li.** Bettmann / Getty Images. **202 u. Mi.** Science & Society Picture Library / Getty Images. **203 li.** Chris Willson / Alamy Stock Photo. **203 Mi. re.** Cooper-Hewitt, Smithsonian Design Museum / Art Resource, NY / Scala, Florenz. **203 u. re.** Wikimedia Commons (Wzwz/gemeinfrei). **206 o.** Fotografie von Tom Adams/Tom's Antique Telephones (http://www.tomsantiquetelephones.com). **206 u.** DEA / A Dagli Orti / Getty Images. **207** Digitalbild, The Museum of Modern Art, New York / Scala, Florenz. **208** © 2023 by AUCTION TEAM BREKER, Cologne, Germany (www.Breker.com). **209** Bonhams (www.bonhams.com). **210 o.** Wikimedia Commons (Daderot/Gemeinfrei). **210 Mi.** Cooper-Hewitt, Smithsonian Design Museum / Art Resource, NY / Scala, Florenz. **210 u.** Digitalbild, The Museum of Modern Art, New York / Scala, Florenz. **211 o. & u.** Philadelphia Museum of Art (https://philamuseum.org). **212 o.** Lawrence Roberg / Shutterstock. **212 u.** Auftragsfotografie. **213** Chris Willson / Alamy Stock Photo. **214** Edoardo Fornaciari / Getty Images. **215 o.** Azoor Photo / Alamy Stock Photo. © ADAGP, Paris, und DACS, London 2023. **215 u. li.** Signal Photos / Alamy Stock Photo. © ADAGP, Paris, und DACS, London 2023. **215 u. re.** INTERFOTO / Alamy Stock Photo. © ADAGP, Paris, und DACS, London 2023. **216** © Bang & Olufsen (www.bang-olufsen.com). **217** © Israel Museum, Jerusalem / Geschenk von David Kelley, Palo Alto, California / Bridgeman Images. © ADAGP, Paris, und DACS, London 2023. **218** Roman Vukolov / Alamy Stock Photo. **219 o.** Auftragsfotografie. **219 u.** Norsk Teknisk Museum (Fotografie vonTerje Norli/CC BY-SA 4.0) (https://digitaltmuseum.no). **220** Science History Images / Alamy Stock Photo. **221 o.** ClassicStock / Alamy Stock Photo. **221 u.** Amani A / Alamy Stock Photo. **222** Science & Society Picture Library / Getty Images. **223** Science & Society Picture Library. **224** seraficus / Getty Images. **225** Digitalbild, The Museum of Modern Art, New York / Scala, Florenz. **226** Wikimedia Commons (steve lodefink/CC BY 2.0). **227** Niels Poulsen mus / Alamy Stock Photo. © ADAGP, Paris, und DACS, London 2023. **228** Retro AdArchives / Alamy Stock Photo. **229** Mr and Mrs Typewriters (www.mrmrsvintagetypewriters.com). © ADAGP, Paris, und DACS, London 2023. **230** Powerhouse Museum, Ultimo, Sydney, Australia (https://powerhouse.com.au). Powerhouse-Sammlung. Geschenk von Helen Duxbury, 2013. Photo: Campbell Drummond. **231** Powerhouse Museum, Ultimo, Sydney, Australia (https://powerhouse.com.au). Powerhouse collection. Geschenk von Miss Marie Haselhurst, 2005. Photo: Belinda Christie. **233 o. li.** Chroma Collection / Alamy Stock Photo. **233 o. re.** MMphotos / Alamy Stock Photo. **233 u.** Design History / Alamy Stock Photo. **234** CidCidaRius / Shutterstock. **235** Auftragsfotografie. **236–237** National Museum of American History, Smithsonian Institution. **238 o.** Karl Business Machines – One of the world's largest collections of vintage copiers (www.karlbusinessmachines.com). **238 u.** Auftragsfotografie. **239** © Science Museum / Science & Society Picture Library – Alle Rechte vorbehalten. **240** Wikimedia Commons (Jamie/CC BY 2.0). **241 o.** Canon Europe Ltd (www.canon-europe.com). **241 u.** Design: George Sowden (www.georgesowden.com and www.sowdenlight.com). **243** Authenticated News / Getty Images. **244 Mi. li.** The Picture Art Collection / Alamy Stock Photo. **244 Mi. re.** SimoneN / Shutterstock. **244 u. re.** Wikimedia Commons (Franz van Duns/CC BY-SA 4.0). **245 o.** Sheldon Klareich / Getty Images. **245 Mi. re.** Vicente Zorrilla Palau. **245 u. li.** Science & Society Picture Library. **246 o.** Mentor57 / Shutterstock. **246 Mi. re.** Mit freundlicher Genehmigung der Uhrenfabrik Junghans (www.junghans.de). **246 u. re.** Vincent Wulveryck, Collection Cartier © Cartier. **247 o.** We-Ge / Alamy Stock Photo. **247 Mi. re.** Wanduhr Vitra Ball Clock in Kirschholz von George Nelson, erhältlich bei www.vitra.com. **247 u. Mi.** Wikimedia Commons (Sailko/CC BY 3.0). **250 o.** Science & Society Picture Library. **250 u.** agefotostock / Alamy Stock Photo. **251** INTERFOTO / Alamy Stock Photo. **252** © Niall Julian (https://www.limited100.co.uk/collections/explore-the-niall-julian-collection). **253 o.** INTERFOTO / Alamy Stock Photo. **253 u.** simon clay / Alamy Stock Photo. **254** RMN-Grand Palais / Georges Meguerditchian / RMN-GP / Dist. Photo Scala, Florenz. **255 o.** Georg Jensen A/S (www.georgjensen.com). **255 Mi.** Bukowski Auktioner AB, Schweden (www.bukowskis.com). **256** Mehrfarbige Wanduhr Vitra Ball Clock von George Nelson, erhältlich bei www.vitra.com. **257** Digitalbild, The Museum of Modern Art, New York / Scala, Florenz. **258** Mit freundlicher Genehmigung Richard Sapper Archives (https://richardsapperdesign.com). **259** Cooper-Hewitt, Smithsonian Design Museum / Art Resource, NY / Scala, Florenz. **260** P&G Braun (https://uk.braun.com). **261 o.** Bukowski Auktioner AB, Schweden (www.bukowskis.com). **261 u. li.** RMN-Grand Palais / Georges Meguerditchian / RMN-GP / Dist. Photo Scala, Florenz. **261 u. re.** Art Directors & TRIP / Alamy Stock Photo. **262** Fotografien mit freundlicher Genehmigung Time Will Flip (www.timewillflip.com). **263** Mit freundlicher Genehmigung der Richard Sapper Archives (https://richardsapperdesign.com). **264 o.** Vicente Zorrilla Palau. **264 u.** Mark Edelsberg, Future Forms (www.future-forms.com). **265** Design: George Sowden (www.georgesowden.com and www.sowdenlight.com). **266** Mit freundlicher Genehmigung der Richard Sapper Archives (https://richardsapperdesign.com). **267 (alle)** Mit freundlicher Genehmigung der Richard Sapper Archives (https://richardsapperdesign.com). **268** Vicente Zorrilla Palau. **269** Bukowski Auktioner AB, Schweden (www.bukowskis.com). **270** VintaGemzShop (https://www.etsy.com/shop/VintaGemzShop). **271** Panasonic (www.panasonic.com). **272** SpenCertified (https://spencertified.com). **273 o.** Fotografie mit freundlicher Genehmigung von TAG Heuer (www.tagheuer.com). **273 u.** Mit freundlicher Genehmigung der Richard Sapper Archives (https://richardsapperdesign.com). **274 o.** Vincent Wulveryck, Collection Cartier © Cartier. **274 u.** Rolex (www.rolex.com). **275 o.** Science & Society Picture Library / Getty Images. **275 u.** SMB S.a.s. (https://smb-horlogerie.fr). © ADAGP, Paris, und DACS, London 2023. **276 o.** Digitalbild, The Museum of Modern Art, New York / Scala, Florenz. **276 u.** Koller Auktionen, Zürich, Schweiz (www.kollerauktionen.ch). **277** Grzegorz Czapski / Alamy Stock Photo. **278 o.** RMN-Grand Palais / Georges Meguerditchian / RMN-GP / Dist. Photo Scala, Florenz. **278 u.** Zimmermann Design (http://www.zimmermanndesign.ch). **279** © Antiquorum (www.antiquorum.swiss). (Auction date: May 28, 2022/Sold: HKD 275,000). **281 o. li.** Brooklyn Museum, New York City, USA. Geschenk von Nathan George Horwitt. **281 o. re.** Mit freundlicher Genehmigung der Uhrenfabrik Junghans (www.junghans.de). **281 u. li.** Koller Auktionen, Zürich, Schweiz (www.kollerauktionen.ch). **281 u. re.** Evannovostro / Shutterstock. **282 o.** National Museum of American History, Smithsonian Institution, USA. **282 u.** Wikimedia Commons (Museo Nazionale della Scienza e della Tecnologia Leonardo da Vinci, Mailand, Italien/CC BY-SA 4.0). **283 o.** Science and Society Picture Library. **283 u.** The Picture Art Collection / Alamy Stock Photo. **295** Bettmann / Getty Images.

Für die deutsche Ausgabe

Teil der Penguin Random House Verlagsgruppe GmbH
Neumarkter Strasse 28 · 81673 Munich

Publiziert in Zusammenarbeit mit
Quintessence Editions
1 Triptych Place, Second Floor
London SE1 9SH

Die englische Ausgabe ist 2023 erschienen unter dem Titel:
Analogue: A Field Guide, eine amerikanische Ausgabe 2024 unter
dem Titel: The World of Analog. A Visual Guide.
Das Buch wurde von Quintessence Editions entwickelt, gestaltet
und produziert.

Für Prestel:
Programmleitung: Claudia Schönecker
Projektleitung: Andrea Bartelt-Gering
Übersetzung, Lektorat und Satz: VerlagsService Dietmar Schmitz, Erding
Herstellung: Martina Effaga

Für Quinesstence Editions:
Senior Commissioning Editor: Eszter Karpati
Senior Editor: Emma Harverson
Assistant Editor: Ella Whiting
Design: Peter Dawson, with Ronja Ronning, www.gradedesign.com
Art Director: Gemma Wilson
Senior Art Editor: Rachel Cross
Picture Research: Susannah Jayes
Production Manager: David Graham
Associate Publisher: Eszter Karpati
Publisher: Lorraine Dickey

Printed in China
ISBN 978-3-7913-8002-5
www.prestel.com

FSC www.fsc.org MIX Papier | Fördert gute Waldnutzung FSC® C016973